内容简介

本书是高职高专院校工科类各专业少学时的大学数学基础课教材，内容包括：函数与极限、导数与微分、定积分与不定积分、导数与积分的应用、无穷级数、行列式、矩阵与线性方程组、向量代数等. 本书是本着重基本知识、重素质、重能力、重应用和求创新的总体思路，根据高职高专数学教学的特点进行编写的. 它在内容的编排上和叙述上由易到难、由浅入深、循序渐进、通俗易懂，概念清晰，例题丰富又贴近实际，注意归纳数学的辩证思维、解题方法与解题程序，便于自学. 书中每节有"本节学习目标"，每节后配有与教材内容密切相关的A组习题和B组习题，每章后配有总习题，书后附有习题的答案与解法提示.

本次修订在保持第一版特色的基础上，广泛汲取了同行的意见，吸收了国内外相关教材的优点，更加贴合高职高专数学教学需求以及生源变化的实际. 在修订教材内容时，降低起点，注意中高职数学知识的衔接，弱化计算难度，更加注重数学的基本概念、基本理论、思维方法的引导和基本运算的训练，突出问题的实际背景.

本书也可作为参加工科类专升本考试学生的教材或教学参考用书.

高职高专高等数学系列教材(少学时)

新编工科数学基础

(第二版)

冯翠莲 主编

图书在版编目(CIP)数据

新编工科数学基础/冯翠莲主编. —2版. —北京：北京大学出版社，2014.9
(高职高专高等数学系列教材. 少学时)
ISBN 978-7-301-24668-9

Ⅰ. ①新… Ⅱ. ①冯… Ⅲ. ①高等数学—高等职业教育—教材 Ⅳ. ①O13

中国版本图书馆CIP数据核字(2014)第189377号

书　　名：新编工科数学基础(第二版)
著作责任者：冯翠莲　主编
责 任 编 辑：曾琬婷
标 准 书 号：ISBN 978-7-301-24668-9/O·0997
出 版 发 行：北京大学出版社
地　　址：北京市海淀区成府路205号　100871
网　　址：http://www.pup.cn　新浪官方微博：@北京大学出版社
电 子 信 箱：zpup@pup.cn
电　　话：邮购部 62752015　发行部 62750672　编辑部 62767347　出版部 62754962
印 刷 者：三河市北燕印装有限公司
经 销 者：新华书店
787mm×980mm　16开本　14印张　300千字
2007年2月第1版
2014年9月第2版　2018年8月第3次印刷(总第6次印刷)
印　　数：16001—19000册
定　　价：32.00元

未经许可，不得以任何方式复制或抄袭本书之部分或全部内容。
版权所有，侵权必究
举报电话：010-62752024　电子信箱：fd@pup.pku.edu.cn

第二版前言

为了使本教材内容更加适合高职高专教育工科类各专业对数学的要求，更加贴合高职高专教育实际以及生源变化的实际，我们从打好基础、培养能力、兼顾后续课程需要出发，以培养学生的创新精神和实践能力为重点，以促进学生转变学习方式——变被动接受式学习为主动研究式学习，为高职学生的终身学习、生活和发展奠定良好的科学基础为落脚点，吸收国内外相关教材的优点，并根据第一版教材的使用情况，对第一版教材做了如下修改：

1. 更加适应生源实际. 为了适应、促进中高职衔接，在教材内容的选取和编写过程中，降低起点，对基本概念、基本理论、基本方法的论述更加深入浅出、直观通俗、清楚明白；对内容的编排更加体现由易到难、由浅入深、循序渐进，并注重教材的连贯性、衔接性，根据数学的认知规律和教学规律，把数学的思想和方法融会到教材中去.

2. 认真分析每一章节所应达到的目标，在每节伊始，提出本节应达到的学习目标，使教师和学生做到目标明确.

3. 删减不必要内容. 如删掉了对数求导法、二阶常系数微分方程及无限区间的广义积分等相关内容，尽力做到以够用为度.

4. 弱化计算难度，更加注重数学思维方法的引导和基本运算的训练.

5. 更加体现数学与专业技能培养相结合的效能. 数学概念的引入力求从实际问题出发，突出问题的实际背景. 解决了困扰学生的微积分在实践中有什么用、何时用以及怎么用的问题.

参加本教材修订工作的还有赵连盛、伊兰、许琦、程巧华、杨丽丽、李建军、胡庆华等.

感谢读者对第一版教材的厚爱，希望第二版教材能继续得到广大读者的帮助和支持.

为了便于教师进行多媒体教学，作者为采用本书作为教材的任课教师提供精心设计、讲练结合的配套电子教案，具体事宜可通过电子邮件与作者联系，邮箱：fengcuilian@sina.com.

编　者

2014 年 6 月

第二版前言

第一版前言

为适应高职高专教育改革的要求，坚持以就业为导向，以能力为本位，面向市场、面向社会，为经济结构调整和科技进步服务的办学宗旨，我们本着重基本知识、重素质、重能力、重应用、开拓思维求创新的总体思路，根据高职高专教育数学教学的特点，编写了高职高专高等数学系列教材(少学时)——《新编工科数学基础》和《新编经济数学基础》. 前者供高职高专院校工科类各专业学生使用，后者供经济类、文科类各专业学生使用.

本教材优化整合了工科数学基础课程的基本内容，注意与后续课程相衔接，与生产、工程、信息、管理等第一线的实际需求相适应，力求实现基础性、实用性和发展性三方面的和谐与统一.

本教材的主要特点：

1. 突出高职高专少学时的特色. 根据高职高专工科类各专业对数学的基本要求，根据数学的认知规律，将高等数学、线性代数的基本内容有机地结合在一起，组织和编排全书内容. 在不失数学内容学科特点的情况下，采取模块化的思路，便于教师根据教学时数和专业需求选择教学内容.

2. 贯彻“理解概念、强化应用”的教学原则. 以现实、生动的例题引入基本概念，以简明的语言并尽量配合几何图形、数表阐述基本知识、基本理论，注重基本方法和基本技能的训练，并给出求解问题的解题程序. 同时注重数学概念、数学方法的实用价值，注意培养学生用定量与定性相结合的方法，综合运用所学知识分析问题、解决问题的能力和创新能力.

3. 内容精简实用，条理清楚，叙述通俗易懂、深入浅出，便于自学.

4. 每节有“本节学习目标”，每节配有 A 组和 B 组习题，每章配有总习题. 书后附有全书习题答案与解法提示.

参加本书编写工作的还有薛桂兰、李媛媛、徐军京、刘志芳、胡庆华.

本系列教材的编写和出版，得到了北京大学出版社相关领导的大力支持和帮助. 在本书的编写过程中，同行专家参加了讨论并提出宝贵意见，在此一并表示感谢.

为便于教师进行多媒体教学，作者为采用本书作为教材的任课教师提供配套的电子教案，具体事宜可通过电子邮件与作者联系，邮箱：fengcuilian@sina.com.

限于编者水平，不足之处恳请读者批评指正.

编　者

2006 年 10 月

目　录

第一章

函数与极限

本章先复习函数的概念，然后讨论极限的概念及其运算，最后介绍连续性的概念.

§1.1 函　　数

【本节学习目标】 理解函数的概念；会将初等函数按基本初等函数的四则运算与复合形式进行分解.

一、函数的概念

1. 函数的定义

我们所看到的事物都在变化. 这些变化着的事物中的许多现象可以用数学有效地描述. 其中，有一些现象中存在着两个变化的量(简称变量)，这两个变量不是彼此孤立的，而是相互联系、相互制约的：当其中一个变量在某数集内取值时，按一定的规则，另一个变量有唯一确定的值与之对应. 变量之间的这种数量关系就是**函数关系**.

定义 1.1 设 x 和 y 是两个变量，D 是一个给定的**非空数集**. 若对于每一个数 $x\in D$，按照某一确定的**对应法则** f，变量 y 总有唯一确定的数值与之对应，则称 **y 是 x 的函数**，记做

$$y=f(x),\quad x\in D,$$

其中 x 称为**自变量**，y 称为**因变量**；数集 D 称为该函数的**定义域**.

定义域 D 是自变量 x 的取值范围，必须是使函数 $y=f(x)$ 有意义的数集. 由此，若数值 $x_0\in D$，则称该函数在点 x_0 **有定义**，与 x_0 对应的 y 的数值称为函数在点 x_0 的**函数值**，记做 $f(x_0)$ 或 $y\Big|_{x=x_0}$. 当 x 遍取数集 D 中的所有数值时，对应的函数值全体构成的数集

$$W=\{y\mid y=f(x),x\in D\}$$

称为函数的**值域**. 若 $x_0\overline{\in} D$，则称该函数在点 x_0 **没有定义**.

上述定义，简言之，**函数是从自变量的输入值产生出输出值的一种**

法则或过程.

例 1 在初始速度为零的自由落体运动中,下落距离 s 与时间 t 是两个变量,它们之间的函数关系是

$$s=f(t)=\frac{1}{2}gt^2,\quad t\in[0,T],$$

其中 g 是重力加速度,T 是物体落地时刻(初始时刻为 0),则当 t 在闭区间 $[0,T]$ 上任取一值时,按上式确定的规律,s 就有唯一确定的值与之对应.

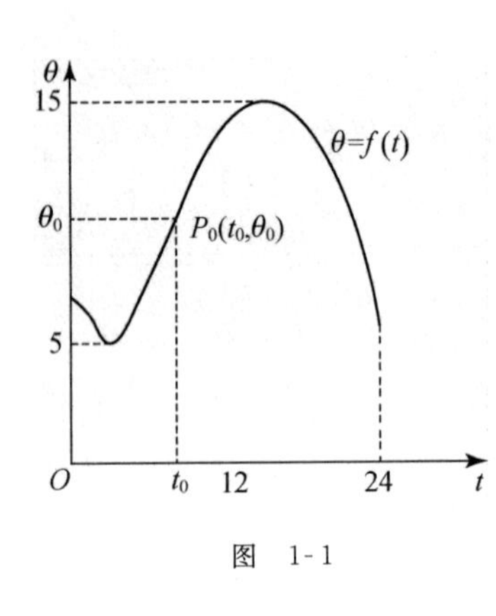

图 1-1

例 2 在气象观测站,气温自动记录仪把某一天的气温变化描绘在记录纸上,得到如图 1-1 所示的曲线. 曲线上某一点 $P_0(t_0,\theta_0)$ 表示时刻 t_0 的气温是 θ_0. 观察这条曲线,可以知道在这一天内,时间 t 从 0 点到 24 点气温 θ 的变化情形,即当 t 在闭区间 $[0,24]$(单位: h)上任取一值时,按所给曲线,θ(单位:℃)就有一个确定的值与之对应. 这里是用一条曲线确定 θ 是 t 的函数 $\theta=f(t)$.

2. 反函数

在一个函数关系中的两个变量 x 与 y,它们的地位是相对的,可以把变量 y 看做变量 x 的函数,也可把变量 x 看做 y 的函数. 这样,由函数的定义可以引出**反函数的定义**. 一般可如下叙述:

已知函数

$$y=f(x),\quad x\in D,\ y\in W.$$

若对每一个 $y\in W$,D 中只有一个 x 值,使得

$$f(x)=y$$

成立,这就以 W 为定义域确定了一个函数,这个函数称为函数 $y=f(x)$ 的**反函数**,记做

$$x=f^{-1}(y),\quad y\in W.$$

按习惯记法,把 x 作为自变量,y 作为因变量,函数 $y=f(x)$ 的反函数记做

$$y=f^{-1}(x),\quad x\in W.$$

若函数 $y=f(x)$ 的反函数是 $y=f^{-1}(x)$,则 $y=f(x)$ 也是函数 $y=f^{-1}(x)$ 的反函数,或者说它们互为反函数,且

$$f^{-1}(f(x))=x,\quad f(f^{-1}(y))=y.$$

从几何图形看,函数 $y=f(x)$ 与其反函数 $y=f^{-1}(x)$ 的图形关于直线 $y=x$ 对称.

例 3 若物体以匀速 $v(>0)$ 做直线运动,则运动的路程 s 与时间 t 的函数关系为

$$s=f(t)=vt,\quad t\geqslant 0.$$

此函数的反函数是

$$t=f^{-1}(s)=\frac{s}{v},\quad s\geqslant 0.$$

3. 复合函数

对函数 $y=\mathrm{e}^{\sin x}$，x 是自变量，y 是 x 的函数. 为了确定 y 的值，对给定的 x 的值，应先计算 $\sin x$. 若令 $u=\sin x$，再由已求得的 u 的值计算 e^u，便得到 y 的值：$y=\mathrm{e}^u$.

这里，可把 $y=\mathrm{e}^u$ 理解成 y 是 u 的函数，把 $u=\sin x$ 理解成 u 是 x 的函数，那么函数 $y=\mathrm{e}^{\sin x}$ 就是把函数 $u=\sin x$ 代入函数 $y=\mathrm{e}^u$ 中而得到的. 按这种理解，函数 $y=\mathrm{e}^{\sin x}$ 就是由 $y=\mathrm{e}^u$ 和 $u=\sin x$ 这两个函数复合在一起构成的，称为**复合函数**.

已知两个函数 $y=f(u)$ 与 $u=\varphi(x)$. 若将函数 $y=f(u)$ 中的 u 用函数 $u=\varphi(x)$ 代入，得到函数 $y=f(\varphi(x))$，则称 $y=f(\varphi(x))$ 为**由函数 $y=f(u)$ 和 $u=\varphi(x)$ 复合而成的复合函数**，其中称 x 为**自变量**，u 为**中间变量**，$\varphi(x)$ 为**内层函数**，$f(u)$ 为**外层函数**.

例 4 某金属球的体积 V 是其半径 r 的函数：

$$V=\frac{4}{3}\pi r^3. \tag{1}$$

由于热胀冷缩，球的半径 r 又随着温度 t 变化. 已知 r 与 t 的函数关系是

$$r=r_0(1+\alpha t), \tag{2}$$

其中常数 α 称为线膨胀系数，r_0 是 0 ℃ 时金属球的半径.

将(2)式代入(1)式中，便可复合成一个复合函数

$$V=\frac{4}{3}\pi r_0^3(1+\alpha t)^3.$$

该式是金属球的体积 V 通过中间变量(半径)r 而成为自变量(温度)t 的函数.

4. 分段函数

若一个函数在其定义域的不同部分要用不同数学式子来表达，则称其为**分段函数**.

下列函数均为分段函数.

例 5 绝对值函数(图 1-2)

$$y=|x|=\begin{cases}-x, & x<0,\\ x, & x\geqslant 0,\end{cases}$$

其中 $x=0$ 是该函数的分段点.

例 6 符号函数(图 1-3)

$$y=\operatorname{sgn}x=\begin{cases}-1, & x<0,\\ 0, & x=0,\\ 1, & x>0,\end{cases}$$

其中 $x=0$ 是该函数的分段点.

例 7 旅客乘飞机可免费携带不超过 20 kg 的物品；超过 20 kg 而不超过 50 kg 的部分每千克交费 a 元；超过 50 kg 的部分每千克交费 b 元，最多只能携带 80 kg. 试确定运费与乘客

携带物品质量的函数关系.

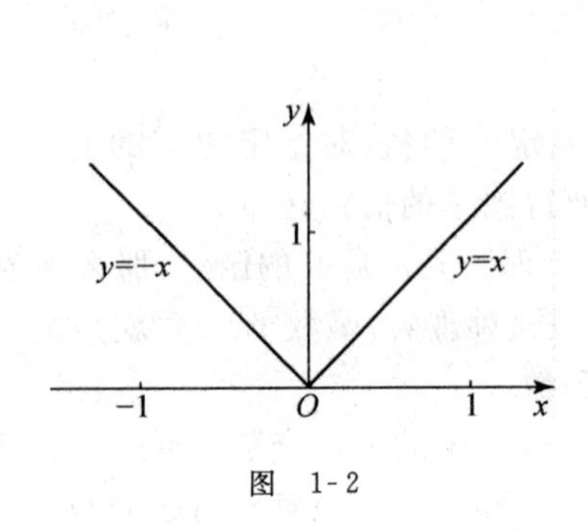

图 1-2

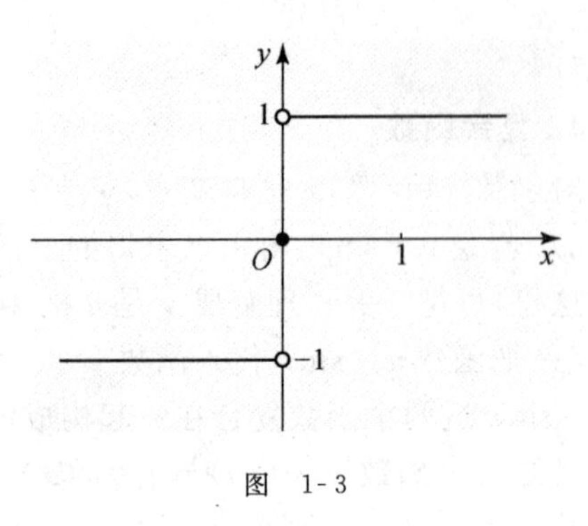

图 1-3

解 设物品的质量为 x kg,应交运费为 y 元. 依题意:

当物品质量不超过 20 kg 时,有 $y=0$;

当物品质量超过 20 kg 而不超过 50 kg 时,有 $y=a(x-20)$;

当物品质量超过 50 kg 而不超过 80 kg 时,有 $y=a(50-20)+b(x-50)$.

于是,所求的函数关系是如下分段函数:

$$y=\begin{cases}0, & 0\leqslant x\leqslant 20,\\ a(x-20), & 20<x\leqslant 50,\\ a(50-20)+b(x-50), & 50<x\leqslant 80,\end{cases}$$

其中 $x=20,50$ 是该函数的分段点.

二、初等函数

1. 基本初等函数

下列六类函数称为**基本初等函数**:

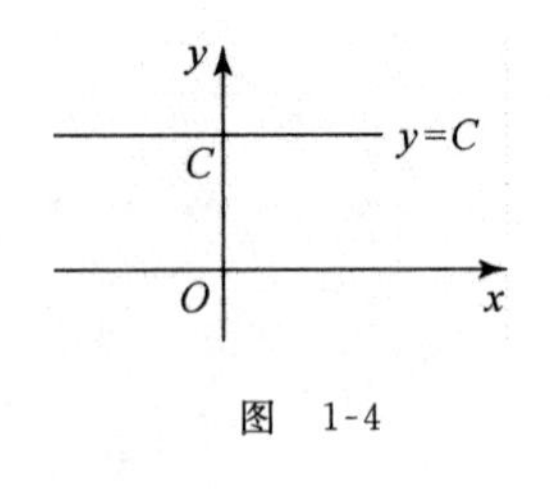

图 1-4

(1) 常量函数(图 1-4)

$$y=C\ (\text{常数}),\quad x\in(-\infty,+\infty).$$

(2) 幂函数 $y=x^{\mu}$(μ 为任意实数),其定义域随 μ 而异.

(3) 指数函数(图 1-5)

$$y=a^{x}\ (a>0,a\neq 1),\quad x\in(-\infty,+\infty),\ y\in(0,+\infty).$$

(4) 对数函数(图 1-6)

$$y=\log_{a}x\ (a>0,a\neq 1),\quad x\in(0,+\infty),\ y\in(-\infty,+\infty).$$

(5) 三角函数:

正弦函数(图 1-7)

$$y=\sin x,\quad x\in(-\infty,+\infty),\ y\in[-1,1].$$

余弦函数(图 1-8)

$$y = \cos x, \quad x \in (-\infty, +\infty), \ y \in [-1, 1].$$

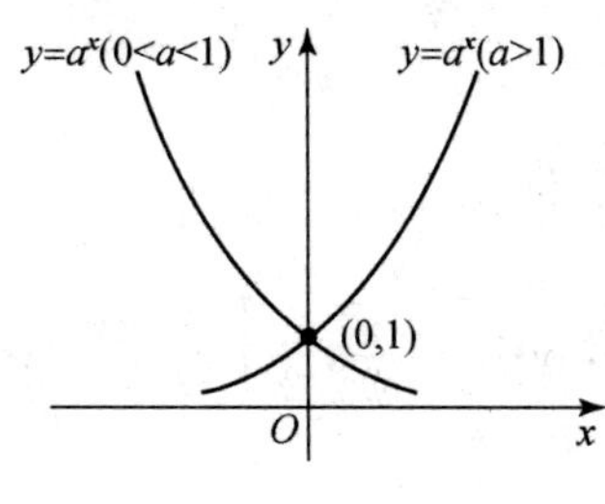

图 1-5

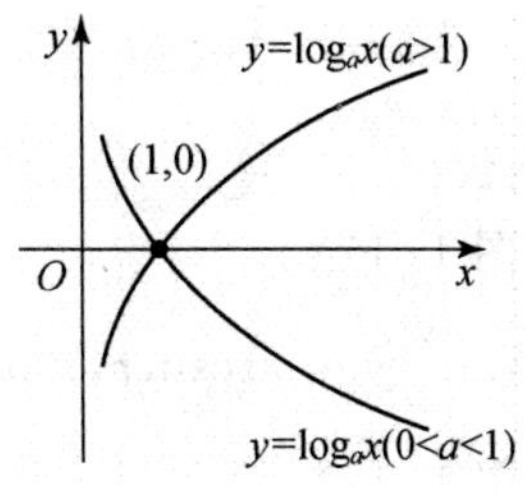

图 1-6

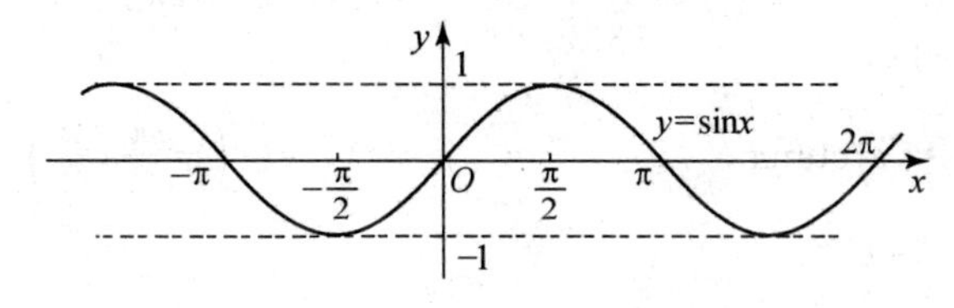

图 1-7

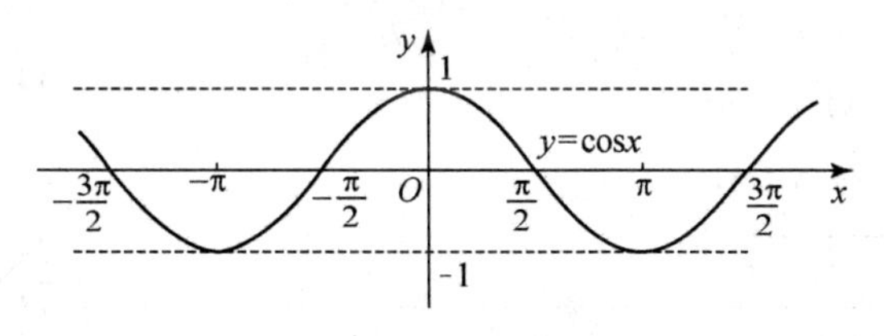

图 1-8

正切函数(图 1-9)

$$y = \tan x, \quad x \neq n\pi + \frac{\pi}{2}, \ n \in \mathbf{Z}, \ y \in (-\infty, +\infty).$$

余切函数(图 1-10)

$$y = \cot x, \quad x \neq n\pi, \ n \in \mathbf{Z}, \ y \in (-\infty, +\infty).$$

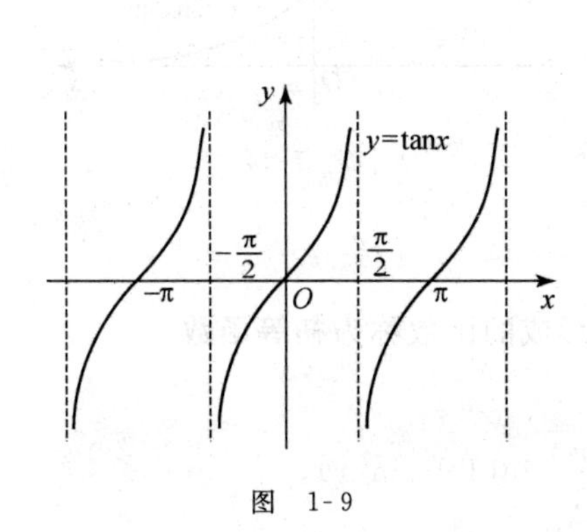

图 1-9

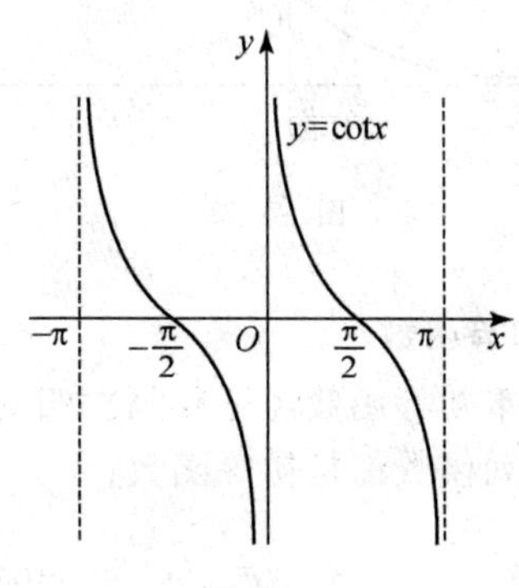

图 1-10

正割函数 $y=\sec x=\dfrac{1}{\cos x}$.

余割函数 $y=\csc x=\dfrac{1}{\sin x}$.

(6) 反三角函数:

反正弦函数(图 1-11)

$$y=\arcsin x,\quad x\in[-1,1],\ y\in\left[-\frac{\pi}{2},\frac{\pi}{2}\right].$$

反余弦函数(图 1-12)

$$y=\arccos x,\quad x\in[-1,1],\ y\in[0,\pi].$$

反正切函数(图 1-13)

$$y=\arctan x,\quad x\in(-\infty,+\infty),\ y\in\left(-\frac{\pi}{2},\frac{\pi}{2}\right).$$

反余切函数(图 1-14)

$$y=\operatorname{arccot} x,\quad x\in(-\infty,+\infty),\ y\in(0,\pi).$$

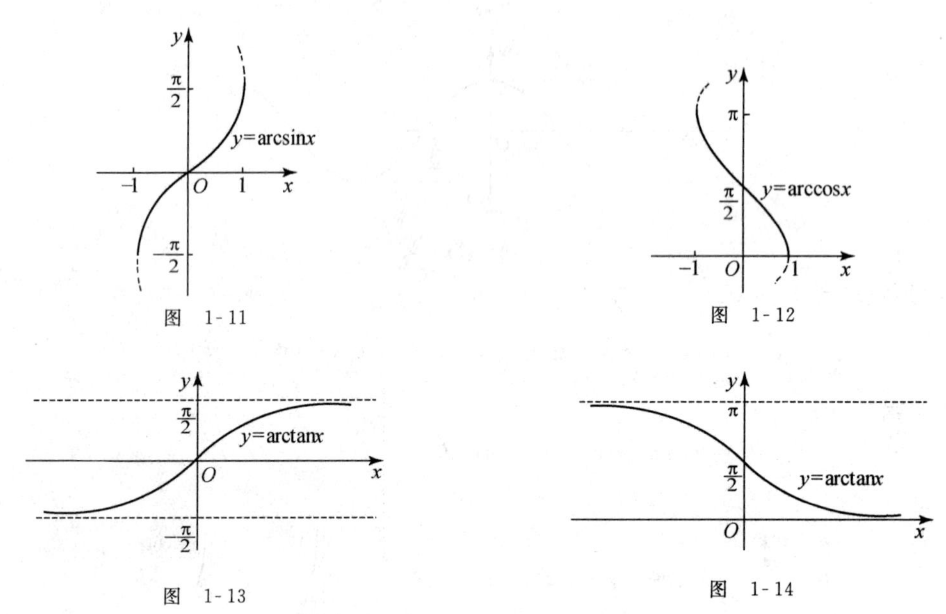

图 1-11　图 1-12

图 1-13　图 1-14

2. 初等函数

由基本初等函数经过有限次四则运算及复合所形成的函数称为**初等函数**.

如下列函数都是初等函数:

$$y=(\mathrm{e}^{2x}+\sin x)^2,\quad y=\sqrt[3]{\frac{\cos x}{x+1}}\ln(1+\sin^2 x),$$

$$y = A\mathrm{e}^{\sigma t}\cos\omega t \quad (A,\sigma,\omega \text{是常数}, A > 0, \sigma < 0, t \geqslant 0, \text{图 1-15}).$$

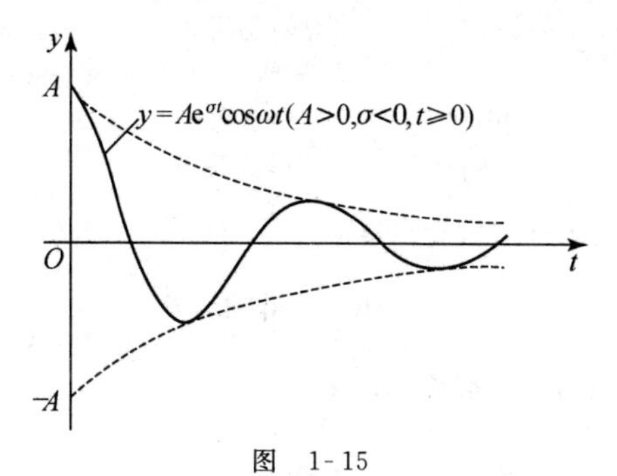

图 1-15

以后章节中,为了研究函数的需要,经常要将一个初等函数按基本初等函数的四则运算与复合形式进行分解.

例 8 将下列函数按基本初等函数的四则运算与复合形式分解:

(1) $y=\left(\mathrm{e}^x\cos\dfrac{1}{x}\right)^3$;　　(2) $y=\ln(x+\sqrt{1+x^2})$.

解 (1) 令 $u=\mathrm{e}^x\cos\dfrac{1}{x}$,则 $y=u^3$;令 $v=\dfrac{1}{x}$,则 $u=\mathrm{e}^x\cos v$. 于是,$y=\left(\mathrm{e}^x\cos\dfrac{1}{x}\right)^3$ 由下列各函数构成:

$$y=u^3,\quad u=\mathrm{e}^x\cos v,\quad v=\frac{1}{x}.$$

(2) 令 $u=x+\sqrt{1+x^2}$,则 $y=\ln u$;令 $v=1+x^2$,则 $u=x+\sqrt{v}$. 于是,$y=\ln(x+\sqrt{1+x^2})$ 由下列各函数构成:

$$y=\ln u,\quad u=x+\sqrt{v},\quad v=1+x^2.$$

习　题　1.1

A　组

1. 已知 $f(x)=\dfrac{2^x-1}{2^x+1}$,求 $f(0)$,$f(1)$,$f(-1)$,$f(-x)$,$f(x-1)$.

2. 将函数 $y=\dfrac{|x|}{x}$ 用分段函数的形式表示,并确定其定义域.

3. 设 $g(t)=\begin{cases}|\sin t|, & |t|<\pi/3,\\ 0, & |t|\geqslant\pi/3,\end{cases}$ 求 $g\left(\dfrac{\pi}{6}\right)$,$g\left(\dfrac{\pi}{4}\right)$,$g\left(-\dfrac{\pi}{4}\right)$,$g\left(\dfrac{\pi}{3}\right)$,$g(\pi)$.

4. 求下列函数的反函数:

(1) $y=5x-1$;　　(2) $y=1+\ln(x+2)$;　　(3) $y=\dfrac{1-x}{1+x}$.

5. 设 $f(x)=\mathrm{e}^x$,$g(x)=\ln x$,求 $f(f(x))$,$f(g(x))$,$g(f(x))$,$g(g(x))$.

6. 下列函数由哪些基本初等函数复合而成?

(1) $y=\sin\frac{1}{x}$;　(2) $y=\sqrt{\ln x}$;　(3) $y=e^{\sqrt{x}}$;　(4) $y=\cos x^2$;

(5) $y=e^{\tan\frac{1}{x}}$;　(6) $y=\ln\ln\cos x$;　(7) $y=\arctan\sqrt{x}$;　(8) $y=\ln\arcsin e^x$.

7. 将下列函数按基本初等函数的四则运算与复合形式分解:

(1) $y=\sqrt{1+x^2}$;　(2) $y=\sin^3(2x-1)$;　(3) $y=e^{ax}\sin bx$.

B　组

1. 老式台钟其单摆摆动的周期 T 是摆长 l 的函数:

$$T=2\pi\sqrt{\frac{l}{g}},$$

其中 g 是重力加速度. 而摆长 l 又随着温度 t 变化, l 与 t 的函数关系是 $l=l_0(1+\alpha t)$,其中常数 α 是线膨胀系数, l_0 是 0℃时的摆长. 试写出单摆摆动的周期 T 与温度 t 的函数关系.

2. 火车在启动后 10 min 内做匀加速运动,其加速度为 120 $\mathrm{m/min^2}$;以后 2 h 内做匀速运动;最后再做匀减速运动,10 min 后停下. 求从启动到在这 2 h 20 min 之内的任一时刻 t,火车走过的路程 s.

§1.2　极限的概念

【本节学习目标】 理解数列极限、函数极限以及无穷小与无穷大的概念.

一、数列的极限

先看一个有关数列极限的实际例子.

我国战国时期哲学家庄周所著的《庄子·天下篇》引用过一句话:“一尺之棰,日取其半,万世不竭.”这就是说,一根长为一尺的棒头,每天截去一半,这样的过程可以无限地进行下去.

把每天截后剩下的棒的长度(单位:尺)写出来:第 1 天剩下 $\frac{1}{2}$;第 2 天剩下 $\frac{1}{2^2}$;第 3 天剩下 $\frac{1}{2^3}$,…,第 n 天剩下 $\frac{1}{2^n}$,…. 这样就得到一列数

$$\frac{1}{2},\ \frac{1}{2^2},\ \frac{1}{2^3},\ \cdots,\ \frac{1}{2^n},\ \cdots.$$

这一列数就称为数列. 一般地,数列如下定义:

按一定顺序排列的无穷多个数,称为**数列**. 数列通常记做

$$y_1,\ y_2,\ y_3,\ \cdots,\ y_n,\ \cdots,$$

或简记做 $\{y_n\}$. 数列的每个数称为数列的**项**,依次称为第 1 项,第 2 项,…,第 n 项,…. 通常第 n 项 y_n 称为数列的**通项或一般项**.

再看前述的例子. 随着天数的推移,剩下的棒的长度越来越短. 显然,当天数 n 无限增大时,剩下的棒的长度将无限缩短. 即剩下的棒的长度 $\frac{1}{2^n}$ 将无限接近数 0. 这时我们就称由剩下的棒的长度构成的上述数列以常数 0 为极限,并记做

$$\lim_{n\to\infty}\frac{1}{2^n}=0.$$

这说明,讨论数列 $\{y_n\}$ 的极限,就是讨论:当 n 无限增大时,数列通项 y_n 的变化趋势. 若 y_n 无限接近(趋于)某一常数 A,就称数列 $\{y_n\}$ 以 A 为极限.

定义 1.2 设数列 $\{y_n\}$:

$$y_1,\ y_2,\ y_3,\ \cdots,\ y_n,\ \cdots.$$

若当 n 无限增大时, y_n 趋于常数 A,则称**数列 $\{y_n\}$ 以 A 为极限**,记做

$$\lim_{n\to\infty}y_n=A \quad 或 \quad y_n\to A\ (n\to\infty),$$

其中前一式子读做"当 n 趋于无穷大时, y_n 的极限等于 A";后一式子读做"当 n 趋于无穷大时, y_n 趋于 A".

有极限的数列称为**收敛数列**;没有极限的数列称为**发散数列**.

例 1 数列 $\left\{1+\frac{(-1)^n}{n}\right\}$ 即

$$0,\ 1+\frac{1}{2},\ 1-\frac{1}{3},\ 1+\frac{1}{4},\ 1-\frac{1}{5},\ \cdots,\ 1+\frac{(-1)^n}{n},\ \cdots.$$

当 n 无限增大时,由于 $\frac{(-1)^n}{n}$ 无限接近常数 0,所以其通项 $y_n=1+\frac{(-1)^n}{n}$ 就无限接近常数 1,即该数列以 1 为极限,可记做

$$\lim_{n\to\infty}\left[1+\frac{(-1)^n}{n}\right]=1.$$

例 2 数列 $\{(-1)^{n+1}\}$ 即

$$1,\ -1,\ 1,\ -1,\ \cdots,\ (-1)^{n+1},\ \cdots.$$

当 n 无限增大时,数列的项在数值 1 和 -1 上跳来跳去,不趋于一个常数,故该数列没有极限.

例 3 数列 $\{3n\}$ 即

$$3,\ 6,\ 9,\ 12,\ \cdots,\ 3n,\ \cdots.$$

当 n 无限增大时,其通项 $y_n=3n$ 也无限增大,它不趋于任何常数,故该数列没有极限.

注意到 $y_n=3n$ 随着 n 无限增大,它有确定的变化趋势,即取正值且无限增大. 对这种情况,我们借用极限的记法表示它的变化趋势,记做

$$\lim_{n\to\infty}3n=+\infty \quad 或 \quad 3n\to+\infty\ (n\to\infty),$$

并称该数列的极限是**正无穷大**.

同样,对数列$\{-\sqrt{n}\}$,$\{(-1)^n n\}$,则可分别记做

$$\lim_{n\to\infty}(-\sqrt{n})=-\infty,\quad \lim_{n\to\infty}(-1)^n n=\infty,$$

其中前者称数列的极限是**负无穷大**,后者称数列的极限是**无穷大**.

二、函数的极限

1. 当$x\to\infty$时,函数$f(x)$的极限

x作为函数$f(x)$的自变量,若x取负值,且其绝对值$|x|$无限增大,则记做$x\to-\infty$;若x取正值,且无限增大,则记做$x\to+\infty$;若x既取负值又取正值,且$|x|$无限增大,则记做$x\to\infty$."当$x\to\infty$时,函数$f(x)$的极限",就是讨论当自变量x的绝对值$|x|$无限增大时,相应的函数值$f(x)$的变化趋势.

我们先看函数$y=1+\frac{1}{x}$的图形(图1-16),它是双曲线,有两个分支.它的左侧分支沿着x轴的负向无限延伸时,以及它的右侧分支沿着x轴的正向无限延伸时,都与直线$y=1$(水平直线)越来越接近.通常说直线$y=1$是曲线$y=1+\frac{1}{x}$的水平渐近线(因直线$y=1$平行于x轴).从函数的观点看,就是当自变量$x\to\infty$时,相应的函数值$1+\frac{1}{x}$趋于常数1.这时,称函数$y=1+\frac{1}{x}$当x趋于无穷大时以1为极限,记做$\lim\limits_{x\to\infty}\left(1+\frac{1}{x}\right)=1$.

定义1.3 若当$x\to\infty$时,函数$f(x)$趋于常数A,则称**函数$f(x)$当x趋于无穷大时以A为极限**,记做

$$\lim_{x\to\infty}f(x)=A \quad 或 \quad f(x)\to A\ (x\to\infty).$$

定义1.3的几何意义:曲线$y=f(x)$沿着x轴的负向和正向无限远伸时,都以直线$y=A$为**水平渐近线**(图1-17).

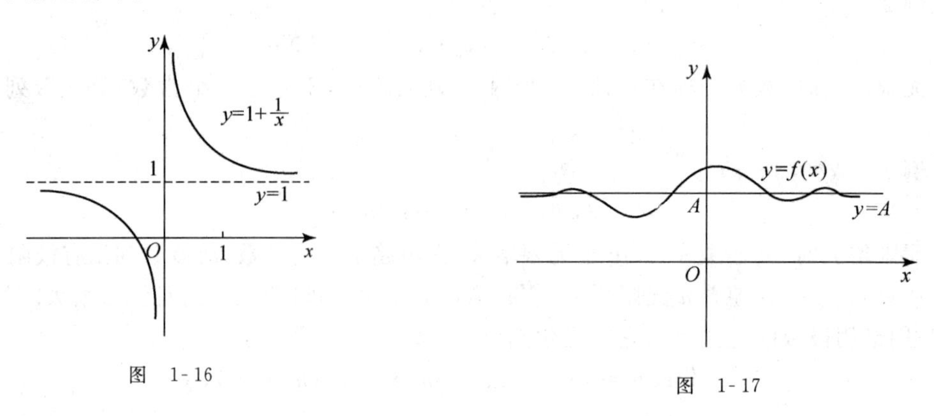

图 1-16　　图 1-17

有时,我们仅讨论 $x\to-\infty$ 时或 $x\to+\infty$ 时函数 $f(x)$ 的变化趋势. 于是有如下**定义**:

若 $x\to-\infty$ 时,函数 $f(x)$ 趋于常数 A,则称**函数 $f(x)$ 当 x 趋于负无穷大时以 A 为极限**,记做

$$\lim_{x\to-\infty} f(x)=A \quad 或 \quad f(x)\to A\ (x\to-\infty).$$

若 $x\to+\infty$ 时,函数 $f(x)$ 趋于常数 A,则称**函数 $f(x)$ 当 x 趋于正无穷大时以 A 为极限**,记做

$$\lim_{x\to+\infty} f(x)=A \quad 或 \quad f(x)\to A\ (x\to+\infty).$$

由 $x\to-\infty$,$x\to+\infty$ 及 $x\to\infty$ 的含义有如下**结论**:

极限 $\lim\limits_{x\to\infty}f(x)$ **存在且等于 A 的充分必要条件**是极限 $\lim\limits_{x\to-\infty}f(x)$ 与 $\lim\limits_{x\to+\infty}f(x)$ **都存在且等于 A**,即

$$\lim_{x\to\infty}f(x)=A \Longleftrightarrow \lim_{x\to-\infty}f(x)=A=\lim_{x\to+\infty}f(x).$$

例 4　结合函数 $y=\dfrac{1}{1+x^2}$ 的图形(图 1-18),可知 $\lim\limits_{x\to\infty}\dfrac{1}{1+x^2}=0$.

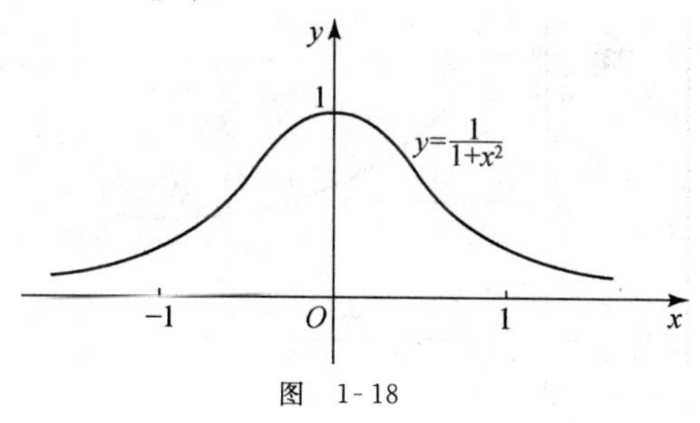

图 1-18

从图形看,曲线 $y=\dfrac{1}{1+x^2}$ 沿着 x 轴的负向无限延伸及沿着 x 轴的正向无限延伸时,均以直线 $y=0$(x 轴)为水平渐近线.

例 5　由反正切函数的图形(图 1-13)可知

$$\lim_{x\to-\infty}\arctan x=-\frac{\pi}{2},\quad \lim_{x\to+\infty}\arctan x=\frac{\pi}{2}.$$

由极限存在的充分必要条件知,$\lim\limits_{x\to\infty}\arctan x$ 不存在. 从图形看,曲线 $y=\arctan x$ 沿着 x 轴的负向无限延伸时,以直线 $y=-\dfrac{\pi}{2}$ 为水平渐近线;沿着 x 轴正向无限延伸时,以直线 $y=\dfrac{\pi}{2}$ 为水平渐近线.

例 6　参照指数函数的图形(图 1-5)可知

$$\lim_{x\to-\infty}\left(\frac{1}{2}\right)^x=+\infty,\quad \lim_{x\to+\infty}\left(\frac{1}{2}\right)^x=0.$$

由极限存在的充分必要条件知,$\lim\limits_{x\to\infty}\left(\dfrac{1}{2}\right)^x$ 不存在. 从图形看,曲线 $y=\left(\dfrac{1}{2}\right)^x$ 沿着 x 轴的正向无限延伸时,以直线 $y=0$ 为水平渐近线.

2. 当 $x\to x_0$ 时,函数 $f(x)$ 的极限

这里,x_0 是一个定数. 若 $x<x_0$,且 x 无限接近 x_0,则记做 $x\to x_0^-$;若 $x>x_0$,且 x 无限接

近 x_0，则记做 $x \to x_0^+$. 若 $x \to x_0^-$ 和 $x \to x_0^+$ 同时发生，则记做 $x \to x_0$. "当 $x \to x_0$ 时，函数 $f(x)$ 的极限"，就是在点 x_0 的左、右邻近讨论当自变量 x 无限接近定数 x_0（但 x 不取 x_0）时，函数 $f(x)$ 的变化趋势. 根据我们已有的极限概念，容易理解下述定义：

定义 1.4 若当 $x \to x_0$（但 x 始终不等于 x_0）时，函数 $f(x)$ 趋于常数 A，则称函数 $f(x)$ **当** x **趋于** x_0 **时以** A **为极限**，记做

$$\lim_{x \to x_0} f(x) = A \quad 或 \quad f(x) \to A \ (x \to x_0).$$

定义 1.4 的几何意义：曲线 $y = f(x)$ 上的动点 $(x, f(x))$，在其横坐标无限接近 x_0 时，它趋向于定点 (x_0, A)（图 1-19）.

例 7 由数学式并结合图 1-18，图 1-5 和图 1-20 可知

$$\lim_{x \to 0} \frac{1}{1+x^2} = 1, \quad \lim_{x \to 0} \left(\frac{1}{2}\right)^x = 1, \quad \lim_{x \to 1} \ln x = 0.$$

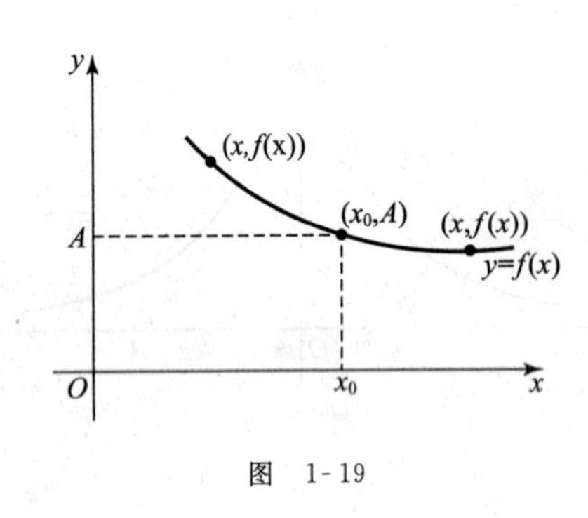

图 1-19

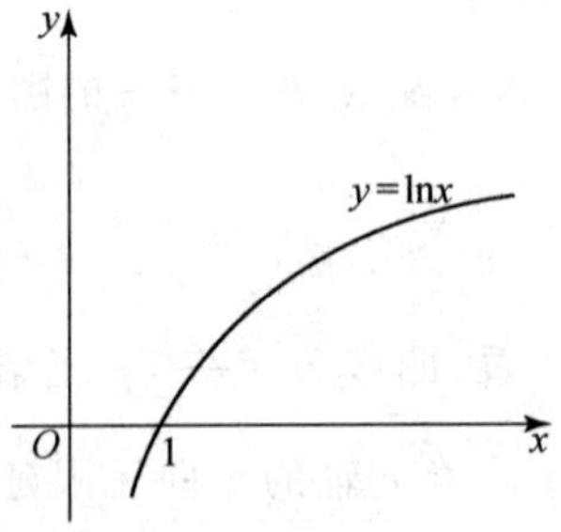

图 1-20

例 8 由图 1-21 容易看出 $\lim_{x \to x_0} x = x_0$.

事实上，函数 $f(x) = x$ 的图形是直线 $y = x$，当 $x \to x_0$ 时，直线上的动点 (x, y) 将无限接近直线上的定点 (x_0, y_0)，而 $y_0 = x_0$，故 $\lim_{x \to x_0} x = x_0$.

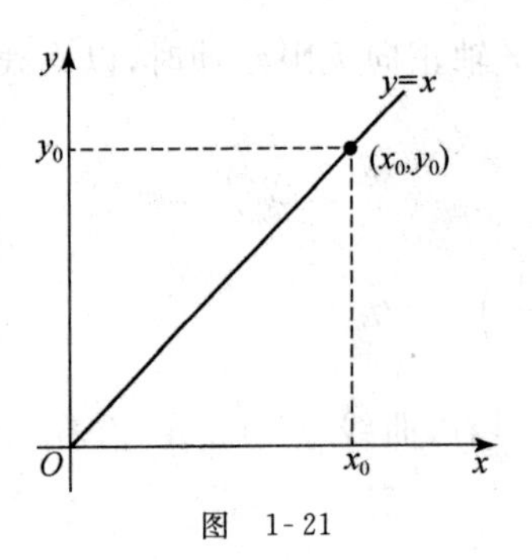

图 1-21

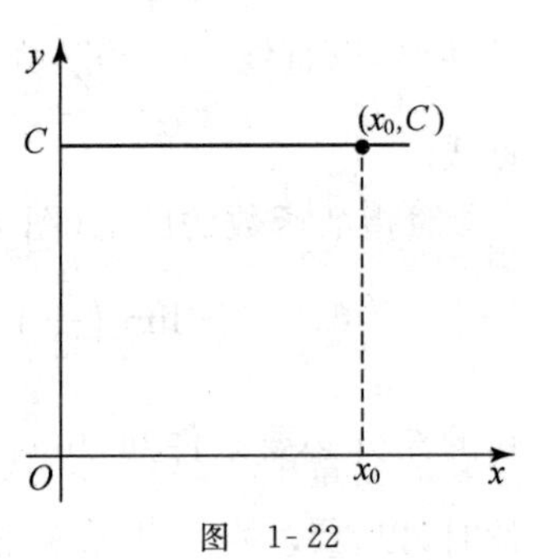

图 1-22

例 9 类似于例 8 的几何解释，由图 1-22 容易得到 $\lim_{x \to x_0} C = C$（C 是常数）.

有时，我们仅讨论 $x \to x_0^-$ 时或 $x \to x_0^+$ 时函数 $f(x)$ 的极限.

若 $x \to x_0^-$ 时，函数 $f(x)$ 趋于常数 A，则称函数 $f(x)$ 当 x 趋于 x_0 时以 A 为左极限，记做

$$\lim_{x \to x_0^-} f(x) = A \quad 或 \quad f(x) \to A \ (x \to x_0^-).$$

若 $x \to x_0^+$ 时，函数 $f(x)$ 趋于常数 A，则称函数 $f(x)$ 当 x 趋于 x_0 时以 A 为右极限，记做

$$\lim_{x \to x_0^+} f(x) = A \quad 或 \quad f(x) \to A \ (x \to x_0^+).$$

函数 $f(x)$ 在点 x_0 处的左极限和右极限也分别记做 $f(x_0-0)$ 和 $f(x_0+0)$.

依据 $x \to x_0^-$，$x \to x_0^+$ 及 $x \to x_0$ 的含义，有如下结论：

极限 $\lim\limits_{x \to x_0} f(x)$ **存在且等于 A 的充分必要条件**是极限 $\lim\limits_{x \to x_0^-} f(x)$ 与 $\lim\limits_{x \to x_0^+} f(x)$ **都存在且等于 A**，即

$$\lim_{x \to x_0} f(x) = A \Longleftrightarrow \lim_{x \to x_0^-} f(x) = A = \lim_{x \to x_0^+} f(x).$$

例 10 设函数 $f(x)=\begin{cases} x+1, & x \geqslant 0, \\ e^x, & x<0, \end{cases}$ 试讨论该函数在点 $x=0$ 处的极限.

解 这是分段函数，$x=0$ 是分段点. 由于在点 $x=0$ 的两侧，函数的解析式不同，故需先考查左、右极限.

由图 1-23 容易看出

$$\lim_{x \to 0^-} f(x) = \lim_{x \to 0^-} e^x = 1,$$

$$\lim_{x \to 0^+} f(x) = \lim_{x \to 0^+} (x+1) = 1.$$

由于函数 $f(x)$ 在点 $x=0$ 处的左、右极限皆存在且相等，所以函数 $f(x)$ 在点 $x=0$ 处的极限存在，且

$$\lim_{x \to 0} f(x) = 1.$$

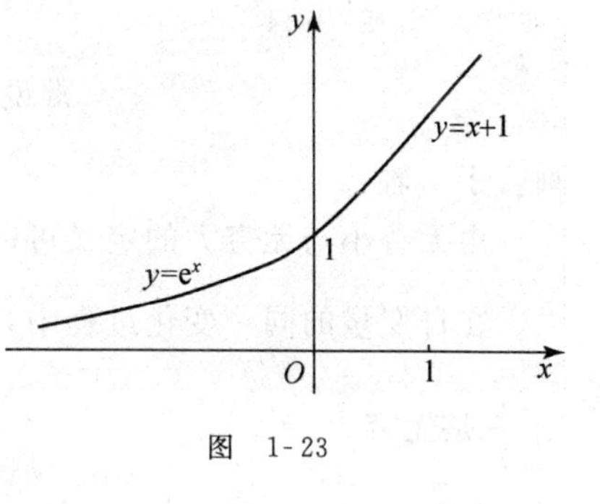

图 1-23

说明 以上我们引入了下述七种类型的极限，即

(1) $\lim\limits_{n \to \infty} y_n$；(2) $\lim\limits_{x \to \infty} f(x)$；(3) $\lim\limits_{x \to -\infty} f(x)$；(4) $\lim\limits_{x \to +\infty} f(x)$；

(5) $\lim\limits_{x \to x_0} f(x)$；(6) $\lim\limits_{x \to x_0^-} f(x)$；(7) $\lim\limits_{x \to x_0^+} f(x)$.

为了统一地论述它们共有的运算法则，本书若不特别指出是其中的哪一种，将用 $\lim f(x)$ 或 $\lim y$ 泛指其中的任何一种，其中的 $f(x)$ 或 y 常常称为**变量**.

三、无穷小与无穷大

在有极限的变量中，以零为极限的变量，在极限不存在的变量中，极限为无穷大的变量，这两种变量极为重要. 这里，我们来论述这两种变量的有关问题.

极限为零的变量称为**无穷小**，即若 $\lim y=0$，则称**变量 y 是无穷小**.

例如，因为 $\lim\limits_{n \to \infty} \dfrac{1}{2^n}=0$，所以，当 $n \to \infty$ 时，变量 $\dfrac{1}{2^n}$ 是无穷小. 因为 $\lim\limits_{x \to 1}(x-1)^2=0$，所以，

当 $x\to1$ 时，变量 $(x-1)^2$ 是无穷小.

在常量中，**唯有数 0 是无穷小**，因为 $\lim 0=0$，这吻合无穷小的定义.

绝对值无限增大的变量称为**无穷大**，即若 $\lim y=\infty$，则称**变量 y 是无穷大**.

前面已经说明，当变量 y 没有极限，但它有确定的变化趋势，且它的绝对值无限地增大时，我们用记号"$\lim y=\infty$"表示这种变量的变化趋势. 为了便于叙述这种变化趋势，也说变量 y 的极限是无穷大.

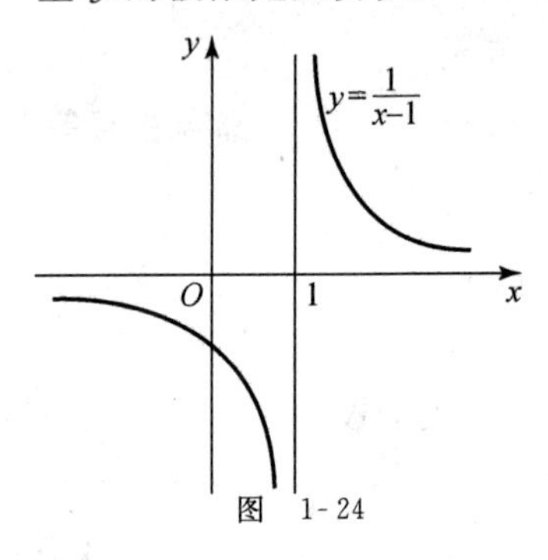

图 1-24

例 11 由图 1-24 容易看出，当 $x\to1$ 时，$y=\dfrac{1}{x-1}$ 是无穷大，即

$$\lim_{x\to1}\frac{1}{x-1}=\infty.$$

当 $x\to1$ 时，变量 $\dfrac{1}{x-1}$ 是无穷大. 从几何上看(图 1-24)，曲线 $y=\dfrac{1}{x-1}$ 向上、向下无限延伸且越来越接近直线 $x=1$. 通常说直线 $x=1$ 是曲线 $y=\dfrac{1}{x-1}$ 的**垂直渐近线**(因直线 $x=1$ 垂直于 x 轴).

由无穷小与无穷大的定义可以得到二者之间有如下**结论**：

在自变量的同一变化过程中，若 y 是无穷大，则 $\dfrac{1}{y}$ 是无穷小；若 y 是无穷小，且 $y\neq0$，则 $\dfrac{1}{y}$ 是无穷大.

习 题 1.2

A 组

1. 已知下列数列的通项，试写出数列，并观察判定数列是否有极限. 若有极限，请写出其极限.

(1) $y_n=(-1)^n n$； (2) $y_n=\dfrac{n+(-1)^{n+1}}{n}$； (3) $y_n=\dfrac{\sqrt[3]{n^3+1}}{3n}$.

2. 已知下列数列，试写出数列的通项，并观察判定数列是否有极限. 若有极限，试写出其极限.

(1) $1,\dfrac{1}{3},\dfrac{1}{9},\dfrac{1}{27},\dfrac{1}{81},\cdots$； (2) $0,1,0,\dfrac{1}{2},0,\dfrac{1}{3},\cdots$.

3. 画出下列函数的图形，并直观判定极限 $\lim\limits_{x\to-\infty}f(x)$，$\lim\limits_{x\to+\infty}f(x)$，$\lim\limits_{x\to\infty}f(x)$，$\lim\limits_{x\to0^-}f(x)$，$\lim\limits_{x\to0^+}f(x)$，$\lim\limits_{x\to0}f(x)$：

(1) $f(x)=|x|$； (2) $f(x)=\dfrac{|x|}{x}$； (3) $f(x)=\dfrac{1}{x}$； (4) $f(x)=\dfrac{1}{x^2}$.

4. 画出函数 $f(x)=\begin{cases}e^{-x}, & x<0,\\ x^3+1, & x>0\end{cases}$ 的图形，直观判定极限 $\lim\limits_{x\to0^-}f(x)$，$\lim\limits_{x\to0^+}f(x)$，$\lim\limits_{x\to0}f(x)$.

5. 当 x 趋于何值时,下列变量是无穷小?

(1) $\dfrac{1}{1+x^2}$; (2) $\tan x$; (3) $\arcsin x$.

6. 当 x 趋于何值时,下列变量是无穷大?

(1) $\dfrac{1}{x-1}$; (2) $\ln(x+2)$; (3) $\dfrac{1}{\frac{\pi}{2}-\arctan x}$.

B 组

1. 回答下列问题:

(1) 设 $\lim\limits_{n\to\infty} x_n = A$, $\lim\limits_{n\to\infty} y_n = B$, 且 $A \neq B$, 问: 数列

$$x_1,\ y_1,\ x_2,\ y_2,\ \cdots,\ x_n,\ y_n,\ \cdots$$

是否收敛? 为什么?

(2) 设 $\lim\limits_{n\to\infty} y_n = A$. 若把数列 $\{y_n\}$ 的有限项换成新的数,问: 新得到的数列是否有极限? 若有,极限是什么?

2. 填空题:

(1) 设函数 $f(x)=\begin{cases}1+\sin x, & x<0,\\ a+e^x, & x>0.\end{cases}$ 若 $\lim\limits_{x\to 0} f(x)$ 存在,则 $a=$________.

(2) 设函数 $f(x)=\begin{cases}2, & x\neq 2,\\ 0, & x=2,\end{cases}$ 则 $\lim\limits_{x\to 2} f(x)=$________.

(3) 极限 $\lim\limits_{x\to 0} \ln|\sin x| =$________.

(4) 极限 $\lim\limits_{x\to\infty} \sin x =$________.

§1.3 极限的运算

【本节学习目标】 掌握极限的四则运算法则及两个重要极限.

一、极限的四则运算法则

定理 1.1 (四则运算法则) 在自变量的同一变化过程中,若 $\lim f(x)=A$, $\lim g(x)=B$, 则

(1) 代数和的极限 $\lim[f(x)\pm g(x)]$ 存在,且

$$\lim[f(x)\pm g(x)] = \lim f(x) \pm \lim g(x) = A \pm B.$$

(2) 乘积的极限 $\lim[f(x)\cdot g(x)]$ 存在,且

$$\lim[f(x)\cdot g(x)] = \lim f(x)\cdot \lim g(x) = AB.$$

特别有

① 常数因子 C 可提到极限符号的前面,即

$$\lim Cg(x) = C\lim g(x) = CB;$$

② 若 n 是正整数,有

$$\lim[f(x)]^n = [\lim f(x)]^n = A^n.$$

(3) 当 $\lim g(x) \neq 0$ 时,商的极限 $\lim \dfrac{f(x)}{g(x)}$ 存在,且

$$\lim \frac{f(x)}{g(x)} = \frac{\lim f(x)}{\lim g(x)} = \frac{A}{B}.$$

二、两个重要极限

在极限运算中,经常要用到如下两个重要公式:

(1) $\lim\limits_{x \to 0} \dfrac{\sin x}{x} = 1$;

(2) $\lim\limits_{n \to \infty}\left(1 + \dfrac{1}{n}\right)^n = \mathrm{e}$ (e=2.718281828459…是无理数).

由表 1-1 和表 1-2 可直观判定这两个公式的正确性. 这两个公式通常称为**两个重要极限**.

表 1-1

$x(>0)$	$\dfrac{\sin x}{x}$
1	0.841471
0.3	0.985067
0.2	0.993347
0.1	0.998334
0.05	0.999583
0.02	0.999933
0.01	0.999983
0.009	0.999986
0.0005	0.999999

表 1-2

n	$\left(1+\dfrac{1}{n}\right)^n$
1	2.000000
10	2.593742
10^2	2.704814
10^3	2.716924
10^4	2.718146
10^5	2.718268
10^6	2.718280

由表 1-1 看出,若 x (>0)取值越接近 0,则相应的 $\dfrac{\sin x}{x}$ 的取值越接近 1;当 $x<0$ 时,也如此. 可以得出

$$\lim_{x \to 0} \frac{\sin x}{x} = 1.$$

由表 1-2 看出,随着 n 增大,数列的值也增大;当 n 无限增大时,数列的值趋于一个常数. 可以推出下式:

$$\lim_{n \to \infty}\left(1 + \frac{1}{n}\right)^n = \mathrm{e}.$$

将该极限中的 n 改为实数 x 时，同样有下述**公式**：

$$\lim_{x\to\infty}\left(1+\frac{1}{x}\right)^{x}=\mathrm{e}\quad \text{或写做}\quad \lim_{x\to 0}(1+x)^{\frac{1}{x}}=\mathrm{e}.$$

例 1 求极限 $\lim\limits_{x\to 2}(4x^2-3x+1)$.

解 原式 $=\lim\limits_{x\to 2}4x^2-\lim\limits_{x\to 2}3x+\lim\limits_{x\to 2}1=4\lim\limits_{x\to 2}x^2-3\lim\limits_{x\to 2}x+1$

$=4(\lim\limits_{x\to 2}x)^2-3\times 2+1=4\times 2^2-3\times 2+1=11.$

由该题计算结果知，对多项式

$$P_n(x)=a_0x^n+a_1x^{n-1}+\cdots+a_{n-1}x+a_n,$$

有

$$\lim_{x\to x_0}P_n(x)=a_0x_0^n+a_1x_0^{n-1}+\cdots+a_{n-1}x_0+a_n=P_n(x_0).$$

例 2 求极限 $\lim\limits_{x\to 2}\dfrac{2x^2-3}{4x^2-3x+1}$.

解 由例 1 知，分母的极限不为 0，故用商的极限法则得

$$\text{原式}=\frac{\lim\limits_{x\to 2}(2x^2-3)}{\lim\limits_{x\to 2}(4x^2-3x+1)}=\frac{5}{11}.$$

例 3 求极限 $\lim\limits_{x\to 3}\dfrac{x-6}{x^2-2x-3}$.

解 容易看出，分母的极限为 0，不能用商的极限法则，但分子的极限为 $-3\neq 0$，可将分式的分母与分子颠倒后再用商的极限法则，即

$$\lim_{x\to 3}\frac{x^2-2x-3}{x-6}=\frac{0}{-3}=0.$$

由无穷小与无穷大的关系得

$$\lim_{x\to 3}\frac{x-6}{x^2-2x-3}=\infty.$$

例 4 求极限 $\lim\limits_{x\to 1}\dfrac{x^2+2x-3}{x^2-3x+2}$.

解 显然，分母与分子的极限都是 0. 由于当 $x\to 1$ 时，$x-1\to 0$，即分母与分子有以 0 为极限的公因子 $x-1$：

$$x^2+2x-3=(x-1)(x+3),\quad x^2-3x+2=(x-1)(x-2).$$

将分母、分子因式分解，约去公因子后，再求极限：

$$\text{原式}=\lim_{x\to 1}\frac{(x-1)(x+3)}{(x-1)(x-2)}=\lim_{x\to 1}\frac{x+3}{x-2}=\frac{4}{-1}=-4.$$

例 5 求极限 $\lim\limits_{x\to\infty}\dfrac{2x^2-3x+1}{3x^2+2x-5}$.

解 显然,分母、分子的极限都不存在,实际上分母与分子都是无穷大.将分母与分子同除以 x 的最高次幂 x^2,再用无穷小与无穷大的倒数关系及极限的四则运算法则得

$$\text{原式} = \lim_{x\to\infty}\frac{2-\dfrac{3}{x}+\dfrac{1}{x^2}}{3+\dfrac{2}{x}-\dfrac{5}{x^2}} = \frac{2-0+0}{3+0-0} = \frac{2}{3}.$$

例 6 求极限 $\lim\limits_{x\to\infty}\dfrac{2x^2+5x-2}{x^3+2x+1}$.

解 用 x 的最高次幂 x^3 除分母与分子,再用极限运算法则得

$$\text{原式} = \lim_{x\to\infty}\frac{\dfrac{2}{x}+\dfrac{5}{x^2}-\dfrac{2}{x^3}}{1+\dfrac{2}{x^2}+\dfrac{1}{x^3}} = \frac{0+0-0}{1+0+0} = 0.$$

例 7 求极限 $\lim\limits_{x\to\infty}\dfrac{3x^2-4x+3}{x-2}$.

解 用 x^2 除分母与分子,再按例 3 的思路得

$$\text{原式} = \lim_{x\to\infty}\frac{3-\dfrac{4}{x}+\dfrac{3}{x^2}}{\dfrac{1}{x}-\dfrac{2}{x^2}} = \infty.$$

例 2 至例 7 的计算方法与结果,可推广到**一般情况**.若 $R(x)$是有理分式,即

$$R(x) = \frac{P_n(x)}{Q_m(x)} = \frac{a_0x^n+a_1x^{n-1}+\cdots+a_{n-1}x+a_n}{b_0x^m+b_1x^{m-1}+\cdots+b_{m-1}x+b_m},$$

则

$$\lim_{x\to x_0}R(x) = \begin{cases}\dfrac{P_n(x_0)}{Q_m(x_0)} = R(x_0), & \text{当 } Q_m(x_0)\neq 0 \text{ 时},\\ \infty, & \text{当 } Q_m(x_0)=0, P_n(x_0)\neq 0 \text{ 时},\\ \text{将 } Q_m(x), P_n(x) \text{ 分解出 } x-x_0 \text{ 型公因子,约去后再求极限}, & \text{当 } Q_m(x_0)=P_n(x_0)=0 \text{ 时};\end{cases}$$

$$\lim_{x\to\infty}R(x) = \begin{cases}\dfrac{a_0}{b_0}, & \text{当 } n=m \text{ 时},\\ 0, & \text{当 } n<m \text{ 时},\\ \infty, & \text{当 } n>m \text{ 时}.\end{cases}$$

例 8 求极限 $\lim\limits_{x\to 0}\dfrac{\tan x}{x}$.

解 注意到 $\tan x=\dfrac{\sin x}{\cos x}$,于是由第一个重要极限与乘积的极限法则得

$$原式 = \lim_{x\to 0}\frac{\sin x}{x}\cdot\frac{1}{\cos x} = \lim_{x\to 0}\frac{\sin x}{x}\cdot\lim_{x\to 0}\frac{1}{\cos x} = 1\times 1 = 1.$$

该极限式也可作为一个公式来用.

例 9 求极限 $\lim\limits_{x\to 0}\frac{\sin 5x}{x}$.

解 由于 $\frac{\sin 5x}{x}=5\frac{\sin 5x}{5x}$,令 $t=5x$,则当 $x\to 0$ 时,$t\to 0$,从而由第一个重要极限有

$$原式 = 5\lim_{x\to 0}\frac{\sin 5x}{5x} = 5\lim_{t\to 0}\frac{\sin t}{t} = 5\times 1 = 5.$$

例 10 求极限 $\lim\limits_{x\to 1}\frac{\sin(x-1)}{x^2-1}$.

解 注意到,当 $x\to 1$ 时,$x-1\to 0$. 由第一个重要极限有

$$原式 = \lim_{x\to 1}\frac{\sin(x-1)}{(x+1)(x-1)} = \frac{1}{2}\lim_{x\to 1}\frac{\sin(x-1)}{x-1}$$

$$\xlongequal{t=x-1}\frac{1}{2}\lim_{t\to 0}\frac{\sin t}{t} = \frac{1}{2}\times 1 = \frac{1}{2}.$$

例 11 求极限 $\lim\limits_{x\to\infty}\left(1-\frac{1}{x}\right)^x$.

解 注意到 $\left(1-\frac{1}{x}\right)^x$ 与 $\left(1+\frac{1}{x}\right)^x$ 差一个符号,不能直接用第二个重要极限.

令 $t=-\frac{1}{x}$,则 $x=-\frac{1}{t}$,且当 $x\to\infty$ 时,$t\to 0$. 这时

$$\left(1-\frac{1}{x}\right)^x = (1+t)^{-\frac{1}{t}} = \left[(1+t)^{\frac{1}{t}}\right]^{-1},$$

于是用第二个重要极限便有

$$原式 = \lim_{t\to 0}\left[(1+t)^{\frac{1}{t}}\right]^{-1} = \mathrm{e}^{-1}.$$

习 题 1.3

A 组

1. 求下列极限:

(1) $\lim\limits_{x\to 2}(3x^2-5x+4)$; (2) $\lim\limits_{x\to 3}\frac{x^2-5}{x-2}$; (3) $\lim\limits_{x\to -2}\frac{x^2-3}{x+2}$;

(4) $\lim\limits_{x\to 1}\frac{x^2-1}{x-1}$; (5) $\lim\limits_{x\to 4}\frac{x^2-6x+8}{x^2-5x+4}$; (6) $\lim\limits_{x\to 9}\frac{\sqrt{x}-3}{x-9}$.

2. 求下列极限:

(1) $\lim\limits_{n\to\infty}\frac{2n^2-4n+1}{3n+2}$; (2) $\lim\limits_{x\to\infty}\frac{4x^2+5}{2x^2-3x+1}$; (3) $\lim\limits_{t\to +\infty}\frac{3t^2-2t+1}{t^3+1}$;

(4) $\lim\limits_{n\to\infty}\dfrac{n}{\sqrt{2n^2+n}}$；　(5) $\lim\limits_{n\to\infty}\dfrac{n^2}{\sqrt{n^3+2n^2+1}}$；　(6) $\lim\limits_{n\to\infty}\dfrac{n^{2/3}}{\sqrt{n^2+1}}$.

3. 求下列极限：

(1) $\lim\limits_{t\to0}\dfrac{\sin\omega t+\tan\alpha t}{t}$；　(2) $\lim\limits_{x\to0}\dfrac{\sin2x}{\sin3x}$；　(3) $\lim\limits_{x\to0}\dfrac{1-\cos x}{x^2}$.

4. 求下列极限：

(1) $\lim\limits_{n\to\infty}\left(1+\dfrac{1}{n}\right)^{n+3}$；　(2) $\lim\limits_{n\to\infty}\left(1+\dfrac{r}{n}\right)^{nt}$.

B　组

1. 设函数 $f(x)=\dfrac{x^2-4}{3x^2+5x-2}$，求下列极限：

(1) $\lim\limits_{x\to2}f(x)$；　(2) $\lim\limits_{x\to-2}f(x)$；

(3) $\lim\limits_{x\to1/3}f(x)$；　(4) $\lim\limits_{x\to\infty}f(x)$.

2. 求下列极限：

(1) $\lim\limits_{h\to0}\dfrac{(x+h)^2-x^2}{h}$；　(2) $\lim\limits_{\Delta x\to0}\dfrac{\sqrt{x+\Delta x}-x}{\Delta x}$；　(3) $\lim\limits_{x\to+\infty}\dfrac{\sqrt[3]{3x^3-3}}{\sqrt{x^2+2}}$；

(4) $\lim\limits_{x\to\pi}\dfrac{\sin x}{\pi-x}$；　(5) $\lim\limits_{x\to0}\dfrac{\arcsin x}{x}$；　(6) $\lim\limits_{n\to\infty}\left(1+\dfrac{x}{n}\right)^{-nt}$.

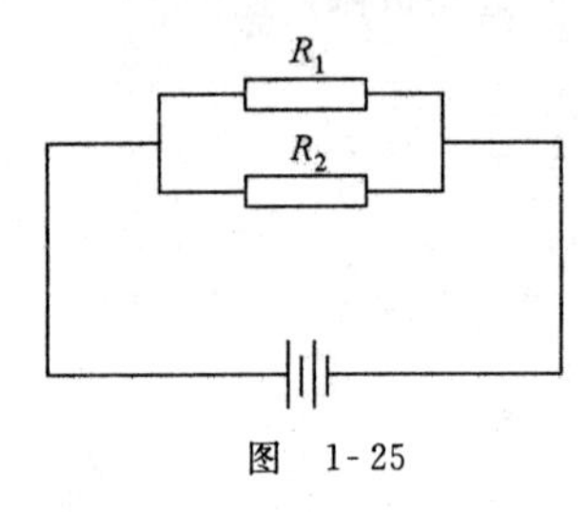

图　1-25

3. 并联电路(图 1-25)的总电阻为

$$R=\frac{R_1R_2}{R_1+R_2}.$$

若 R_1 保持不变，试问：当 $R_2\to+\infty$ 时，R 的变化趋势如何？并对此结果做出解释.

4. 假定某种疾病流行 t 天后，感染的人数 N 由下式给出：

$$N=\frac{100000}{1+500\mathrm{e}^{-0.12t}}.$$

问：

(1) 从长远考虑，将会有多少人感染上这种疾病？

(2) 有可能某天会有 10 万人感染上这种疾病吗？5 万人呢？

§1.4　函数的连续性

【本节学习目标】 理解函数在一点连续与间断的定义；知道初等函数在其有定义的区间内是连续的；知道最大值与最小值定理及零点定理的意义.

一、连续性的概念

1. 函数连续的定义

先介绍改变量的概念和记号. 如图 1-26 所示, 当函数 $y=f(x)$ 的自变量 x 由初值 x_0 起改变到终值 $x_0+\Delta x$ 时, 自变量改变了 Δx, 称 Δx 为自变量 x 的**改变量**. 这时, 函数值相应地由 $f(x_0)$ 改变到 $f(x_0+\Delta x)$. 若**函数相应的改变量**记做 Δy, 则

$$\Delta y = f(x_0+\Delta x) - f(x_0).$$

若记 $x=x_0+\Delta x$, 则 $\Delta x = x - x_0$, 相应的函数的改变量为

$$\Delta y = f(x) - f(x_0).$$

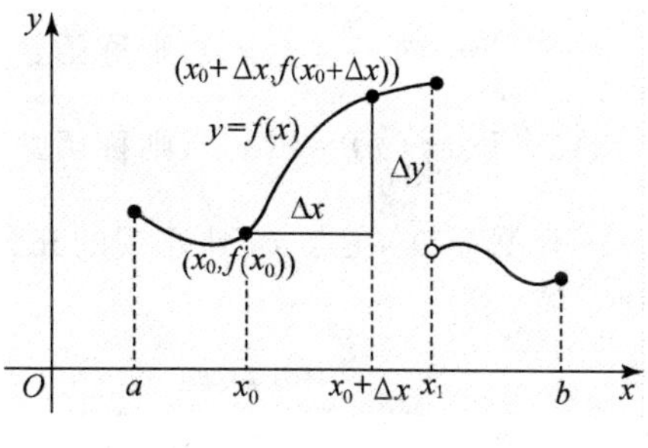

图 1-26

客观世界的许多现象都是连续变化的. 所谓连续就是不间断, 例如气温是随时间不间断地上升或下降的. 若从函数的观点看, 气温是时间的函数, 当时间(自变量)变化很微小时, 气温(函数)相应的变化也很微小. 在数学上, 这就是连续函数, 它反映了变量逐渐变化的过程.

观察图 1-26, 区间 $[a,b]$ 上的曲线 $y=f(x)$ 在 x_1 处断开了, 就称 x_1 是函数 $f(x)$ 的间断点; 在 x_0 处没有出现间断, 即在 x_0 处曲线是连续的, 就称 x_0 是函数 $f(x)$ 的连续点. 下面我们用图 1-26 来说明函数在一点连续与间断的数量特征.

在 x_1 处, 曲线断开, 作为曲线 $y=f(x)$ 上的点的横坐标 x 从 x_1 左侧近旁变到右侧近旁时, 曲线上的点的纵坐标 y 呈现跳跃, 即在 x_1 处, 当自变量有微小改变时, 相应的函数值有显著改变. 在 x_0 处, 曲线是连续的, 情况则不同: 曲线 $y=f(x)$ 上的点的横坐标 x 自 x_0 向左或向右作微小移动时, 其相应的纵坐标 y 呈渐变. 换言之, 自变量 x 在 x_0 处有微小改变时, 相应的函数值 y 也有微小改变. 特别当 $\Delta x \to 0$ 时, 也有 $\Delta y \to 0$. 这就是函数 $y=f(x)$ 在 x_0 处连续的实质. 由以上分析得到函数**在一点连续的定义**:

定义 1.5 设函数 $y=f(x)$ **在点** x_0 **及其左、右邻近有定义**. 若

$$\lim_{\Delta x\to 0}\Delta y = \lim_{\Delta x\to 0}[f(x_0+\Delta x) - f(x_0)] = 0,$$

则称**函数** $y=f(x)$ **在点** x_0 **处连续**, 并称 x_0 为该函数的**连续点**.

注意到 $\Delta y = f(x) - f(x_0)$, 显然上式也可记做

$$\lim_{x\to x_0}[f(x) - f(x_0)] = 0 \quad 或 \quad \lim_{x\to x_0} f(x) = f(x_0). \tag{1}$$

因此, 函数 $f(x)$ 在点 x_0 处连续, 就是**函数** $f(x)$ **在点** x_0 **处的极限值等于该点的函数值**, 即下述三个条件皆满足:

(1) $f(x)$ 在点 x_0 及其左、右邻近有定义;

(2) 极限 $\lim_{x\to x_0} f(x)$ 存在;

(3) 极限 $\lim\limits_{x \to x_0} f(x)$ 的值等于该点的函数值 $f(x_0)$.

由函数 $f(x)$ 在点 x_0 处左极限与右极限的定义可以得到函数 $f(x)$ **在点 x_0 处左连续与右连续的定义**:

若 $\lim\limits_{x \to x_0^-} f(x) = f(x_0)$,则称函数 $f(x)$ **在点 x_0 处左连续**;

若 $\lim\limits_{x \to x_0^+} f(x) = f(x_0)$,则称函数 $f(x)$ **在点 x_0 处右连续**.

函数 $f(x)$ 在点 x_0 处连续的**充分必要条件**是函数 $f(x)$ 在点 x_0 处既左连续,又右连续,即

$$\lim_{x \to x_0} f(x) = f(x_0) \Longleftrightarrow \lim_{x \to x_0^-} f(x) = f(x_0) = \lim_{x \to x_0^+} f(x).$$

例 1 证明:函数 $f(x) = \begin{cases} \dfrac{\sin x}{x}, & x \neq 0, \\ 1, & x = 0 \end{cases}$ 在 $x=0$ 处是连续的.

证 因为

(1) $f(x)$ 在点 $x=0$ 及其左、右邻近有定义,且 $f(0)=1$;

(2) 极限 $\lim\limits_{x \to 0} f(x) = \lim\limits_{x \to 0} \dfrac{\sin x}{x} = 1$;

(3) $\lim\limits_{x \to 0} f(x) = f(0)$,

所以函数 $f(x)$ 在 $x=0$ 处是连续的.

函数在一点处连续的定义,可以很自然地拓广到一个区间上.

若函数 $f(x)$ 在区间 I[①] 中每一点都连续,则称函数 $f(x)$ **在 I 内连续**,或称 $f(x)$ 为 I 上的**连续函数**.

若函数 $f(x)$ 在开区间 (a,b) 内连续,又在端点 a 处右连续,在端点 b 处左连续,即有

$$\lim_{x \to a^+} f(x) = f(a), \quad \lim_{x \to b^-} f(x) = f(b),$$

则称函数 $f(x)$ 在闭区间 $[a,b]$ 上连续.

2. 函数的间断点

若函数 $f(x)$ 在点 x_0 不满足连续的定义,则称这一点是函数 $f(x)$ 的**不连续点**或**间断点**.

若 x_0 是函数 $f(x)$ 的间断点,按(1)式,所有可能出现的情况是:

(1) 函数 $f(x)$ 在点 x_0 的左、右邻近有定义,而在点 x_0 没有定义;

(2) 极限 $\lim\limits_{x \to x_0} f(x)$ 不存在;

---

① 区间分为有限区间和无限区间.在本教材以后的叙述中,若我们所讨论的问题在任何一个区间上都成立时,将用字母 I 表示这样一个泛指的区间.

(3) 极限 $\lim\limits_{x\to x_0}f(x)$存在，但不等于 $f(x_0)$.

间断点通常分为第一类间断点和第二类间断点：

第一类间断点 设 x_0 是函数 $f(x)$的间断点. 若 $f(x)$在 x_0 处的左、右极限都存在，则称点 x_0 是第一类间断点，其中左、右极限不相等的，称点 x_0 为**跳跃间断点**；左、右极限相等的，即 $\lim\limits_{x\to x_0}f(x)=A$，则称点 x_0 为函数 $f(x)$的**可去间断点**.

第二类间断点 除第一类间断点，函数所有其他形式的间断点(即函数 $f(x)$在间断点处至少有一侧极限不存在)，统称为第二类间断点.

例 2 无线电技术中会遇到矩形波电压 u(图 1-27)，它在一个周期$[-\pi,\pi)$内的函数表示式是

$$u=\begin{cases}-1, & -\pi\leqslant t<0,\\ 1, & 0\leqslant t<\pi.\end{cases}$$

显然，电压 u 在点 $t=0,\pm\pi,\pm 2\pi,\cdots$发生间断. 这些点均是跳跃间断点.

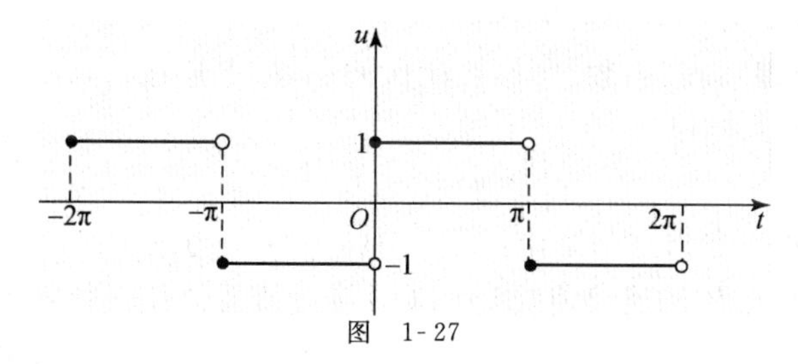

图 1-27

例 3 对于函数 $f(x)=\begin{cases}\dfrac{1-x^2}{1-x}, & x\neq 1,\\ 0, & x=1,\end{cases}$ 在 $x=1$ 处，因为

$$\lim_{x\to 1}f(x)=\lim_{x\to 1}\frac{1-x^2}{1-x}=\lim_{x\to 1}(1+x)=2,$$

而 $f(1)=0$，所以 $x=1$ 是 $f(x)$的可去间断点.

例 4 函数 $f(x)=\dfrac{1}{x}$ 在点 $x=0$ 没有定义，而在 $x=0$ 的左、右邻近有定义，所以 $x=0$ 是它的间断点. 由于 $\lim\limits_{x\to 0}\dfrac{1}{x}=\infty$，因此 $x=0$ 是第二类间断点.

3. 初等函数的连续性

可以证明**初等函数在其有定义的区间内都是连续的.**

根据这一结论，求初等函数在其定义区间内某点 x_0 的极限时，只要求出该点的函数值即可.

例如,求 $\lim\limits_{x\to\pi/2}\ln\sin x$ 时,由于函数 $\ln\sin x$ 是初等函数且在点 $x=\frac{\pi}{2}$ 有定义,故

$$\lim_{x\to\pi/2}\ln\sin x=\ln\sin\frac{\pi}{2}=0.$$

二、闭区间上连续函数的性质

下面介绍闭区间上连续函数的重要性质.先给出最大值与最小值概念.

设函数 $f(x)$ 在区间 I 上有定义.若 $x_0\in I$,且对该区间中的一切 x,有

$$f(x)\leqslant f(x_0)\quad 或\quad f(x)\geqslant f(x_0),$$

则称 $f(x_0)$ 是函数 $f(x)$ 在区间 I 上的**最大值**或**最小值**.最大值与最小值统称为**最值**.

定理 1.2(最大值最小值定理) 若函数 $f(x)$ 在闭区间 $[a,b]$ 上连续,则 $f(x)$ 在 $[a,b]$ 上有最大值与最小值.

从图形上看(图 1-28),上述结论成立是显然的.包括端点的一段连续曲线,必定有最高点 $(x_1,f(x_1))$,也有最低点 $(x_2,f(x_2))$(可能不止一点).这最高点或最低点可能在区间内部,也可能在区间端点.

定理 1.3(零点定理) 若函数 $f(x)$ 在闭区间 $[a,b]$ 上连续,且 $f(a)$ 与 $f(b)$ 异号,则在 (a,b) 内至少存在一点 ξ,使得

$$f(\xi)=0.$$

由图 1-29 我们可以看出这一结论:若点 $A(a,f(a))$ 与点 $B(b,f(b))$ 分别在 x 轴的上下两侧,则连接点 A 与点 B 的连续曲线 $y=f(x)$ 与 x 轴至少有一个交点.若交点为 $(\xi,0)$,则显然 $f(\xi)=0$.

零点定理说明,方程 $f(x)=0$ 在区间 (a,b) 内至少存在一个根.

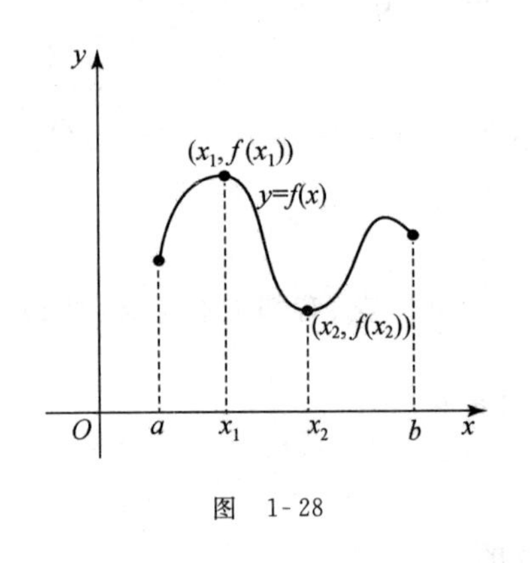

图 1-28

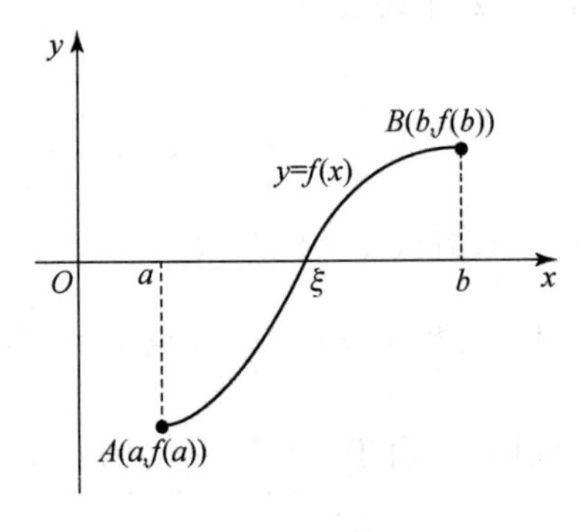

图 1-29

习 题 1.4

A 组

1. 讨论下列函数在 $x=0$ 处是否连续：

(1) $f(x)=|x|$； (2) $f(x)=\begin{cases}1-x, & x\leqslant 0,\\ 1+x, & x>0;\end{cases}$ (3) $f(x)=\begin{cases}x+1, & x\leqslant 0,\\ x-1, & x>0.\end{cases}$

2. 确定常数 k 的值,使下列函数在指定点处连续：

(1) $f(x)=\begin{cases}\dfrac{x^2+x-6}{x-2}, & x\neq 2,\\ k, & x=2,\end{cases}$ 在 $x=2$ 处； (2) $f(x)=\begin{cases}\dfrac{\sin 3x}{x}, & x<0,\\ k, & x=0,\\ e^x+2, & x>0,\end{cases}$ 在 $x=0$ 处；

(3) $f(x)=\begin{cases}(1+x)^{2/x}, & x\neq 0,\\ k, & x=0,\end{cases}$ 在 $x=0$ 处.

3. 确定下列函数的间断点：

(1) $f(x)=\sin\dfrac{1}{x}$； (2) $f(x)=\dfrac{x-1}{x^2-1}$； (3) $f(x)=\begin{cases}-1, & x\leqslant 0,\\ 1, & x>0.\end{cases}$

B 组

1. 确定下列函数的连续区间,并求极限：

(1) $f(x)=\ln(2+x)$,求 $\lim\limits_{x\to 1}f(x)$； (2) $f(x)=\sqrt{1+\cos x}$,求 $\lim\limits_{x\to 0}f(x)$.

2. 设函数

$$f(x)=\begin{cases}\ln\sin x+1, & 0\leqslant x<\pi/2,\\ \sin x+\cos x, & \pi/2\leqslant x\leqslant \pi.\end{cases}$$

(1) 确定 $f(x)$的定义域； (2) 讨论 $f(x)$在其定义域内是否连续.

3. 确定函数 $f(x)=x$ 在下列区间上是否有最大值与最小值.若有,请求出.

(1) $(0,1)$； (2) $[0,1)$； (3) $(0,1]$； (4) $[0,1]$.

4. 证明：方程 $x^5-3x=1$ 至少有一个根介于 1 与 2 之间.

总 习 题 一

1. 填空题：

(1) 已知函数 $f\left(\dfrac{1}{x}\right)=x+\sqrt{1+x^2}\ (x>0)$,则 $f(x)=$________；

(2) 极限 $\lim\limits_{n\to\infty}\left[\dfrac{1}{1\times 2}+\dfrac{1}{2\times 3}+\cdots+\dfrac{1}{n(n+1)}\right]=$________；

(3) 设函数 $f(x)=x^3$,则 $\lim\limits_{\Delta x\to 0}\dfrac{f(x+\Delta x)-f(x)}{\Delta x}=$________；

(4) 设函数 $f(x)=\begin{cases} e^{-1/x^2}, & x\neq 0, \\ a, & x=0 \end{cases}$ 在 $x=0$ 处连续,则 $a=$________.

2. 单项选择题:

(1) 已知函数 $f(\sin x)=\cos 2x$,则 $f(x)=$(　　);

(A) $1-x^2$　　(B) $1-2x^2$　　(C) $1+2x^2$　　(D) $2x^2-1$

(2) 极限 $\lim\limits_{x\to 1}\dfrac{|x-1|}{x-1}$(　　);

(A) 等于-1　　(B) 等于1　　(C) 等于0　　(D) 不存在

(3) 当 $x\to 0$ 时,下列变量为无穷小的是(　　);

(A) $\sin\dfrac{1}{x}$　　(B) $\arccos x$　　(C) $\ln(x+1)$　　(D) $\left(\dfrac{1}{3}\right)^x$

(4) 下列等式不成立的是(　　);

(A) $\lim\limits_{x\to\infty}x\sin\dfrac{1}{x}=1$　　(B) $\lim\limits_{x\to 1}\dfrac{\sin(x^2-1)}{x-1}=1$

(C) $\lim\limits_{x\to 0}\dfrac{\sin(\sin x)}{x}=1$　　(D) $\lim\limits_{x\to 0}\dfrac{\arctan x}{x}=1$

(5) 下列等式成立的是(　　);

(A) $\lim\limits_{n\to\infty}\left(1+\dfrac{1}{n}\right)^{2n}=e$　　(B) $\lim\limits_{n\to\infty}\left(1+\dfrac{2}{n}\right)^{n}=e$

(C) $\lim\limits_{n\to\infty}\left(1+\dfrac{1}{2n}\right)^{n}=e$　　(D) $\lim\limits_{n\to\infty}\left(1+\dfrac{1}{n}\right)^{n+2}=e$

(6) 函数 $f(x)$在 x_0 处极限存在是 $f(x)$在 x_0 处连续的(　　).

(A) 必要条件但非充分条件　　(B) 充分条件但非必要条件

(C) 充分必要条件　　(D) 无关条件

3. 求下列极限:

(1) $\lim\limits_{n\to\infty}\dfrac{1+2+3+\cdots+n}{n^2}$;　　(2) $\lim\limits_{x\to 1}\left(\dfrac{2}{x^2-1}-\dfrac{1}{x-1}\right)$.

4. 已知极限 $\lim\limits_{x\to\infty}\left(\dfrac{x^2+1}{x+1}-ax-b\right)=0$,求 a,b 的值.

5. 设函数 $f(x)=\dfrac{x^2-1}{2x^2-x-1}$,求 $\lim\limits_{x\to 0}f(x)$,$\lim\limits_{x\to\infty}f(x)$,$\lim\limits_{x\to 1}f(x)$,$\lim\limits_{x\to -\frac{1}{2}}f(x)$.

6. 证明:函数 $f(x)=\begin{cases} 3x, & 0\leqslant x<1, \\ 4-x, & 1\leqslant x\leqslant 3 \end{cases}$ 在其定义域内连续.

第二章

导数与微分

导数和微分是微分学的两个重要的基本概念，在理论和实践中都有着广泛的应用.本章介绍导数与微分的概念及其计算方法.

§2.1　导数的概念

【本节学习目标】 理解导数的定义.

一、导数的概念

我们用几何学中的切线斜率引入**导数的定义**.

1. 曲线的切线斜率

我们的问题是： 已知曲线 L 的方程 $y=f(x)$，要确定曲线 L 上点 $M_0(x_0,y_0)$ 处切线的斜率.

为此，先定义**曲线的切线**. 设 M_0 是曲线 L 上的一点，M 是曲线上与点 M_0 邻近的一点，作割线 M_0M. 当点 M 沿着曲线 L 趋于点 M_0 时，割线 M_0M 便绕着点 M_0 转动. 若当点 M 无限趋于点 M_0 时，割线的极限位置是 M_0T，则称直线 M_0T 为曲线 L 在点 M_0 处的**切线**(图 2-1). 简言之，**割线的极限位置就是切线**.

按上述切线的定义，在曲线 $y=f(x)$ 上，取邻近于点 $M_0(x_0,y_0)$ 的任一点 $M(x_0+\Delta x, y_0+\Delta y)$，作割线 M_0M，割线的倾角记为 φ(图 2-2)，其斜率是点 M_0 的纵坐标的改变量 Δy 与横坐标的改变量 Δx 之比：

$$\tan\varphi=\frac{\Delta y}{\Delta x}=\frac{f(x_0+\Delta x)-f(x_0)}{\Delta x}.$$

用割线 M_0M 的斜率表示切线斜率，这是近似值，显然，$|\Delta x|$ 越小，即点 M 沿曲线越接近点 M_0，其近似程度越好.

现在让点 $M(x_0+\Delta x, y_0+\Delta y)$ 沿着曲线 $y=f(x)$ 移动并无限趋于点 $M_0(x_0,y_0)$，即当 $\Delta x\to 0$ 时，割线 M_0M 将绕着点 M_0 转动而达到极限位置成为切线 M_0T(图 2-2). 所以割线 M_0M 的斜率的极限

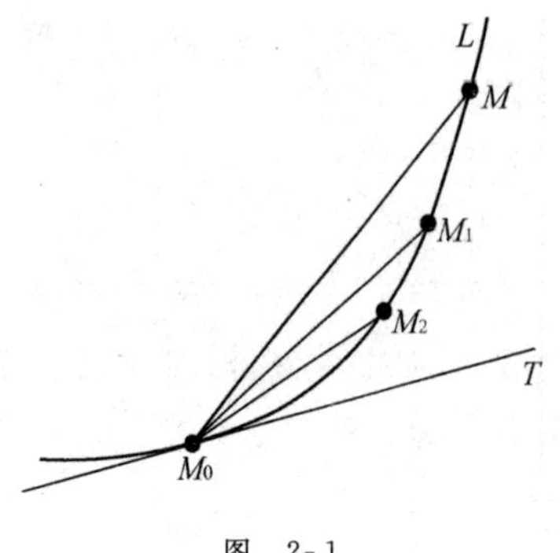

图 2-1

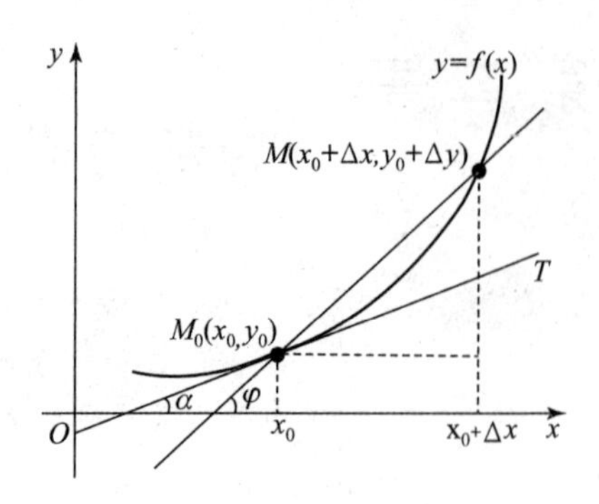

图 2-2

$$\lim_{\Delta x\to 0}\tan\varphi=\lim_{\Delta x\to 0}\frac{f(x_0+\Delta x)-f(x_0)}{\Delta x}$$

就是曲线 $y=f(x)$在点 $M_0(x_0,y_0)$处切线 M_0T 的斜率 $\tan\alpha$,即

$$\tan\alpha=\lim_{\Delta x\to 0}\tan\varphi=\lim_{\Delta x\to 0}\frac{f(x_0+\Delta x)-f(x_0)}{\Delta x},$$

其中 α 是切线 M_0T 的倾角.

以上**计算过程**是:先作割线,求出割线斜率;然后通过取极限,从割线过渡到切线,从而求得切线斜率.由上述推导可知,曲线 $y=f(x)$在点 $M_0(x_0,y_0)$与点 $M(x_0+\Delta x,y_0+\Delta y)$的割线 M_0M 的斜率 $\dfrac{\Delta y}{\Delta x}$,是曲线 $y=f(x)$上的点的纵坐标 y 对横坐标 x 在区间$[x_0,x_0+\Delta x]$(假设 $\Delta x>0$)上的平均变化率;而在点 M_0 处的切线斜率是曲线上的点的纵坐标 y 对横坐标 x 在 x_0 处的变化率.显然,后者反映了曲线上在横坐标为 x_0 处纵坐标随横坐标变化的快慢程度.

在自然科学、工程技术和经济科学中,经常要考查一个函数的因变量随自变量变化的快慢程度.这类问题都归结为计算同一类型的极限:函数的改变量与自变量的改变量之比,当自变量的改变量趋于零时的极限,即对函数 $y=f(x)$,要计算极限

$$\lim_{\Delta x\to 0}\frac{\Delta y}{\Delta x}=\lim_{\Delta x\to 0}\frac{f(x_0+\Delta x)-f(x_0)}{\Delta x}.$$

这个极限是函数在点 x_0 处的变化率,它描述了函数 $f(x)$在点 x_0 处变化的快慢程度.它是很多不同质的现象在量方面的共性,正是这种共性的抽象而引出**函数的导数定义**.

2. 导数的定义

对函数 $y=f(x)$,若以 $\Delta x(\neq 0)$记自变量 x 在点 x_0 取得的改变量,而因变量 y 相对应的改变量记做 Δy:

$$\Delta y=f(x_0+\Delta x)-f(x_0),$$

则如下定义函数 $y=f(x)$在点 x_0 处的导数:

定义 2.1 设函数 $y=f(x)$ 在点 x_0 及其左、右邻近有定义.若极限

$$\lim_{\Delta x\to 0}\frac{\Delta y}{\Delta x}=\lim_{\Delta x\to 0}\frac{f(x_0+\Delta x)-f(x_0)}{\Delta x}$$

存在,则称函数 $f(x)$ 在**点 x_0 处可导**,并称此极限值为**函数 $f(x)$ 在点 x_0 处的导数**,记做

$$f'(x_0),\quad y'\Big|_{x=x_0},\quad \frac{\mathrm{d}y}{\mathrm{d}x}\Big|_{x=x_0}\quad 或\quad \frac{\mathrm{d}f}{\mathrm{d}x}\Big|_{x=x_0},$$

即

$$f'(x_0)=\lim_{\Delta x\to 0}\frac{f(x_0+\Delta x)-f(x_0)}{\Delta x};$$

若上述极限不存在,则称**函数 $f(x)$ 在点 x_0 处不可导**.

若记 $x=x_0+\Delta x$,则函数 $f(x)$ 在点 x_0 处的导数也可记做

$$f'(x_0)=\lim_{x\to x_0}\frac{f(x)-f(x_0)}{x-x_0}.$$

若函数 $y=f(x)$ 在区间 I 中每一点都可导,则对于每一个 $x\in I$,都有 $f(x)$ 的一个导数值 $f'(x)$ 与之对应,这样就得到一个定义在区间 I 上的函数,称为函数 $y=f(x)$ 的**导函数**,记做

$$f'(x),\quad y',\quad \frac{\mathrm{d}y}{\mathrm{d}x}\quad 或\quad \frac{\mathrm{d}f}{\mathrm{d}x},$$

即

$$f'(x)=\lim_{\Delta x\to 0}\frac{\Delta y}{\Delta x}=\lim_{\Delta x\to 0}\frac{f(x+\Delta x)-f(x)}{\Delta x}.$$

这时,称**函数 $f(x)$ 在该区间内可导**,或称 $f(x)$ 是区间 I 上的**可导函数**.

显然,函数 $f(x)$ 在点 x_0 处的导数 $f'(x_0)$,正是该函数的导函数 $f'(x)$ 在点 x_0 处的值,即

$$f'(x_0)=f'(x)\Big|_{x=x_0}.$$

导函数通常简称为**导数**.在求导数时,若没有指明是求在某一定点处的导数,都是指求导函数.

例 1 设函数 $y=f(x)=x^3$.

(1) 用导数的定义求 $f'(2)$; (2) 求导函数 $f'(x)$,并求 $f'(3)$.

解 (1) 在 $x=2$ 处,当自变量有改变量 Δx 时,函数相应的改变量为

$$\Delta y=f(2+\Delta x)-f(2)=(2+\Delta x)^3-2^3=12\cdot\Delta x+6\cdot(\Delta x)^2+(\Delta x)^3,$$

于是,由导数的定义得

$$f'(2)=\lim_{\Delta x\to 0}\frac{\Delta y}{\Delta x}=\lim_{\Delta x\to 0}[12+6\cdot\Delta x+(\Delta x)^2]=12.$$

(2) 对任意点 x,当自变量的改变量为 Δx 时,因变量相应的改变量为

$$\Delta y=(x+\Delta x)^3-x^3=3x^2\cdot\Delta x+3x\cdot(\Delta x)^2+(\Delta x)^3,$$

于是,导函数为

$$f'(x)=\lim_{\Delta x\to 0}\frac{\Delta y}{\Delta x}=\lim_{\Delta x\to 0}[3x^2+3x\cdot\Delta x+(\Delta x)^2]=3x^2.$$

由上式得 $f'(3)=3x^2\Big|_{x=3}=27$.

注意到,本例中函数 $y=x^3$ 的导数为 $y'=(x^3)'=3x^{3-1}=3x^2$. 若 n 是正整数,对于函数 $y=x^n$,类似地推导,有

$$y'=(x^n)'=nx^{n-1}.$$

特别地,当 $n=1$ 时,有

$$y'=(x)'=1\cdot x^{1-1}=x^0=1.$$

对任意实数 μ,我们还可以得到**幂函数** $y=x^\mu$ **的导数公式**

$$y'=(x^\mu)'=\mu x^{\mu-1}.$$

例如,当 $\mu=-1$ 时, $y=x^{-1}=\frac{1}{x}$ 的导数为

$$y'=\left(\frac{1}{x}\right)'=(x^{-1})'=-1\cdot x^{-1-1}=-\frac{1}{x^2};$$

当 $\mu=\frac{1}{2}$时, $y=x^{\frac{1}{2}}=\sqrt{x}$ 的导数为

$$y'=(x^{\frac{1}{2}})'=\frac{1}{2}\cdot x^{\frac{1}{2}-1}=\frac{1}{2}x^{-\frac{1}{2}}=\frac{1}{2\sqrt{x}}.$$

例 2 求常量函数 $y=C$ 的导数.

解 对任意一点 x,若自变量的改变量为 Δx,则总有 $\Delta y=C-C=0$. 于是

$$y'=\lim_{\Delta x\to 0}\frac{\Delta y}{\Delta x}=\lim_{\Delta x\to 0}\frac{0}{\Delta x}=0,$$

即常数的导数等于零.

3. 导数的几何意义

根据前述,由切线的斜率问题引出了导数的定义. 现在,由导数的定义可知:函数 $f(x)$ 在点 x_0 处的导数 $f'(x_0)$在几何上表示曲线 $y=f(x)$在点$(x_0,f(x_0))$处的**切线斜率**.

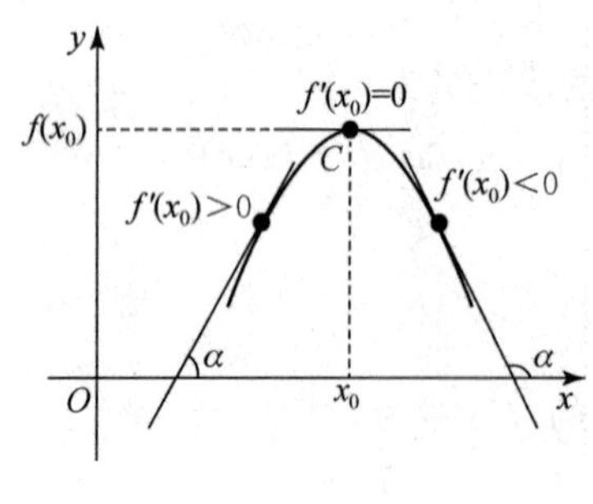

图 2-3

若函数 $f(x)$在 x_0 处可导,曲线 $y=f(x)$在 x_0 处的切线倾角为 α,则 $f'(x_0)=\tan\alpha$. 几何直观(图 2-3)告诉我们:

(1) 若 $f'(x_0)>0$,由 $\tan\alpha>0$ 知,倾角 α 为锐角,在 x_0 邻近,曲线是上升的,函数 $f(x)$随 x 增大而增大;

(2) 若 $f'(x_0)<0$,由 $\tan\alpha<0$ 知,倾角 α 为钝角,在 x_0 邻近,曲线是下降的,函数 $f(x)$随 x 增大而减小;

(3) 若 $f'(x_0)=0$,由 $\tan\alpha=0$ 知,切线与 x 轴平行,这样的点 x_0 称为函数 $f(x)$的**驻点**或**稳定点**.

上述(1),(2)的结论,可以推广到一个区间 I 上,这个问题将在§4.1中讨论.

根据导数的几何意义及解析几何中直线的点斜式方程,若函数 $f(x)$ 在点 x_0 处可导,则曲线 $y=f(x)$ 在点 $(x_0,f(x_0))$ 处的**切线方程**为

$$y-f(x_0)=f'(x_0)(x-x_0).$$

特别地,当 $f'(x_0)=0$ 时,**切线方程**为 $y=f(x_0)$.

曲线 $y=f(x)$ 在点 $(x_0,f(x_0))$ 处的**法线方程**为

$$y-f(x_0)=-\frac{1}{f'(x_0)}(x-x_0)\quad(若\ f'(x_0)\neq 0).$$

特别地,当 $f'(x_0)=0$ 时,**法线方程**为 $x=x_0$.

例3 求曲线 $y=x^3$ 在点(2,8)处的切线方程.

解 由例1知 $y'=3x^2$, $y'\Big|_{x=2}=12$,所以切线方程为

$$y-8=12(x-2)\quad 或\quad 12x-y-16=0.$$

二、用导数表示变量变化率的模型

如前所述,导数在几何上表示曲线切线的斜率. 实践中,在均匀的情况下用除法定义的(物理)量,在不均匀的情况下一般都是导数. 这里,我们再举几个实例.

【瞬时速度】 设物体做变速直线运动的方程为 $s=s(t)$,则物体所走过的路程 s 对时间 t 在 $t=t_0$ 处的导数就表示运动物体在时刻 t_0 的**瞬时速度** $v(t_0)$,即

$$v(t_0)=\frac{\mathrm{d}s}{\mathrm{d}t}\Big|_{t=t_0}.$$

【线密度】 设有一根由某种物质构成的细杆,则单位长度上的质量称为细杆的**线密度**. 一根质量非均匀分布的细杆放在 x 轴上,其一端在原点,细杆的质量 m 是杆的长度 x 的函数 $m=m(x)$,则质量 m 对长度 x 在 $x=x_0$ 处的导数就表示细杆在 x_0 处的线密度 $\rho(x_0)$,即

$$\rho(x_0)=\frac{\mathrm{d}m}{\mathrm{d}x}\Big|_{x=x_0}.$$

【电流】 单位时间内通过导线横截面的电荷量称为**电流**. 若已知通过导线横截面的电荷量 Q 是时间 t 的函数 $Q=Q(t)$,则电荷量 Q 对时间 t 在 $t=t_0$ 处的导数就表示在时刻 t_0 通过导线横截面的电流 $i(t_0)$,即

$$i(t_0)=\frac{\mathrm{d}Q}{\mathrm{d}t}\Big|_{t=t_0}.$$

【边际成本】 在经济分析中,常用函数的变化率:因变量对自变量导数,通常称为"边际",即**边际概念是导数概念的经济解释**. 我们以边际成本为例来说明. 设生产某产品的总成本 C 是产量 Q 的函数 $C=C(Q)$. **边际成本**是指每增加(或减少)一个单位产品而使总成本变动的数值. 这样,总成本 C 对产量 Q 在 $Q=Q_0$ 处的导数就表示生产第 Q_0 单位产品的**边际成本**. 通常将边际成本记做 MC,即

$$MC\Big|_{Q=Q_0}=\frac{\mathrm{d}C}{\mathrm{d}Q}\Big|_{Q=Q_0}.$$

习　题　2.1

A　组

1. 用幂函数的导数公式求下列函数的导数：

(1) $y=x^4$；　(2) $y=x^{1/5}$；　(3) $y=\frac{1}{x^2}$；　(4) $y=\frac{1}{\sqrt[3]{x}}$.

2. 求下列曲线在指定点处的切线方程和法线方程：

(1) $y=x^2$，在点$(-3,9)$处；　(2) $y=\sqrt{x}$，在点$(4,2)$处.

B　组

1. 用导数的定义求 $f'(2)$，$f'(x)$，其中已知

(1) $f(x)=\sqrt{x}$；　(2) $f(x)=\frac{1}{x}$.

2. 设一物体绕定轴 l 做变速旋转，旋转的角度 θ 是旋转时间 t 的函数 $\theta=\theta(t)$，这称为物体的转动方程. 若已知转动方程，试写出在 $t=t_0$ 时的角速度 $\omega(t_0)$.

§2.2　初等函数的导数

【本节学习目标】 熟练掌握导数的基本公式、导数的四则运算法则和复合函数的导数法则；掌握求函数的二阶导数，会求简单函数的 n 阶导数.

一、导数公式与运算法则

1. 基本初等函数的导数公式

由于基本初等函数的导数公式是进行导数运算的基础，望读者熟记.

(1) $(C)'=0$ (C 为任意常数)；

(2) $(x^\mu)'=\mu x^{\mu-1}$ (μ 为任意实数)；

(3) $(a^x)'=a^x\ln a$ $(a>0)$；

(4) $(\mathrm{e}^x)'=\mathrm{e}^x$；

(5) $(\log_a x)'=\frac{1}{x\ln a}$ $(a>0$，且 $a\neq 1)$；

(6) $(\ln x)'=\frac{1}{x}$；

(7) $(\sin x)'=\cos x$；

(8) $(\cos x)'=-\sin x$；

(9) $(\tan x)'=\sec^2 x=\frac{1}{\cos^2 x}$；

(10) $(\cot x)'=-\csc^2 x=-\frac{1}{\sin^2 x}$；

(11) $(\sec x)'=\sec x\cdot\tan x$；

(12) $(\csc x)'=-\csc x\cdot\cot x$；

(13) $(\arcsin x)'=\frac{1}{\sqrt{1-x^2}}$；

(14) $(\arccos x)'=-\frac{1}{\sqrt{1-x^2}}$；

(15) $(\arctan x)'=\dfrac{1}{1+x^2}$;　　(16) $(\text{arccot}x)'=-\dfrac{1}{1+x^2}$.

2. 导数运算法则

定理 2.1(四则运算法则) 设函数 $u=u(x)$,$v=v(x)$都是可导函数,则

(1) 代数和$[u(x)\pm v(x)]$可导,且

$$[u(x)\pm v(x)]'=u'(x)\pm v'(x).$$

(2) 乘积 $u(x)\cdot v(x)$可导,且

$$[u(x)\cdot v(x)]'=u'(x)\cdot v(x)+u(x)\cdot v'(x).$$

特别地,当 C 是常数时,有

$$[Cv(x)]'=Cv'(x).$$

(3) 若 $v(x)\neq 0$,商 $\dfrac{u(x)}{v(x)}$ 可导,且

$$\left[\frac{u(x)}{v(x)}\right]'=\frac{u'(x)\cdot v(x)-u(x)\cdot v'(x)}{[v(x)]^2}.$$

特别地,当 C 是常数时,有

$$\left[\frac{C}{v(x)}\right]'=-\frac{Cv'(x)}{[v(x)]^2}.$$

乘积的导数法则可推广到有限个函数的情形.例如,对三个函数的乘积,有

$$\begin{aligned}[u(x)\cdot v(x)\cdot w(x)]'=&u'(x)\cdot v(x)\cdot w(x)+u(x)\cdot v'(x)\cdot w(x)\\&+u(x)\cdot v(x)\cdot w'(x).\end{aligned}$$

例 1 设函数 $y=\dfrac{1}{x^2}-3^x+\log_4 x+\arcsin x+\sin\dfrac{\pi}{3}$,求 y'.

解 由代数和的导数法则得

$$\begin{aligned}y'&=\left(\frac{1}{x^2}-3^x+\log_4 x+\arcsin x+\sin\frac{\pi}{3}\right)'\\&=(x^{-2})'-(3^x)'+(\log_4 x)'+(\arcsin x)'+\left(\sin\frac{\pi}{3}\right)'\\&=-2x^{-3}-3^x\ln 3+\frac{1}{x\ln 4}+\frac{1}{\sqrt{1-x^2}}+0\\&=-\frac{2}{x^3}-3^x\ln 3+\frac{1}{x\ln 4}+\frac{1}{\sqrt{1-x^2}}.\end{aligned}$$

注意 $\sin\dfrac{\pi}{3}$是常数,其导数是 0,读者应避免错误:$\left(\sin\dfrac{\pi}{3}\right)'=\cos\dfrac{\pi}{3}$.

例 2 设函数 $y=2\arctan x+x^2\cot x+xe^x\ln x$,求 y'.

解 由代数和及乘积的导数法则得

$$\begin{aligned}y' &= (2\arctan x)' + (x^2\cot x)' + (xe^x\ln x)' \\ &= 2(\arctan x)' + (x^2)'\cot x + x^2(\cot x)' + (x)'e^x\ln x + x(e^x)'\ln x + xe^x(\ln x)' \\ &= \frac{2}{1+x^2} + 2x\cot x + x^2(-\csc^2 x) + 1\cdot e^x\ln x + xe^x\ln x + xe^x\frac{1}{x} \\ &= \frac{2}{1+x^2} + 2x\cot x - x^2\csc^2 x + e^x\ln x + xe^x\ln x + e^x.\end{aligned}$$

例 3 证明:若 $y=\tan x$,则 $y'=\sec^2 x$.

证 由商的导数法则得

$$\begin{aligned}y' = (\tan x)' &= \left(\frac{\sin x}{\cos x}\right)' = \frac{(\sin x)'\cos x - \sin x(\cos x)'}{\cos^2 x} \\ &= \frac{\cos x\cdot\cos x - \sin x(-\sin x)}{\cos^2 x} = \frac{1}{\cos^2 x} = \sec^2 x.\end{aligned}$$

例 4 设函数 $y=\dfrac{x^3}{x+\ln x}$,求 $y',y'\big|_{x=1}$.

解 由商的导数法则得

$$\begin{aligned}y' &= \left(\frac{x^3}{x+\ln x}\right)' = \frac{(x^3)'(x+\ln x) - x^3(x+\ln x)'}{(x+\ln x)^2} \\ &= \frac{3x^2(x+\ln x) - x^3\left(1+\frac{1}{x}\right)}{(x+\ln x)^2} = \frac{2x^3 + x^2(3\ln x - 1)}{(x+\ln x)^2},\end{aligned}$$

$$y'\Big|_{x=1} = \frac{2x^3 + x^2(3\ln x - 1)}{(x+\ln x)^2}\Bigg|_{x=1} = 1.$$

定理 2.2(复合函数的导数法则) 设函数 $u=\varphi(x)$, $y=f(u)$都可导,则复合函数 $y=f(\varphi(x))$可导,且

$$\frac{dy}{dx} = \frac{dy}{du}\cdot\frac{du}{dx},$$

或记做 $$[f(\varphi(x))]' = f'(u)\varphi'(x) = f'(\varphi(x))\varphi'(x).$$

上式就是复合函数的**导数公式,即复合函数的导数等于复合函数对中间变量的导数乘以中间变量对自变量的导数.**

注意 符号$[f(\varphi(x))]'$表示复合函数 $f(\varphi(x))$对自变量 x 求导数,而符号 $f'(\varphi(x))$表示复合函数 $f(\varphi(x))$对中间变量 $u=\varphi(x)$求导数.

例 5 设函数 $y=e^{2x}$,求 y'.

解 将 $y=e^{2x}$看成由函数 $y=f(u)=e^u$,$u=\varphi(x)=2x$ 复合而成,于是

$$y' = f'(u)\varphi'(x) = (e^u)'(2x)' = e^u\cdot 2 = 2e^{2x}.$$

注意 在求复合函数的导数时,因设出中间变量,复合函数要对中间变量求导数,所以计算式中出现中间变量,最后必须将中间变量以自变量的函数代换.

例 6　设函数 $y=\sqrt{2^x+2x^2}$,求 y'.

解　设 $y=\sqrt{u}, u=2^x+2x^2$,于是

$$y'=(\sqrt{u})'(2^x+2x^2)'=\frac{1}{2\sqrt{u}}(2^x\ln 2+4x)=\frac{2^x\ln 2+4x}{2\sqrt{2^x+2x^2}}.$$

求复合函数的导数,其关键是分析清楚复合函数的构造.最初做题时,可设出中间变量,把复合函数分解,如前两例.做题较熟练时,可不写出中间变量,按复合函数的构成层次,由外层向内层逐层求导数.经过一定数量的练习之后,要达到一步就能写出复合函数的导数.

例 7　设函数 $y=\cos\frac{x}{2}$,求 y'.

解　不设出中间变量,由外层向内层求导数得

$$\begin{aligned}y'&=\left(\cos\frac{x}{2}\right)' \quad \left(\text{视 } y=\cos u, u=\frac{x}{2}\right)\\&=-\sin\frac{x}{2}\left(\frac{x}{2}\right)'=-\sin\frac{x}{2}\cdot\frac{1}{2}=-\frac{1}{2}\sin\frac{x}{2}.\end{aligned}$$

例 8　设函数 $y=\arccos\frac{1}{x}$,求 y'.

解　一步就写出复合函数的导数:

$$y'=\left(\arccos\frac{1}{x}\right)'=-\frac{1}{\sqrt{1-\left(\frac{1}{x}\right)^2}}\left(-\frac{1}{x^2}\right)=\frac{1}{x\sqrt{x^2-1}}.$$

前述复合函数的导数公式可**推广到有限个函数复合**的情形.

例如,由 $y=f(u), u=\varphi(v), v=\psi(x)$ 复合成函数 $y=f(\varphi(\psi(x)))$,则

$$\frac{\mathrm{d}y}{\mathrm{d}x}=\frac{\mathrm{d}y}{\mathrm{d}u}\cdot\frac{\mathrm{d}u}{\mathrm{d}v}\cdot\frac{\mathrm{d}v}{\mathrm{d}x}$$

或

$$y'=f'(u)\varphi'(v)\psi'(x)=f'(\varphi(\psi(x)))\varphi'(\psi(x))\psi'(x).$$

例 9　设函数 $y=2^{\sin^2 x}$,求 y'.

解　该函数可看成由如下三层函数复合而成:

$$y=f(u)=2^u,\quad u=\varphi(v)=v^2,\quad v=\psi(x)=\sin x,$$

于是

$$\begin{aligned}y'&=(2^u)'(v^2)'(\sin x)'=2^u\ln 2\cdot 2v\cdot\cos x\\&=2^{\sin^2 x}\ln 2\cdot 2\sin x\cdot\cos x=\ln 2\cdot 2^{\sin^2 x}\cdot\sin 2x.\end{aligned}$$

若看清函数的复合层次,可如下书写:

$$\begin{aligned}y'&=(2^{\sin^2 x})'=2^{\sin^2 x}\cdot\ln 2\cdot(\sin^2 x)'=2^{\sin^2 x}\cdot\ln 2\cdot 2\sin x\cdot(\sin x)'\\&=2^{\sin^2 x}\cdot\ln 2\cdot 2\sin x\cos x=\ln 2\cdot 2^{\sin^2 x}\cdot\sin 2x.\end{aligned}$$

读者应达到如下熟练计算程度：

$$y' = 2^{\sin^2 x} \cdot \ln 2 \cdot 2\sin x \cdot \cos x = \ln 2 \cdot 2^{\sin^2 x} \cdot \sin 2x.$$

二、高阶导数

一般说来，函数 $y=f(x)$ 的导数 $y'=f'(x)$ 仍是 x 的函数. 若导函数 $f'(x)$ 还可以对 x 求导数，则称 $f'(x)$ 的导数为函数 $y=f(x)$ 的**二阶导数**，记做

$$y'', \quad f''(x), \quad \frac{\mathrm{d}^2 y}{\mathrm{d}x^2} \quad 或 \quad \frac{\mathrm{d}^2 f}{\mathrm{d}x^2}.$$

函数 $y=f(x)$ 在点 x_0 处的二阶导数记做

$$y''\Big|_{x=x_0}, \quad f''(x_0), \quad \frac{\mathrm{d}^2 y}{\mathrm{d}x^2}\Big|_{x=x_0} \quad 或 \quad \frac{\mathrm{d}^2 f}{\mathrm{d}x^2}\Big|_{x=x_0}.$$

同样，函数 $y=f(x)$ 的二阶导数 $f''(x)$ 的导数称为函数 $f(x)$ 的**三阶导数**，记做

$$y''', \quad f'''(x), \quad \frac{\mathrm{d}^3 y}{\mathrm{d}x^3} \quad 或 \quad \frac{\mathrm{d}^3 f}{\mathrm{d}x^3}.$$

一般地，$n-1$ 阶导数 $f^{(n-1)}(x)$ 的导数称为函数 $y=f(x)$ 的 **n 阶导数**，记做

$$y^{(n)}, \quad f^{(n)}(x), \quad \frac{\mathrm{d}^n y}{\mathrm{d}x^n} \quad 或 \quad \frac{\mathrm{d}^n f}{\mathrm{d}x^n}.$$

二阶和二阶以上的导数统称为**高阶导数**. 相对于高阶导数而言，自然，函数 $f(x)$ 的导数 $f'(x)$ 就相应地称为**一阶导数**.

根据高阶导数的定义可知，求函数的高阶导数不需要新的方法，只要对函数一次一次地求导就行了.

例 10 设函数 $y=\ln(1+x^2)$，求 y''，$y''\big|_{x=1}$.

解 先求一阶导数：

$$y' = [\ln(1+x^2)]' = \frac{2x}{1+x^2};$$

再求二阶导数：

$$y'' = \left(\frac{2x}{1+x^2}\right)' = \frac{2(1+x^2)-2x\cdot 2x}{(1+x^2)^2} = \frac{2(1-x^2)}{(1+x^2)^2}.$$

于是

$$y''\Big|_{x=1} = \frac{2(1-x^2)}{(1+x^2)^2}\Big|_{x=1} = 0.$$

例 11 设函数 $y=5x^3-6x^2+3x+2$，求 y'''，$y^{(4)}$.

解 $y'=5\times 3x^2-12x+3$， $y''=5\times 3\times 2x-12$， $y'''=5\times 3\times 2\times 1=5\times 3!=30$.

显然 $y^{(4)}=0$.

由本例知，对 n 次多项式 $y=a_0x^n+a_1x^{n-1}+\cdots+a_{n-1}x+a_n$，有

$$y^{(n)} = a_0 n!, \quad y^{(n+1)} = 0.$$

例 12 求下列函数的 n 阶导数：

(1) $y=\sin x$；　　(2) $y=\ln(1+x)$.

解 求 n 阶导数时，可逐次求出一阶导数、二阶导数、三阶导数等，从中总结出一般规律，写出 $y^{(n)}$ 的表达式.

(1) $y'=\cos x=\sin\left(x+\frac{\pi}{2}\right)$，　$y''=\cos\left(x+\frac{\pi}{2}\right)=\sin\left(x+\frac{2\pi}{2}\right)$，

$y'''=\cos\left(x+\frac{2\pi}{2}\right)=\sin\left(x+\frac{3\pi}{2}\right)$，

依此类推，可得

$$y^{(n)}=\sin\left(x+\frac{n\pi}{2}\right).$$

(2) $y'=\frac{1}{1+x}=(1+x)^{-1}$，　$y''=(-1)(1+x)^{-2}$，

$y'''=(-1)(-2)(1+x)^{-3}=(-1)^2 2!(1+x)^{-3}$，

$y^{(4)}=(-1)^2 2!(-3)(1+x)^{-4}=(-1)^3 3!(1+x)^{-4}$，

可知

$$y^{(n)}=(-1)^{n-1}(n-1)!(1+x)^{-n}=(-1)^{n-1}\frac{(n-1)!}{(1+x)^n}.$$

二阶导数并不是导数概念的单纯推广，而是由许多具体问题引出的. 例如，由§2.1中的瞬时速度问题，我们应该知道，若物体按运动规律 $s=s(t)$ 做直线运动，那么一阶导数 $s'=s'(t)$ 就表示该物体在时刻 t 的瞬时速度；二阶导数 $s''=s''(t)$，按照上面的定义应该是“速度变化的速度”，这个量就是力学中的加速度.

习　题　2.2

A　组

1. 求下列函数的导数：

(1) $y=\frac{x}{m}-\frac{m}{x}+2\sqrt{x}-\frac{2}{\sqrt{x}}$；　(2) $y=4^x+\log_3 x+3^3$；　(3) $y=\arcsin x+\arccos x$；

(4) $y=\sqrt{x}\sin x$；　(5) $y=x\arctan x$；　(6) $y=x^{\sqrt{2}}+e^x\cos x$；

(7) $y=x^3e^x\sin x$；　(8) $y=\frac{a+bx}{ax+b}$；　(9) $y=\frac{\ln x+x}{x^2}$.

2. 求下列函数在指定点处的导数：

(1) $y=x^2e^x$，$y'\big|_{x=1}$；　(2) $y=\frac{x}{2^x}$，$y'\big|_{x=1}$；　(3) $y=\frac{\sin x-x\cos x}{\cos x+x\sin x}$，$y'\big|_{x=0}$.

3. 求下列函数的导数：

(1) $y=\ln^2 x$；　(2) $y=\ln\ln x$；　(3) $y=\sqrt{2x-x^2}$；

(4) $y=e^{e^x}$；　(5) $y=\arcsin\frac{1}{x}$；　(6) $y=\sin^2 x+\sin x^2$；

(7) $y=e^{-2x}\cos 3x$; (8) $y=\arctan\frac{1-x}{1+x}$; (9) $y=\ln(x+\sqrt{x^2-a^2})$;

(10) $y=e^{\sqrt{x^2+2x+2}}$; (11) $y=\sqrt[3]{x+\sqrt{x}}$; (12) $y=\ln\sin\frac{1}{x}$.

4. 求下列函数的二阶导数:

(1) $y=4x^3-3x^2+2x+5$; (2) $y=e^{\sqrt{x}}$; (3) $y=e^{-x^2}$;

(4) $y=x\ln x$; (5) $y=x^2e^x$; (6) $y=\frac{x-1}{(x+1)^2}$.

5. 求下列函数的 n 阶导数:

(1) $y=e^{ax}$; (2) $y=a^x$; (3) $y=(x-a)^{n+1}$; (4) $y=\cos 2x$.

6. 求曲线 $y=(x+1)\sqrt[3]{3-x}$ 分别在点 $(-1,0)$,$(2,3)$ 和 $(3,0)$ 处的切线方程.

7. 一物体沿直线运动,由始点起经过时间 t 后的距离 s 为 $s=\frac{1}{4}t^4-4t^3+16t^2$. 问:何时它的速度为零?

8. 已知物体做直线运动,其运动方程为 $s=9\sin\frac{\pi t}{3}+2t$,试求在第一秒末的加速度($s$ 以 m 为单位,t 以 s 为单位).

B 组

1. 设函数 $f(x)=e^{\tan\frac{1}{x}}\sin\frac{1}{x}$,求 $f'(x)$,$f'\left(\frac{1}{\pi}\right)$.

2. 设 $f(x)$ 是可导函数,求下列函数的导数:

(1) $y=f(e^x+x^e)$; (2) $y=f(e^x)e^{f(x)}$.

3. 证明:

(1) 可导的偶函数的导数是奇函数; (2) 可导的奇函数的导数是偶函数;

(3) 可导的周期函数的导数是具有相同周期的周期函数.

4. 验证:函数 $y=e^x\sin x$ 满足关系式 $y''-2y'+2y=0$.

§2.3 隐函数的导数·由参数方程所确定函数的导数

【本节学习目标】 会求隐函数的导数;会求由参数方程所确定函数的导数.

一、隐函数的导数

若因变量 y 用关于自变量 x 的数学式直接表出,即等号一端只有因变量 y,而另一端是 x 的解析表达式,这样表示的函数称为**显函数**. 我们在这之前遇到的函数都是显函数.

若两个变量 x 与 y 之间的函数关系用方程 $F(x,y)=0$ 来表示,则称之为**隐函数**. 例如,下列方程表示的都是隐函数:

$$x+y-1=0,\quad y-xe^y-1=0.$$

若隐函数可化为显函数,如上述第一式可写为显函数 $y=1-x$,这就可用前述方法求导数.

但多数隐函数不能化为显函数.下面将**通过例题介绍直接由隐函数求导数的思路**.

例 1 设由方程 $y^3+3y-x=0$ 确定 y 是 x 的函数,求 y'.

解 按题设,在已给方程中,x 是自变量,y 是 x 的函数,而 y^3 是 y 的函数,从而 y^3 是 x 的复合函数(这时,要把 y 理解成中间变量).这样 y^3 在对 x 求导数(通常用 $(y^3)'_x$ 表示)时,必须用复合函数的导数法则,即 $(y^3)'_x=3y^2\cdot y'$.

将所给方程两端同时对自变量 x 求导数,得

$$3y^2\cdot y'+3y'-1=0.$$

将上式理解成是关于 y' 的方程,由此式解出 y',便得到 y 对 x 的导数:

$$y'(3y^2+3)=1,\quad y'=\frac{1}{3(y^2+1)}.$$

这就是最后结果,上式中的 y 无须(一般情况根本不可能)用自变量 x 的函数代换.

例 2 设由方程 $xe^y-e^x+y-1=0$ 确定隐函数 $y=f(x)$,求 $y',y'\big|_{x=0}$.

解 先求导数 y'.将已给方程两端对 x 求导数,注意到方程中的 e^y 是 y 的函数,从而 e^y 是 x 的复合函数,于是

$$1\cdot e^y+xe^y\cdot y'-e^x+y'=0.$$

解出 y',得所求导数:

$$y'(1+xe^y)=e^x-e^y,\quad y'=\frac{e^x-e^y}{1+xe^y}.$$

再求 $y'\big|_{x=0}$.由于在导数 y' 的表示式中含有 y,需先将 $x=0$ 代入原方程中,求出与 $x=0$ 相对应的 y 值.由 $0\cdot e^y-e^0+y-1=0$ 得 $y=2$,于是

$$y'\big|_{x=0}=y'\big|_{\substack{x=0\\y=2}}=\frac{e^0-e^2}{1+0\cdot e^2}=1-e^2.$$

二、由参数方程所确定函数的导数

在平面解析几何中,我们已学过,方程组

$$\begin{cases}x=\varphi(t),\\y=\psi(t)\end{cases}\quad(t\in I)\tag{1}$$

在平面上表示一条曲线,称为曲线的**参数方程**.

由于对于参数 t 的每一个值都对应着曲线上的一点 (x,y),因此由上述参数方程可确定 y 是 x 的函数.我们由参数方程求 y 对 x 的导数 $\frac{dy}{dx}$.

若由参数方程组(1)式中可消去参数 t,而得到函数 $y=f(x)$,则这种参数方程的求导数问题我们已经解决.当由参数方程组(1)式消去参数 t 困难时,这种方法就不适用了.这里给出**由参数方程**(1)**求 y 对 x 的导数公式**:

$$\frac{dy}{dx}=\frac{\frac{dy}{dt}}{\frac{dx}{dt}} \quad \text{或记做} \quad \frac{dy}{dx}=\frac{\psi'(t)}{\varphi'(t)}.$$

例 3 设由参数方程

$$\begin{cases} x=a(t-\sin t), \\ y=a(1-\cos t) \end{cases} \quad (0<t<2\pi)$$

确定函数 $y=f(x)$,求 $\frac{dy}{dx}$.

解 由于 $\frac{dy}{dt}=a\sin t$, $\frac{dx}{dt}=a(1-\cos t)$, 故

$$\frac{dy}{dx}=\frac{a\sin t}{a(1-\cos t)}=\frac{\sin t}{1-\cos t}.$$

例 4 由圆的参数方程 $\begin{cases} x=\cos t, \\ y=\sin t \end{cases}$ $(0\leqslant t\leqslant 2\pi)$,求其在 $t=\frac{\pi}{4}$ 处的切线方程.

解 由参数方程求导公式得

$$\frac{dy}{dx}=\frac{(\sin t)'}{(\cos t)'}=\frac{\cos t}{-\sin t}=-\cot t.$$

当 $t=\frac{\pi}{4}$ 时,切线斜率为

$$\left.\frac{dy}{dx}\right|_{t=\pi/4}=-\cot t\Big|_{t=\pi/4}=-1.$$

当 $t=\frac{\pi}{4}$ 时,$x=\cos\frac{\pi}{4}=\frac{\sqrt{2}}{2}$,$y=\sin\frac{\pi}{4}=\frac{\sqrt{2}}{2}$.于是所求切线过点$\left(\frac{\sqrt{2}}{2},\frac{\sqrt{2}}{2}\right)$,且斜率为$-1$,其方程为

$$y-\frac{\sqrt{2}}{2}=-\left(x-\frac{\sqrt{2}}{2}\right), \quad \text{即} \quad x+y-\sqrt{2}=0.$$

习 题 2.3

A 组

1. 设由下列方程确定 y 为 x 的函数,求 $\frac{dy}{dx}$:

(1) $x^2+2xy-y^2=2x$; (2) $x+y=\ln(xy)$; (3) $e^y=\sin(x+y)$; (4) $y=1+x\sin y$.

2. 设由方程 $xy^2+\arctan y=\frac{\pi}{4}$ 确定 y 为 x 的函数,求 $\left.\frac{dy}{dx}\right|_{x=0}$.

3. 求由下列参数方程所确定的函数 $y=f(x)$的导数 $\frac{dy}{dx}$:

(1) $\begin{cases} x=2t, \\ y=4t^2; \end{cases}$ (2) $\begin{cases} x=te^{-t}, \\ y=e^t; \end{cases}$ (3) $\begin{cases} x=a\cos^3 t, \\ y=b\sin^3 t. \end{cases}$

B 组

1. 设由方程 $\ln y = xy + \cos x$ 确定 y 是 x 的函数,求 $\frac{dy}{dx}$, $\left.\frac{dy}{dx}\right|_{x=0}$.

2. 求下列由隐函数所确定的曲线在指定点处的切线方程:

(1) 曲线 $x^2 + xy + y^2 = 4$,在点$(-2,2)$处; (2) 曲线 $e^x + xe^y - y^2 = 0$,在点$(0,1)$处.

3. 求下列曲线在指定点处的切线方程:

(1) 曲线 $\begin{cases} x = 2e^t, \\ y = e^{-t}, \end{cases}$ 在 $t=0$ 处; (2) 曲线 $\begin{cases} x = \ln\sin t, \\ y = \cos t, \end{cases}$ 在 $t = \frac{\pi}{2}$ 处.

§2.4 微分及其应用

【本节学习目标】 理解微分的定义,会计算函数的微分;了解微分在近似计算中的应用.

一、微分的概念

对函数 $y = f(x)$,当自变量 x 在点 x_0 有改变量 Δx 时,因变量 y 相对应的改变量是

$$\Delta y = f(x_0 + \Delta x) - f(x_0).$$

在实际应用中,有些问题要计算当 $|\Delta x|$ 很微小时 Δy 的值. 一般而言,当函数 $y = f(x)$ 较复杂时,Δy 也是 Δx 的一个较复杂的函数,计算 Δy 往往较困难. 这里,将要给出一个近似计算 Δy 的方法,并要**达到两个要求**:一是计算简便;二是近似程度好,即精度高.

先看一个具体问题:

一块正方形金属薄片受热后,边长由原来的 x_0 改变到 $x_0 + \Delta x$,求该金属薄片面积的改变量.

这时,面积相应的改变量为

$$\Delta A = (x_0 + \Delta x)^2 - x_0^2 = 2x_0 \Delta x + (\Delta x)^2.$$

显然,ΔA 由两部分组成:

第一部分是 $2x_0 \Delta x$,其中 $2x_0$ 是常数,$2x_0 \Delta x$ 与 Δx 成比例,可看做 Δx 的线性函数,即图 2-4 中有阴影部分的面积.

第二部分是$(\Delta x)^2$,是图 2-4 中以 Δx 为边长的小正方形的面积. 当 Δx 很微小时,$(\Delta x)^2$ 将更微小.

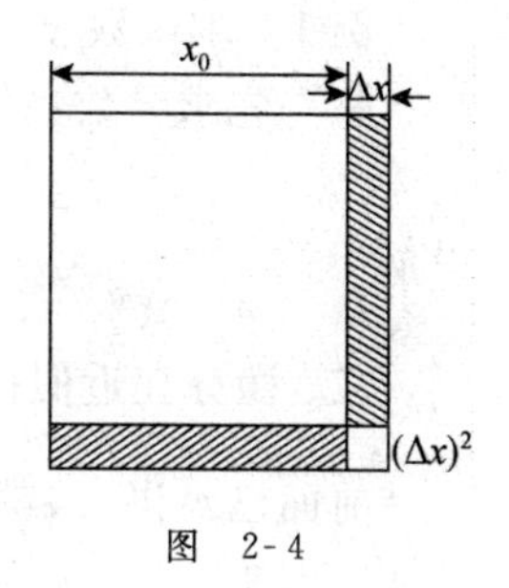

图 2-4

由此可见,当给边长 x_0 一个微小的改变量 Δx 时,由此所引起正方形面积的改变量 ΔA,可以近似地用第一部分 $2x_0 \Delta x$ 来代替,这时所产生的误差比 Δx 更微小. 这样,$2x_0 \Delta x$ 计算简便,且近似程度好.

在上述问题中,注意到对函数 $A = x^2$,有

$$\frac{dA}{dx} = \frac{dx^2}{dx} = 2x, \quad \left.\frac{dA}{dx}\right|_{x=x_0} = 2x_0.$$

这表明,用来近似代替面积改变量 ΔA 的 $2x_0\Delta x$,实际上是函数 $A=x^2$ 在点 x_0 处的导数 $2x_0$ 与自变量 x 在点 x_0 的改变量 Δx 的乘积. **这种近似代替具有一般性**. 由此,引出**微分的定义**.

定义 2.2 设函数 $y=f(x)$ 在点 x_0 处可导,自变量在点 x_0 的改变量为 Δx,称**乘积 $f'(x_0)\Delta x$ 为函数 $y=f(x)$ 在点 x_0 处的微分**,这时也称函数 $f(x)$ 在点 x_0 处**可微**. 函数在点 x_0 处的微分记做 $\mathrm{d}y\Big|_{x=x_0}$,即

$$\mathrm{d}y\Big|_{x=x_0}=f'(x_0)\Delta x.$$

由于当 $y=x$ 时,有 $\mathrm{d}y=\mathrm{d}x=x'\Delta x=\Delta x$,通常把自变量 x 的改变量 Δx 称为自变量的微分,记做 $\mathrm{d}x$,即 $\mathrm{d}x=\Delta x$. 于是函数 $y=f(x)$ 在点 x_0 处的微分,一般记做

$$\mathrm{d}y\Big|_{x=x_0}=f'(x_0)\mathrm{d}x,$$

即函数在某点处的微分等于函数在该点处的导数与自变量的微分的乘积.

函数在任意点 x 处的微分记做 $\mathrm{d}y$,即

$$\mathrm{d}y=f'(x)\mathrm{d}x.$$

若函数 $y=f(x)$ 在区间 I 中的每一点都可微,则称 $f(x)$ 在区间 I 内可微,或称 $f(x)$ 为区间 I 上的**可微函数**. 这时称 $\mathrm{d}y=f'(x)\mathrm{d}x$ 为函数的微分.

在微分表达式 $\mathrm{d}y=f'(x)\mathrm{d}x$ 中的 $\mathrm{d}x$ 和 $\mathrm{d}y$ 都有确定的意义: $\mathrm{d}x$ 是自变量 x 的微分, $\mathrm{d}y$ 是因变量 y 的微分. 这样该式可改写为

$$f'(x)=\frac{\mathrm{d}y}{\mathrm{d}x},$$

即函数的导数等于函数的微分与自变量的微分之商. 在此之前,必须把 $\frac{\mathrm{d}y}{\mathrm{d}x}$ 看做导数的整体记号,现在就可以把它看做分式了.

按照微分的定义,若函数 $y=f(x)$ 的导数 $f'(x)$ 已经求出,则只要乘上因子 $\Delta x=\mathrm{d}x$,即 $f'(x)\mathrm{d}x$ 便是函数的微分. 因此,会计算函数的导数,就会计算函数的微分.

例 1 求函数 $y=\mathrm{e}^x\sin 2x$ 的微分 $\mathrm{d}y$.

解 先求导数:

$$y'=\mathrm{e}^x\sin 2x+\mathrm{e}^x\cdot\cos 2x\cdot 2=\mathrm{e}^x(\sin 2x+2\cos 2x).$$

于是

$$\mathrm{d}y=\mathrm{e}^x(\sin 2x+2\cos 2x)\mathrm{d}x.$$

二、微分在近似计算中的应用

前面已经讲过,对函数 $y=f(x)$,在点 x_0 处,当 $|\Delta x|$ 很小时,可用微分 $\mathrm{d}y$ 近似代替改变量 Δy. 由于

$$\Delta y\approx\mathrm{d}y,\quad \Delta y=f(x_0+\Delta x)-f(x_0),$$

所以我们可得到**两个近似公式**:

$$\Delta y\approx f'(x_0)\Delta x,\tag{1}$$

$$f(x_0+\Delta x)\approx f(x_0)+f'(x_0)\Delta x. \tag{2}$$

若令 $x=x_0+\Delta x$，则(2)式又可记做

$$f(x)\approx f(x_0)+f'(x_0)(x-x_0). \tag{3}$$

特别地，若取 $x_0=0$，当 $|x|$ 很小时，上式为

$$f(x)\approx f(0)+f'(0)x. \tag{4}$$

(1)式是**近似计算函数的改变量**：用在点 x_0 处的微分 $f'(x_0)\Delta x$ 近似计算函数在点 x_0 处的改变量 Δy；

(2)式或(3)式是**近似计算函数值**：用在点 x_0 处的函数值 $f(x_0)$ 与微分 $f'(x_0)\Delta x$ 或 $f'(x_0)(x-x_0)$ 之和来近似计算函数在点 x_0 邻近的函数值 $f(x_0+\Delta x)$ 或 $f(x)$.

例 2　计算 $\sqrt[5]{1.03}$ 的近似值.

解　这是近似计算函数值的问题，用公式(2).

$\sqrt[5]{1.03}$ 可看做函数 $f(x)=\sqrt[5]{x}$ 在 $x=1.03$ 处的函数值. 由于 $\sqrt[5]{1.03}=\sqrt[5]{1+0.03}$，于是设

$$f(x)=\sqrt[5]{x},\quad x_0=1,\quad \Delta x=0.03\quad (|\Delta x|\text{ 比较小}).$$

由于 $f'(x)=\frac{1}{5}x^{-4/5}$，$f'(1)=\frac{1}{5}$，所以由(2)式有

$$\sqrt[5]{1.03}\approx\sqrt[5]{1}+\frac{1}{5}\times 0.03=1.006.$$

例 3　设半径为 10 cm 的金属圆球加热后半径伸长了 0.05 cm，求体积增大的近似值.

解　该题是近似计算函数改变量的问题. 若以 V 及 r 分别表示圆球的体积和半径，则

$$V=\frac{4}{3}\pi r^3.$$

我们的问题是要计算当 r 取得了改变量 Δr 后，函数 V 的改变量 ΔV 等于多少. 由于 $|\Delta r|$ 比较小，故可用相应的微分 $\mathrm{d}V$ 来近似代替它，即用公式(1).

由于 $V'=4\pi r^2$，且 $r_0=10$ cm，$\Delta r=0.05$ cm，故体积增大值为

$$\Delta V\approx \mathrm{d}V=4\pi r_0^2\Delta r=4\pi\times 10^2\times 0.05\ \mathrm{cm}^3=62.8319\ \mathrm{cm}^3.$$

习　题　2.4

A　组

1. 求下列函数的微分：

(1) $y=\ln(1-x)+\sqrt{1-x}$；　(2) $y=(\mathrm{e}^x+\mathrm{e}^{-x})^2$；　(3) $y=\frac{\sin x}{1-x^2}$.

2. 选取适当的函数填入括号内，使下列等式成立：

(1) $a\mathrm{d}x=\mathrm{d}(\quad)$；　(2) $bx\mathrm{d}x=\mathrm{d}(\quad)$；　(3) $\frac{1}{2\sqrt{x}}\mathrm{d}x=\mathrm{d}(\quad)$；　(4) $\frac{1}{x}\mathrm{d}x=\mathrm{d}(\quad)$；

(5) $\frac{1}{1+x^2}\mathrm{d}x=\mathrm{d}(\quad)$； (6) $\frac{1}{\sqrt{1-x^2}}\mathrm{d}x=\mathrm{d}(\quad)$； (7) $\sin 2x\mathrm{d}x=\mathrm{d}(\quad)$；

(8) $\cos ax\mathrm{d}x=\mathrm{d}(\quad)$； (9) $e^{-3x}\mathrm{d}x=\mathrm{d}(\quad)$； (10) $\sec x\cdot\tan x\mathrm{d}x=\mathrm{d}(\quad)$.

B 组

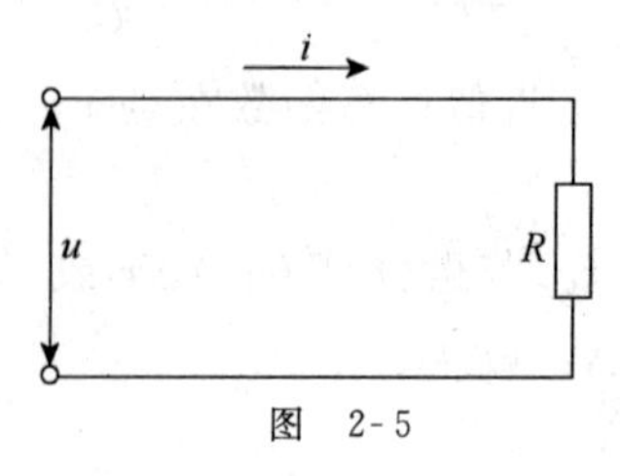

图 2-5

1. 求下列各数的近似值：

(1) $e^{-0.05}$； (2) $\ln 0.97$； (3) $\cos 60°20'$.

2. 设有一平面圆形环，其半径为 10 m，环宽为 0.2 m，求此圆环面积的精确值与近似值.

3. 设有一电阻负载 $R=25\ \Omega$，现负载功率 P 从 400 W 变到 401 W，求负载两端电压 u 的改变量(图 2-5). 已知负载功率 $P=\frac{u^2}{R}$，即 $u=\sqrt{RP}$.

总习题二

1. 填空题：

(1) 设函数 $f(x)$ 在 $x=0$ 处可导，且 $f'(0)\neq 0$，则 $\lim\limits_{\Delta x\to 0}\frac{f(0)-f(\Delta x)}{\Delta x}=$________；

(2) 曲线 $y=2\sin x+x^2$ 在 $x=0$ 处的切线方程是________；

(3) 设函数 $\rho=\theta\sin\theta+\frac{1}{2}\cos\theta$，则 $\left.\frac{\mathrm{d}\rho}{\mathrm{d}\theta}\right|_{\theta=\pi/4}=$________；

(4) 设由方程 $e^y+xy=e$ 确定函数 $y=f(x)$，则 $y'=$________；

(5) 设由参数方程 $\begin{cases}x=t-\ln(1+t),\\ y=t^3+t^2\end{cases}$ 确定函数 $y=f(x)$，则 $\frac{\mathrm{d}y}{\mathrm{d}x}=$________；

(6) 已知函数 $y=\arctan x^2$，则 $\mathrm{d}y\big|_{x=1}=$________.

2. 单项选择题：

(1) 导数为 $-\frac{1}{x}$ 的函数是(　　)；

(A) $\ln x$ (B) $\ln(-x)$ (C) $\ln\frac{2}{x}$ (D) $\ln\frac{1}{x^2}$

(2) 设函数 $y=\ln|x|$，则 $y'=$(　　)；

(A) $\frac{1}{x}$ (B) $-\frac{1}{x}$ (C) $\frac{1}{|x|}$ (D) $-\frac{1}{|x|}$

(3) 设函数 $y=\ln|f(x)|$，则 $y'=$(　　)；

(A) $\frac{1}{f(x)}$ (B) $-\frac{1}{f(x)}$ (C) $\frac{f'(x)}{f(x)}$ (D) $-\frac{f'(x)}{f(x)}$

(4) 设 $f(x)$ 为可导的偶函数，则曲线 $y=f(x)$ 在点 (x,y) 和 $(-x,y)$ 处的切线斜率(　　)；

(A) 彼此相等 (B) 互为相反数 (C) 互为倒数 (D) 互为负倒数

(5) 已知函数 $y=f(x)$在任意点 x 处的微分为 $\mathrm{d}y=\frac{\Delta x}{1+x^2}$,且 $f(0)=0$,则 $f(x)=($ $)$;

(A) $\ln(1+x^2)$ (B) $\frac{x}{1+x^2}$ (C) $\arctan x$ (D) $\arcsin x$

(6) 设函数 $y=f(\ln x)$,且 $f(x)$可导,则 $\mathrm{d}y=($ $)$.

(A) $f'(\ln x)\mathrm{d}x$ (B) $f'(\ln x)\frac{1}{x}\mathrm{d}x$ (C) $[f(\ln x)]'\mathrm{d}\ln x$ (D) $f'(\ln x)\ln x\mathrm{d}x$

3. 设函数 $f(x)=\sqrt{\tan\frac{x}{2}}$,求 $f'(x)$,$f'\left(\frac{\pi}{2}\right)$.

4. 设函数 $f(x)$可导,且 $y=[xf(x^2)]^2$,求 y'.

5. 设由方程 $\arctan\frac{y}{x}=\ln\sqrt{x^2+y^2}$ 确定函数 $y=f(x)$,求 $\frac{\mathrm{d}y}{\mathrm{d}x}$.

6. 求椭圆 $\frac{x^2}{a^2}+\frac{y^2}{b^2}=1$ 在点 $M(x_0,y_0)$处的切线方程.

7. 设函数 $y=(2-x)(1+x^2)\mathrm{e}^{x^2}\sin x$,求 y'.

8. 已知$\begin{cases}x=\mathrm{e}^t\sin t,\\ y=\mathrm{e}^t\cos t,\end{cases}$求当 $t=\frac{\pi}{3}$时 $\frac{\mathrm{d}y}{\mathrm{d}x}$ 的值.

9. 设函数 $y=3^{\ln\tan x}$,求 $\mathrm{d}y$.

10. 设由方程 $y^2=x+\arccos y$ 确定函数 $y=f(x)$,求 $\mathrm{d}y$.

第三章 定积分与不定积分

本章主要介绍定积分和不定积分的概念、性质以及基本计算方法.

§3.1 定积分的概念与性质

【本节学习目标】 了解定积分的概念,掌握定积分的性质.

一、定积分的概念

我们用几何上的面积问题引入**定积分的定义**.

1. 曲边梯形的面积

由连续曲线 $y=f(x)(\geqslant 0)$,直线 $x=a, x=b(a<b)$ 和 $y=0$(即 x 轴)所围成的平面图形 $aA'B'b$ 称为**曲边梯形**,如图 3-1 所示.

我们的问题是:计算曲边梯形 $aA'B'b$ 的面积 A. 按下述**程序计算**:

(1) **分割**——分曲边梯形 $aA'B'b$ 为 n 个小曲边梯形.

任意选取分点

$$a = x_0 < x_1 < x_2 < \cdots < x_{n-1} < x_n = b,$$

把区间 $[a,b]$ 分成 n 个小区间 $[x_0,x_1],[x_1,x_2],\cdots,[x_{n-1},x_n]$,简记做

$$[x_{i-1},x_i] \quad (i=1,2,\cdots,n).$$

每个小区间的长度是

$$\Delta x_i = x_i - x_{i-1} \quad (i=1,2,\cdots,n),$$

其中最长的记做 Δx,即 $\Delta x=\max\limits_{1\leqslant i\leqslant n}\{\Delta x_i\}$. 过各分点作 x 轴的垂线,这样原曲边梯形就被分成 n 个小曲边梯形(图 3-2). 第 i 个小曲边梯形的面积记做

$$\Delta A_i \quad (i=1,2,\cdots,n).$$

(2) **近似代替**——用小矩形的面积近似代替小曲边梯形的面积.

在每一个小区间 $[x_{i-1},x_i](i=1,2,\cdots,n)$ 上任选一点 ξ_i,用与小曲边梯形同底,以 $f(\xi_i)$ 为高的小矩形的面积 $f(\xi_i)\Delta x_i$ 近似代替小曲边梯

形的面积,这时有(图 3-2)

$$\Delta A_i \approx f(\xi_i)\Delta x_i \quad (i=1,2,\cdots,n).$$

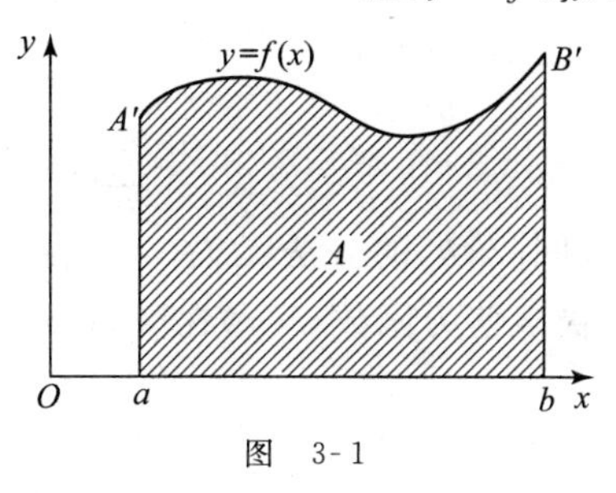

图 3-1

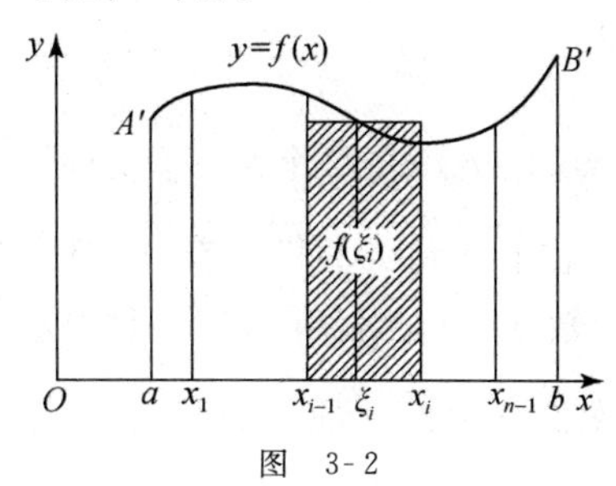

图 3-2

(3) **求和**——求 n 个小矩形面积之和.

n 个小矩形构成的阶梯形的面积 $\sum_{i=1}^{n} f(\xi_i)\Delta x_i$,是曲边梯形的面积 A 的一个近似值(图 3-2),即有

$$A=\sum_{i=1}^{n}\Delta A_i \approx \sum_{i=1}^{n} f(\xi_i)\Delta x_i.$$

(4) **取极限**——由近似值过渡到精确值.

分割区间$[a,b]$的点数越多,即 n 越大,且每个小区间的长度 Δx_i 越短,即分割越细,阶梯形的面积 $\sum_{i=1}^{n} f(\xi_i)\Delta x_i$ 与曲边梯形的面积 A 的误差越小.但不管 n 多大,只要取定为有限数,上述和式都只能是面积 A 的近似值.现将区间$[a,b]$无限地细分下去,并使每个小区间的长度 Δx_i 都趋于零(即 $\Delta x \to 0$),这时和式的极限就是曲边梯形的面积 A 的精确值:

$$A=\lim_{\Delta x\to 0}\sum_{i=1}^{n} f(\xi_i)\Delta x_i.$$

这就得到了曲边梯形的面积.我们看到,曲边梯形的面积是用一个和式的极限 $\lim_{\Delta x\to 0}\sum_{i=1}^{n} f(\xi_i)\Delta x_i$ 来表达的,这是无限项相加.计算方法是:**分割取近似,求和取极限**,即

先求阶梯形的面积:在局部范围内,**以直代曲**,即以直线段代替曲线段,求得阶梯形的面积,它是曲边梯形面积的近似值;

再求曲边梯形的面积:通过取极限,**由有限过渡到无限**,即对区间$[a,b]$由有限分割过渡到无限细分,阶梯形变为曲边梯形,从而得到曲边梯形的面积.

在实践中,许多问题的解决都是采取这种"分割取近似,求和取极限"的方法,并把问题归结为上述和式的极限.现抛开问题的实际意义,只从数量关系上的共性,由上述极限引入**定积分的定义**.

2. 定积分的定义

定义 3.1 设函数 $f(x)$在闭区间$[a,b]$上有定义.用分点

$$a = x_0 < x_1 < x_2 < \cdots < x_{n-1} < x_n = b$$

把区间$[a,b]$任意分割成 n 个小区间$[x_{i-1}, x_i](i=1,2,\cdots,n)$,其区间长度为

$$\Delta x_i = x_i - x_{i-1} \quad (i = 1,2,\cdots,n).$$

记 $\Delta x=\max\limits_{1\leqslant i\leqslant n}\{\Delta x_i\}$. 在每个小区间$[x_{i-1},x_i]$上任取一点 ξ_i,作乘积的和式 $\sum\limits_{i=1}^{n} f(\xi_i)\Delta x_i$. 当 $\Delta x\to 0$ 时,若上述和式的极限存在,且这极限值与区间$[a,b]$的分法无关,与点 ξ_i 的取法无关,则称函数 $f(x)$在区间$[a,b]$上是**可积**的,并称**此极限值**为函数 $f(x)$在区间$[a,b]$上的**定积分**,记做$\int_a^b f(x)\mathrm{d}x$, 即

$$\int_a^b f(x)\mathrm{d}x = \lim_{\Delta x\to 0}\sum_{i=1}^{n} f(\xi_i)\Delta x_i,$$

其中符号$\int$称为**积分号**,$f(x)$称为**被积函数**,$f(x)\mathrm{d}x$ 称为**被积表达式**,x 称为**积分变量**,a 称为**积分下限**,b 称为**积分上限**,$[a,b]$称为**积分区间**.

由上述定义知,定积分$\int_a^b f(x)\mathrm{d}x$ 表示一个数值,这个数值取决于被积函数 $f(x)$和积分区间$[a,b]$,而与**积分变量用什么字母表示无关**,即

$$\int_a^b f(x)\mathrm{d}x = \int_a^b f(t)\mathrm{d}t.$$

还有,在定积分记号$\int_a^b f(x)\mathrm{d}x$ 中,假设 $a<b$,但实际上,定积分上、下限的大小是不受限制的,不过规定在颠倒积分上、下限时,必须**改变定积分的符号**:

$$\int_a^b f(x)\mathrm{d}x =-\int_b^a f(x)\mathrm{d}x.$$

特别地,规定

$$\int_a^a f(x)\mathrm{d}x = 0.$$

关于可积的问题有如下**结论**:

(1) 若函数 $f(x)$在闭区间$[a,b]$上可积,则 $f(x)$在$[a,b]$上有界;

(2) 若函数 $f(x)$在闭区间$[a,b]$上连续,则 $f(x)$在$[a,b]$上可积;

(3) 若函数 $f(x)$在闭区间$[a,b]$上有界,且只有有限个间断点,则 $f(x)$在$[a,b]$上可积.

3. 定积分的几何意义

由曲边梯形面积的表达式及定积分的定义知:

当 $f(x)\geqslant 0$ 时,如图 3-1 所示的曲边梯形的面积为

$$A = \int_a^b f(x)\mathrm{d}x.$$

特别地,在区间$[a,b]$上,若 $f(x)=1$,如图 3-3 所示的矩形的面积为

$$A=\int_a^b 1\mathrm{d}x=\int_a^b \mathrm{d}x=b-a.$$

当 $f(x)\leqslant 0$ 时,如图 3-4 所示阴影部分的面积为

$$A=-\int_a^b f(x)\mathrm{d}x.$$

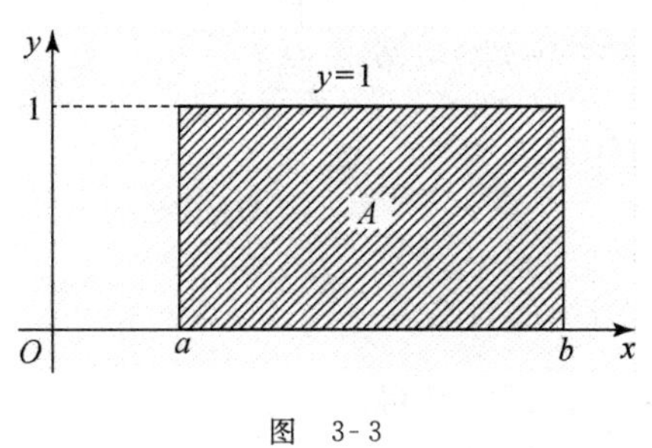

图 3-3

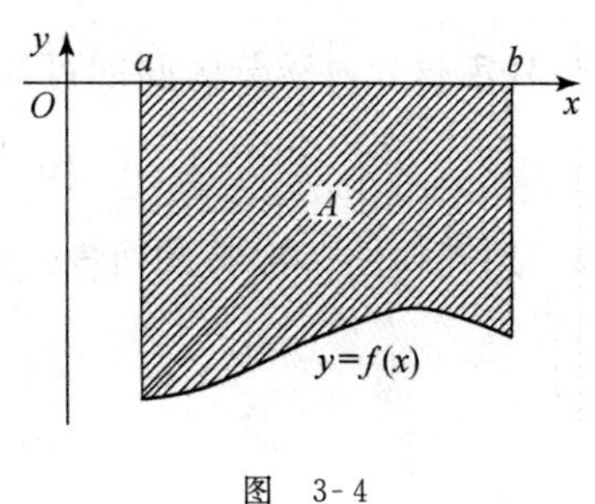

图 3-4

当 $f(x)$在区间$[a,b]$上有正有负时,如图 3-5 所示的各个阴影部分面积之和为

$$A=\int_a^c f(x)\mathrm{d}x-\int_c^d f(x)\mathrm{d}x+\int_d^b f(x)\mathrm{d}x=\int_a^b |f(x)|\mathrm{d}x.$$

例 1 用几何图形说明等式 $\int_{-1}^1 \sqrt{1-x^2}\mathrm{d}x=\frac{\pi}{2}$ 成立.

解 曲线 $y=\sqrt{1-x^2}$ $(x\in[-1,1])$是单位圆在 x 轴上方的部分(图 3-6).按定积分的几何意义,上半圆的面积正是作为曲边的函数 $y=\sqrt{1-x^2}$ 在区间$[-1,1]$上的定积分,而上半圆的面积是 $\frac{\pi}{2}$,故有等式

$$\int_{-1}^1 \sqrt{1-x^2}\mathrm{d}x=\frac{\pi}{2}.$$

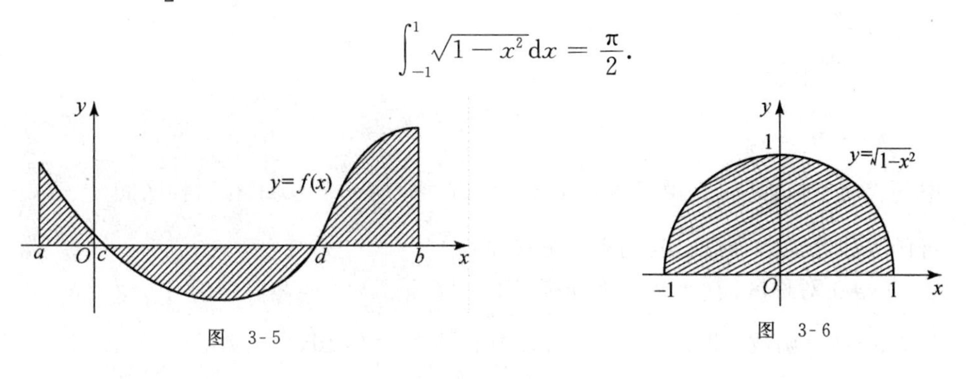

图 3-5

图 3-6

二、定积分的性质

假设函数 $f(x)$和 $g(x)$在所讨论的区间上是可积的,则定积分有以下性质:

性质 1 常数因子可以提到积分号前面,即

$$\int_a^b kf(x)\mathrm{d}x = k\int_a^b f(x)\mathrm{d}x \quad (k \text{ 为常数}).$$

性质 2 代数和的定积分等于定积分的代数和，即

$$\int_a^b [f(x) \pm g(x)]\mathrm{d}x = \int_a^b f(x)\mathrm{d}x \pm \int_a^b g(x)\mathrm{d}x.$$

性质 3(定积分对积分区间的可加性) 对任意的三个实数 a,b,c，总有

$$\int_a^b f(x)\mathrm{d}x = \int_a^c f(x)\mathrm{d}x + \int_c^b f(x)\mathrm{d}x.$$

例 2 用几何图形说明下列各式成立：

(1) $\int_{-\pi/2}^{\pi/2} \sin x\mathrm{d}x = 0$； (2) $\int_{-\pi/2}^{\pi/2} \cos x\mathrm{d}x = 2\int_0^{\pi/2} \cos x\mathrm{d}x$.

解 (1) 如图 3-7 所示，由上述性质 3 和定积分的几何意义得

$$\int_{-\pi/2}^{\pi/2} \sin x\mathrm{d}x = \int_{-\pi/2}^{0} \sin x\mathrm{d}x + \int_0^{\pi/2} \sin x\mathrm{d}x = 0.$$

(2) 如图 3-8 所示，与(1)同样理由得

$$\int_{-\pi/2}^{\pi/2} \cos x\mathrm{d}x = \int_{-\pi/2}^{0} \cos x\mathrm{d}x + \int_0^{\pi/2} \cos x\mathrm{d}x = 2\int_0^{\pi/2} \cos x\mathrm{d}x.$$

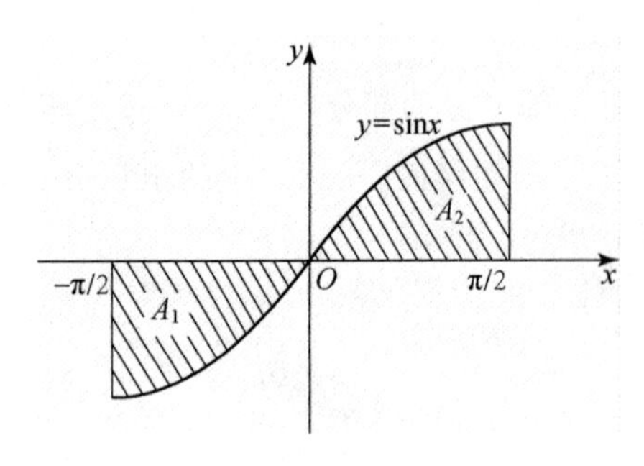

图 3-7

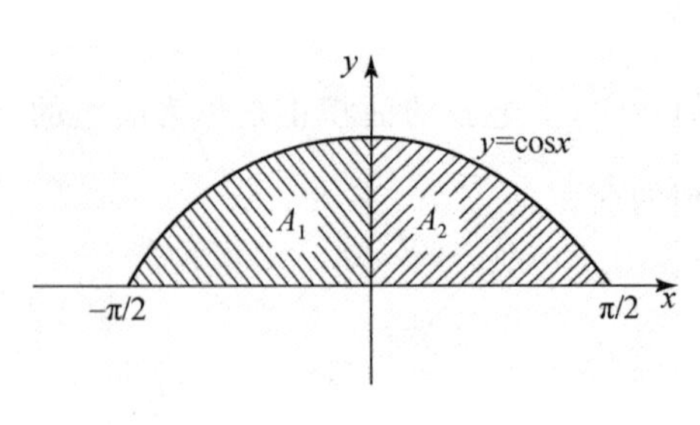

图 3-8

例 2 中各式之所以成立，是由于函数 $f(x)=\sin x$ 和 $f(x)=\cos x$ 在对称区间 $\left[-\frac{\pi}{2},\frac{\pi}{2}\right]$ 上分别为奇函数和偶函数. 对此，我们有**一般结论**：

设函数 $f(x)$ 在对称区间 $[-a,a]$ 上连续，则

(1) 当 $f(x)$ 是奇函数，即 $f(-x)=-f(x)$ 时，有 $\int_{-a}^{a} f(x)\mathrm{d}x = 0$；

(2) 当 $f(x)$ 是偶函数，即 $f(-x)=f(x)$ 时，有 $\int_{-a}^{a} f(x)\mathrm{d}x = 2\int_0^a f(x)\mathrm{d}x$.

性质 4(比较性质) 若函数 $f(x)$ 和 $g(x)$ 在区间 $[a,b]$ 上总有 $f(x)\leqslant g(x)$，而等号仅在有限个点处成立，则

$$\int_a^b f(x)\mathrm{d}x < \int_a^b g(x)\mathrm{d}x.$$

例 3　比较定积分 $\int_1^2 \ln x \mathrm{d}x$ 与 $\int_1^2 \ln^2 x \mathrm{d}x$ 的大小.

解　在区间[1,2]上,因为 $0 \leqslant \ln x < 1$,所以 $\ln x \geqslant \ln^2 x$(等号仅在 $x=1$ 处成立). 故

$$\int_1^2 \ln x \mathrm{d}x > \int_1^2 \ln^2 x \mathrm{d}x.$$

性质 5(估值定理)　若函数 $f(x)$在区间$[a,b]$上的最大值与最小值分别为 M 与 m,则

$$m(b-a) \leqslant \int_a^b f(x)\mathrm{d}x \leqslant M(b-a).$$

从定积分的几何意义看,如图 3-9 所示,性质 5 是显然的:
矩形 aA_1B_1b 的面积≤曲边梯形 $aABb$ 的面积≤矩形 aA_2B_2b 的面积,即

$$m(b-a) \leqslant \int_a^b f(x)\mathrm{d}x \leqslant M(b-a).$$

性质 6(积分中值定理)　若函数 $f(x)$在区间$[a,b]$上连续,则至少存在一点 $\xi \in [a,b]$,使得

$$\int_a^b f(x)\mathrm{d}x = f(\xi)(b-a).$$

该性质的**几何意义**是:如图 3-10 所示,至少能找到一点 $\xi \in [a,b]$,使得以区间$[a,b]$为底,$f(\xi)$为高的矩形 $aCDb$ 的面积等于同底的曲边梯形 $aABb$ 的面积. 这样,可以把 $f(\xi)$看做曲边梯形的平均高度. 上式可改写为

$$f(\xi) = \frac{1}{b-a}\int_a^b f(x)\mathrm{d}x.$$

通常称 $f(\xi)$为函数 $f(x)$在区间$[a,b]$上的**积分平均值**,简称为**平均值**.

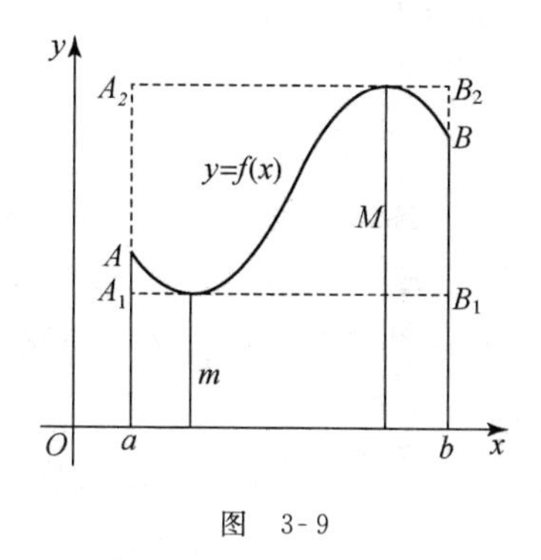

图　3-9

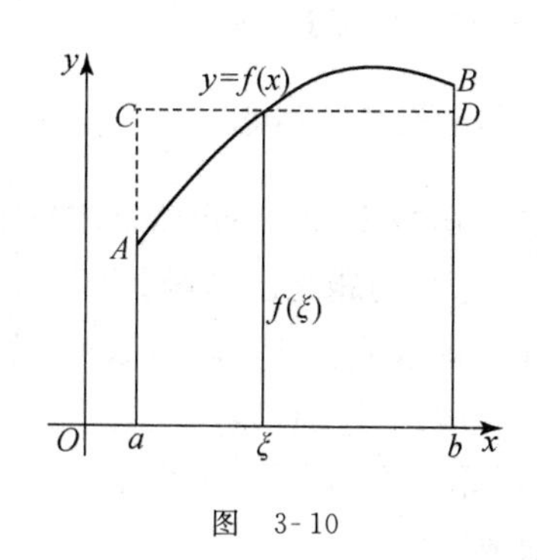

图　3-10

习　题　3.1

A　组

1. 用几何图形说明下列各式是否成立:

(1) $\int_0^\pi \sin x \mathrm{d}x > 0$;　　(2) $\int_0^\pi \cos x \mathrm{d}x > 0$;

(3) $\int_0^1 x\mathrm{d}x = \frac{1}{2}$； (4) $\int_0^a \sqrt{a^2 - x^2}\mathrm{d}x = \frac{\pi a^2}{4}$.

2. 利用定积分的性质判别下列各式是否成立：

(1) $\int_0^{\pi/2} x\mathrm{d}x < \int_0^{\pi/2} \sin x\mathrm{d}x$； (2) $\int_0^{\pi/4} \sin x\mathrm{d}x < \int_0^{\pi/4} \cos x\mathrm{d}x$；

(3) $\int_3^4 \ln x\mathrm{d}x < \int_3^4 \ln^2 x\mathrm{d}x$； (4) $\int_0^1 \mathrm{e}^x\mathrm{d}x > \int_0^1 \mathrm{e}^{x^2}\mathrm{d}x$.

3. 已知 $\int_0^1 x^2\mathrm{d}x = \frac{1}{3}$，利用函数的奇偶性及定积分的几何意义计算下列定积分：

(1) $\int_0^1 (3x^2 + 4x + 2)\mathrm{d}x$； (2) $\int_{-1}^1 (6x^2 + 2x + \sin^3 x)\mathrm{d}x$.

B 组

1. 已知 $\int_0^{\pi/2} \sin x\mathrm{d}x = 1$，利用定积分的几何意义说明下列各式成立：

(1) $\int_0^{\pi} \sin x\mathrm{d}x = 2$； (2) $\int_{-\pi/2}^0 \sin x\mathrm{d}x = -1$； (3) $\int_{-\pi/2}^{\pi/2} \cos x\mathrm{d}x = 2$.

2. 利用函数的奇偶性和定积分的几何意义计算下列定积分：

(1) $\int_{-a}^a \left(x^4 \arctan x + \frac{\sin^3 x\cos x}{\sqrt{x^2+1}}\right)\mathrm{d}x$； (2) $\int_{-a}^a (3x^3 - 2)\sqrt{a^2 - x^2}\mathrm{d}x$.

§3.2 不定积分的概念与性质

【本节学习目标】 理解原函数和不定积分的定义，掌握不定积分的性质.

一、不定积分的概念

若已知函数 $F(x)=\sin x$，欲求它的导函数，则是 $F'(x)=(\sin x)'=\cos x$，即 $\cos x$ 是 $\sin x$ 的导函数. 这个问题是已知函数 $F(x)$，要求它的导函数 $F'(x)$.

现在的问题是： 已知函数 $\cos x$，要求一个函数，使其导函数恰是 $\cos x$. 这个问题是已知导函数 $F'(x)$，要还原函数 $F(x)$. 显然，这是求导数运算的逆运算.

由于 $(\sin x)'=\cos x$，我们可以说，要求的这个函数是 $\sin x$. 这时，称 $\sin x$ 是函数 $\cos x$ 的**一个原函数**.

定义 3.2 在区间 I 上，若有

$$F'(x) = f(x) \quad 或 \quad \mathrm{d}F(x) = f(x)\mathrm{d}x,$$

则称函数 $F(x)$ 是函数 $f(x)$ 在区间 I 上的**一个原函数**.

例如，因为在区间 $(-\infty,+\infty)$ 上，有 $(x^3)'=3x^2$，所以 x^3 是函数 $3x^2$ 在 $(-\infty,+\infty)$ 上的一个原函数.

设 C 是任意常数,则也有 $(x^3+C)'=3x^2$,即 x^3+C 也是函数 $3x^2$ 在区间 $(-\infty,+\infty)$ 上的原函数. C 每取定一个数,就得到函数 $3x^2$ 的一个原函数. 由此可见,若函数 $f(x)$ 存在原函数,则它一定存在无穷多个原函数,并且这些不同的原函数彼此之间相差一个常数.

设 $F(x)$ 是函数 $f(x)$ 的一个原函数,则 $f(x)$ 的所有原函数的一般表达式为 $F(x)+C$ (C 为任意常数). 于是有下述**不定积分的定义**:

定义 3.3 函数 $f(x)$ 的所有原函数,称为 $f(x)$ 的**不定积分**,记做 $\int f(x)\mathrm{d}x$. 设 $F(x)$ 是 $f(x)$ 的一个原函数,C 为任意常数,则有

$$\int f(x)\mathrm{d}x = F(x)+C,$$

其中 $\int$ 称为**积分号**,$f(x)$ 称为**被积函数**,$f(x)\mathrm{d}x$ 称为**被积表达式**,x 称为**积分变量**,C 称为**积分常数**.

由该定义可知,求函数 $f(x)$ 的不定积分 $\int f(x)\mathrm{d}x$,只要求出 $f(x)$ 的一个原函数再加上积分常数即可.

例 1 求不定积分 $\int x^2\mathrm{d}x$.

解 由于 $\left(\frac{1}{3}x^3\right)'=x^2$,所以 $\frac{1}{3}x^3$ 是 x^2 的一个原函数. 于是

$$\int x^2\mathrm{d}x = \frac{1}{3}x^3 + C.$$

一般地,当 $\mu\neq-1$ 时,由于 $\left(\frac{1}{\mu+1}x^{\mu+1}\right)'=x^{\mu}$,于是有**积分公式**

$$\int x^{\mu}\mathrm{d}x = \frac{1}{\mu+1}x^{\mu+1}+C \quad (\mu\neq-1).$$

例 2 求不定积分 $\int\frac{1}{x}\mathrm{d}x$.

解 被积函数 $f(x)=\frac{1}{x}$,当 $x=0$ 时无意义.

当 $x>0$ 时,因为 $(\ln x)'=\frac{1}{x}$,所以

$$\int\frac{1}{x}\mathrm{d}x = \ln x + C; \tag{1}$$

当 $x<0$ 时,因为

$$[\ln(-x)]' = \frac{1}{-x}(-x)' = \frac{1}{-x}(-1) = \frac{1}{x},$$

所以

$$\int\frac{1}{x}\mathrm{d}x = \ln(-x)+C. \tag{2}$$

将(1)式和(2)式合并在一起写,当 $x\neq 0$ 时,就有**积分公式**

$$\int \frac{1}{x}\,\mathrm{d}x = \ln|x| + C.$$

例 3 设某一曲线在 x 处的切线斜率为 $k=2x$,又曲线过点 $(2,5)$,求这条曲线的方程.

解 设所求的曲线方程是 $y=F(x)$. 由导数的几何意义,已知条件 $k=2x$ 就是 $F'(x)=2x$,而

$$\int 2x\,\mathrm{d}x = x^2 + C,$$

于是

$$y = F(x) = x^2 + C.$$

$y=x^2$ 是一条抛物线,而 $y=x^2+C$ 是一族抛物线. 我们要求的曲线是这一族抛物线中过点(2,5)的那一条. 将 $x=2$,$y=5$ 代入 $y=x^2+C$ 中可确定积分常数 C:

$$5 = 2^2 + C, \quad 即 \quad C = 1.$$

由此,所求的曲线方程是 $y=x^2+1$.

二、不定积分的性质

性质 1 求不定积分与求导数或求微分互为逆运算:

(1) $\dfrac{\mathrm{d}}{\mathrm{d}x}\left[\int f(x)\mathrm{d}x\right] = f(x)$ 或 $\mathrm{d}\left[\int f(x)\mathrm{d}x\right] = f(x)\mathrm{d}x$;

(2) $\int F'(x)\mathrm{d}x = F(x) + C$ 或 $\int \mathrm{d}F(x) = F(x) + C$.

这些等式,由不定积分定义立即可得. 需要注意的是,一个函数先进行微分运算,再进行积分运算,得到的不是这一个函数,而是一族函数,必须加上一个任意常数 C.

性质 2 被积函数中不为零的常数因子 k 可移到积分符号外,即

$$\int kf(x)\mathrm{d}x = k\int f(x)\mathrm{d}x.$$

性质 3 函数代数和的不定积分等于函数的不定积分的代数和,即

$$\int [f(x) \pm g(x)]\mathrm{d}x = \int f(x)\mathrm{d}x \pm \int g(x)\mathrm{d}x.$$

习 题 3.2

A 组

1. 求下列不定积分:

(1) $\int \mathrm{e}^x\mathrm{d}x$; (2) $\int a^x\mathrm{d}x$; (3) $\int \sin x\mathrm{d}x$; (4) $\int \dfrac{1}{1+x^2}\mathrm{d}x$;

(5) $\int \dfrac{1}{\sqrt{1-x^2}}\mathrm{d}x$; (6) $\int \sec^2 x\mathrm{d}x$; (7) $\int \sec x\tan x\mathrm{d}x$.

2. 填空题：

(1) 设函数 $f(x)=2^x+x^2$,则 $\int f'(x)\mathrm{d}x=$ ________, $\int f(x)\mathrm{d}x=$ ________;

(2) 设不定积分 $\int f(x)\mathrm{d}x=x\ln x-x+C$, 则 $f(x)=$ ________, $\int xf'(x)\mathrm{d}x=$ ________;

(3) 设 $\sin x$ 是函数 $f(x)$ 的一个原函数,则 $\int f(x)\mathrm{d}x=$ ________, $\int f'(x)\mathrm{d}x=$ ________;

(4) 设函数 $f(x)=\arcsin x$,则 $\int\sqrt{1-x^2}f'(x)\mathrm{d}x=$ ________.

3. 已知一曲线在其任一点 x 处的切线斜率为 $\frac{1}{2\sqrt{x}}$,且过点(4,3),求该曲线方程.

B　组

1. 求下列不定积分：

(1) $\int\left(\frac{1}{x^2}+\frac{3}{2}\sqrt{x}+\frac{1}{\sqrt{x}}\right)\mathrm{d}x$;　　(2) $\int\left(\frac{1}{x}+2\right)\mathrm{d}x$.

2. 设函数 $f(x)=\ln x$,则 $\int\mathrm{e}^{2x}f'(\mathrm{e}^x)\mathrm{d}x=$ ________.

§3.3　积分的基本公式

【本节学习目标】 熟练掌握不定积分的基本公式和定积分的牛顿-莱布尼茨公式.

一、不定积分的基本公式

由基本初等函数的导数公式和不定积分的定义,可得如下**不定积分的基本公式**：

(1) $\int k\mathrm{d}x=kx+C$ (k 是常数);

(2) $\int x^\mu\mathrm{d}x=\frac{1}{\mu+1}x^{\mu+1}+C\ (\mu\neq-1)$;

(3) $\int\frac{1}{x}\mathrm{d}x=\ln|x|+C$;

(4) $\int a^x\mathrm{d}x=\frac{a^x}{\ln a}+C$ ($a>0$,且 $a\neq1$);　　(5) $\int\mathrm{e}^x\mathrm{d}x=\mathrm{e}^x+C$;

(6) $\int\sin x\mathrm{d}x=-\cos x+C$;　　(7) $\int\cos x\mathrm{d}x=\sin x+C$;

(8) $\int\sec^2x\mathrm{d}x=\int\frac{1}{\cos^2x}\mathrm{d}x=\tan x+C$;　　(9) $\int\csc^2x\mathrm{d}x=\int\frac{1}{\sin^2x}\mathrm{d}x=-\cot x+C$;

(10) $\int\sec x\tan x\mathrm{d}x=\sec x+C$;　　(11) $\int\csc x\cot x\mathrm{d}x=-\csc x+C$;

(12) $\int \frac{1}{1+x^2}dx = \arctan x + C = -\operatorname{arccot} x + C$;

(13) $\int \frac{1}{\sqrt{1-x^2}}dx = \arcsin x + C = -\arccos x + C$.

直接用不定积分的基本公式和不定积分的性质，有时需先将被积函数进行恒等变形，便可求得一些函数的不定积分.

例 1 求不定积分 $\int \tan^2 x dx$.

解 注意到公式 $\tan^2 x = \sec^2 x - 1$，先将被积函数恒等变形，再用不定积分的基本公式：

$$\int \tan^2 x dx = \int (\sec^2 x - 1)dx = \int \sec^2 x dx - \int dx = \tan x - x + C.$$

例 2 求不定积分 $\int \sin^2 \frac{x}{2} dx$.

解 用三角函数的降幂公式：$\sin^2 \frac{x}{2} = \frac{1}{2}(1-\cos x)$，于是

$$\int \sin^2 \frac{x}{2} dx = \frac{1}{2}\int (1-\cos x)dx = \frac{1}{2}\int dx - \frac{1}{2}\int \cos x dx = \frac{1}{2}x - \frac{1}{2}\sin x + C.$$

二、定积分的基本公式

可以证明，对于定积分有如下基本公式：

若函数 $f(x)$ 在区间 $[a,b]$ 上连续，$F(x)$ 是 $f(x)$ 在 $[a,b]$ 上的一个原函数，则

$$\int_a^b f(x)dx = F(b) - F(a). \tag{1}$$

这个公式称为**牛顿(Newton)-莱布尼茨(Leibniz)公式**，它是微积分中的一个基本公式. 通常以 $F(x)\Big|_a^b$ 表示 $F(b)-F(a)$，故公式(1)可记做

$$\int_a^b f(x)dx = F(x)\Big|_a^b.$$

该公式阐明了定积分与原函数之间的关系：**定积分的值等于被积函数的任一个原函数在积分上限与积分下限的函数值之差**. 这样，就把求定积分的问题转化为求被积函数原函数的问题.

例 3 求定积分 $\int_0^{1/2} \frac{1}{\sqrt{1-x^2}}dx$.

解 因 $F(x)=\arcsin x$ 是被积函数 $f(x)=\frac{1}{\sqrt{1-x^2}}$ 的一个原函数，故由牛顿-莱布尼茨公式得

$$\int_0^{1/2}\frac{1}{\sqrt{1-x^2}}\mathrm{d}x=\arcsin x\Big|_0^{1/2}=\arcsin\frac{1}{2}-\arcsin 0=\frac{\pi}{6}-0=\frac{\pi}{6}.$$

例 4　求定积分 $\int_1^{\mathrm{e}}\frac{2+x\mathrm{e}^x}{x}\mathrm{d}x$.

解　先将被积函数分项,再用牛顿-莱布尼茨公式,得

$$\begin{aligned}\int_1^{\mathrm{e}}\frac{2+x\mathrm{e}^x}{x}\mathrm{d}x&=\int_1^{\mathrm{e}}\frac{2}{x}\mathrm{d}x+\int_1^{\mathrm{e}}\mathrm{e}^x\mathrm{d}x=2\ln|x|\Big|_1^{\mathrm{e}}+\mathrm{e}^x\Big|_1^{\mathrm{e}}\\&=2(\ln\mathrm{e}-\ln 1)+\mathrm{e}^{\mathrm{e}}-\mathrm{e}=2+\mathrm{e}^{\mathrm{e}}-\mathrm{e}.\end{aligned}$$

例 5　求定积分 $\int_0^4|x-2|\mathrm{d}x$.

解　先去掉被积函数绝对值的符号,再求定积分.因

$$|x-2|=\begin{cases}2-x, & 0\leqslant x\leqslant 2,\\ x-2, & 2<x\leqslant 4,\end{cases}$$

故由定积分对区间的可加性及牛顿-莱布尼茨公式得

$$\begin{aligned}\int_0^4|x-2|\mathrm{d}x&=\int_0^2(2-x)\mathrm{d}x+\int_2^4(x-2)\mathrm{d}x=\left(2x-\frac{x^2}{2}\right)\Big|_0^2+\left(\frac{x^2}{2}-2x\right)\Big|_2^4\\&=(4-2)+(8-8-2+4)=4.\end{aligned}$$

习　题　3.3

A　组

1. 求下列不定积分:

(1) $\int\frac{x^2-1}{x^2+1}\mathrm{d}x$;　(2) $\int\frac{1}{x^2(1+x^2)}\mathrm{d}x$;　(3) $\int\frac{\sqrt{1+x^2}}{\sqrt{1-x^4}}\mathrm{d}x$;

(4) $\int(2^x+3^x)^2\mathrm{d}x$;　(5) $\int\cos^2\frac{x}{2}\mathrm{d}x$;　(6) $\int\cot^2 x\mathrm{d}x$;

(7) $\int\sec x(\sec x-\tan x)\mathrm{d}x$;　(8) $\int\frac{1}{\sin^2 x\cos^2 x}\mathrm{d}x$;　(9) $\int\frac{\cos 2x}{\cos x+\sin x}\mathrm{d}x$.

2. 求下列定积分:

(1) $\int_a^b x^n\mathrm{d}x\ (n\neq -1)$;　(2) $\int_0^2 x|x-1|\mathrm{d}x$;　(3) $\int_0^{2\pi}|\sin x|\mathrm{d}x$.

B　组

1. 设函数 $f(x)=\begin{cases}1+x^2, & 0\leqslant x\leqslant 1,\\ 2-x, & 1<x\leqslant 2,\end{cases}$ 求定积分 $\int_0^2 f(x)\mathrm{d}x$.

2. 设函数 $f(x)=\frac{1}{1+x^2}+\sqrt{1-x^2}\int_0^1 f(x)\mathrm{d}x$,求定积分 $\int_0^1 f(x)\mathrm{d}x$.

3. 试求同时满足下列各式的二次函数 $f(x)$:

$$\int_{-1}^{0} f(x)\mathrm{d}x = 1,\quad \int_{-1}^{1} xf(x)\mathrm{d}x = 0,\quad \int_{-1}^{1} x^2 f(x)\mathrm{d}x = 1.$$

§3.4 换元积分法

【本节学习目标】 熟练掌握不定积分和定积分的换元积分法.

求不定积分有两个主要方法:换元积分法和分部积分法.本节介绍换元积分法.先看一个例子.

例 1 求不定积分 $\int \mathrm{e}^{\sin x}\cos x\mathrm{d}x$.

分析 被积函数 $\mathrm{e}^{\sin x}\cos x$ 可看成两个因子 $\mathrm{e}^{\sin x}$ 与 $\cos x$ 的乘积,且有下述关系:因子 $\mathrm{e}^{\sin x}$ 是 $\sin x$ 的函数,即 $\mathrm{e}^{\sin x}=f(\sin x)$;因子 $\cos x$ 是 $\sin x$ 的导数,即 $\cos x=(\sin x)'$. 于是 $\mathrm{e}^{\sin x}\cos x$ 具有形式 $f(\sin x)(\sin x)'$.

解 注意到 $\cos x\mathrm{d}x=\mathrm{d}\sin x$,有

$$\begin{aligned}\int \mathrm{e}^{\sin x}\cos x\mathrm{d}x &= \int \mathrm{e}^{\sin x}\mathrm{d}\sin x \xlongequal[\text{令 } \sin x = u]{\text{变量换元}} \int \mathrm{e}^{u}\mathrm{d}u \\ &\xlongequal{\text{用积分公式}} \mathrm{e}^{u} + C \xlongequal[u = \sin x]{\text{变量还原}} \mathrm{e}^{\sin x} + C.\end{aligned}$$

这种求不定积分的方法就是换元积分法.本例可用该方法的关键是被积函数具有形式 $f(\sin x)(\sin x)'$. 若将函数 $\sin x$ 换成一般函数形式 $\varphi(x)$,则被积函数具有如下形式:

$$f(\varphi(x))\,\varphi'(x).$$

一般地,若被积函数**具有** $f(\varphi(x))\varphi'(x)$ **形式,则可求出积分.**

换元积分法 设函数 $u=\varphi(x)$ 可导. 若

$$\int f(u)\mathrm{d}u = F(u) + C,$$

则

$$\int f(\varphi(x))\varphi'(x)\mathrm{d}x = \int f(\varphi(x))\mathrm{d}\varphi(x) = F(\varphi(x)) + C. \tag{1}$$

例 2 求不定积分 $\int (\arctan x)^2\,\frac{1}{1+x^2}\mathrm{d}x$.

解 被积函数可看成 $(\arctan x)^2$ 与 $\frac{1}{1+x^2}$ 的乘积,且前者是 $\arctan x$ 的函数,即 $(\arctan x)^2=f(\arctan x)$,后者是 $\arctan x$ 的导数,即 $(\arctan x)'=\frac{1}{1+x^2}$. 这样,公式(1)中的 $\varphi(x)$ 就是 $\arctan x$.

设 $u=\arctan x$,则 $\mathrm{d}u=\frac{1}{1+x^2}\mathrm{d}x$. 于是

$$\text{原式}=\int u^2\mathrm{d}u=\frac{1}{3}u^3+C=\frac{1}{3}(\arctan x)^3+C.$$

例 3 求不定积分 $\int\frac{\sqrt{\ln x+1}}{x}\mathrm{d}x$.

解 因 $\frac{\sqrt{\ln x+1}}{x}=\sqrt{\ln x+1}\cdot\frac{1}{x}=\sqrt{\ln x+1}(\ln x+1)'$,故将 $\ln x+1$ 理解为公式(1)中的 $\varphi(x)$. 设 $u=\ln x+1$,则 $\mathrm{d}u=\frac{1}{x}\mathrm{d}x$. 于是

$$\text{原式}=\int\sqrt{\ln x+1}\cdot\frac{1}{x}\mathrm{d}x=\int\sqrt{u}\mathrm{d}u=\frac{2}{3}u^{3/2}+C=\frac{2}{3}(\ln x+1)^{3/2}+C.$$

解题较熟练时,例 3 可不设出中间变量,而直接将 $\ln x+1$ 视为新的积分变量,如下计算:

$$\text{原式}=\int\sqrt{\ln x+1}\mathrm{d}(\ln x+1)=\frac{2}{3}(\ln x+1)^{3/2}+C.$$

例 4 求不定积分 $\int\sin^3x\mathrm{d}x$.

解 因 $\sin^3x=\sin^2x\sin x=(1-\cos^2x)\sin x$,且 $\mathrm{d}\cos x=-\sin x\mathrm{d}x$,故

$$\text{原式}=\int(1-\cos^2x)\sin x\mathrm{d}x=\int(\cos^2x-1)\mathrm{d}\cos x=\frac{1}{3}\cos^3x-\cos x+C.$$

例 5 求不定积分 $\int\frac{1}{x^2+2x-3}\mathrm{d}x$.

解 因 $x^2+2x-3=(x+3)(x-1)$,故

$$\frac{1}{x^2+2x-3}=\frac{1}{4}\cdot\frac{(x+3)-(x-1)}{(x+3)(x-1)}=\frac{1}{4}\left(\frac{1}{x-1}-\frac{1}{x+3}\right).$$

于是

$$\begin{aligned}\text{原式}&=\frac{1}{4}\int\left(\frac{1}{x-1}-\frac{1}{x+3}\right)\mathrm{d}x=\frac{1}{4}\left[\int\frac{1}{x-1}\mathrm{d}(x-1)-\int\frac{1}{x+3}\mathrm{d}(x+3)\right]\\&=\frac{1}{4}[\ln|x-1|-\ln|x+3|]+C=\frac{1}{4}\ln\left|\frac{x-1}{x+3}\right|+C.\end{aligned}$$

例 6 求不定积分 $\int\frac{1}{x^2}\mathrm{e}^{-1/x}\mathrm{d}x$, 并计算定积分 $\int_{1/2}^{1}\frac{1}{x^2}\mathrm{e}^{-1/x}\mathrm{d}x$.

解 因 $\mathrm{d}\left(-\frac{1}{x}\right)=\frac{1}{x^2}\mathrm{d}x$,故

$$\int\frac{1}{x^2}\mathrm{e}^{-1/x}\mathrm{d}x=\int\mathrm{e}^{-1/x}\mathrm{d}\left(-\frac{1}{x}\right)=\mathrm{e}^{-1/x}+C.$$

由牛顿-莱布尼茨公式有

$$\int_{1/2}^{1}\frac{1}{x^2}e^{-1/x}dx=e^{-1/x}\Big|_{1/2}^{1}=e^{-1}-e^{-2}.$$

例 7 求定积分$\int_0^2\frac{e^x}{e^{2x}+1}dx$.

解 因 $e^x dx=de^x$,故

$$原式=\int_0^2\frac{1}{(e^x)^2+1}de^x=\arctan e^x\Big|_0^2=\arctan e^2-\frac{\pi}{4}.$$

例 8 求不定积分$\int\frac{1}{\sqrt[3]{2x+1}}dx$.

解 因 $d(2x+1)=2dx$,故

$$原式=\frac{1}{2}\int\frac{1}{\sqrt[3]{2x+1}}2dx=\frac{1}{2}\int\frac{1}{\sqrt[3]{2x+1}}d(2x+1)$$

$$=\frac{1}{2}\cdot\frac{3}{2}(2x+1)^{2/3}+C=\frac{3}{4}\sqrt[3]{(2x+1)^2}+C.$$

例 9 计算定积分$\int_0^a x\sqrt{a^2-x^2}dx$.

解 注意到 $d(a^2-x^2)=-2xdx$,由牛顿-莱布尼茨公式得

$$原式=-\frac{1}{2}\int_0^a\sqrt{a^2-x^2}(-2x)dx=-\frac{1}{2}\int_0^a\sqrt{a^2-x^2}d(a^2-x^2)$$

$$=-\frac{1}{2}\cdot\frac{2}{3}(a^2-x^2)^{3/2}\Big|_0^a=-\frac{1}{3}[0-(a^2)^{3/2}]=\frac{1}{3}a^3.$$

在积分的被积函数中,若含有如下形式的根式:

$$\sqrt[n]{ax+b},\quad 其中 n 是正整数,a\neq 0,b 可以是 0,$$

$$\sqrt{a^2-x^2},\quad \sqrt{x^2+a^2},\quad \sqrt{x^2-a^2},\quad 其中 a>0,$$

而不去掉这些根式又不能像例 8 和例 9 那样可以计算,这时需先用下述变量换元引进新的积分变量去掉被积函数中的根式,然后再计算.

对 $\sqrt[n]{ax+b}$,令 $\sqrt[n]{ax+b}=t$,即 $x=\frac{t^n-b}{a}$,则 $dx=\frac{n}{a}t^{n-1}dt$;

对 $\sqrt{a^2-x^2}$,令 $x=a\sin t$,则 $dx=a\cos tdt$, $\sqrt{a^2-x^2}=\sqrt{a^2-a^2\sin^2t}=a\cos t$;

对 $\sqrt{x^2+a^2}$,令 $x=a\tan t$,则 $dx=a\sec^2tdt$, $\sqrt{x^2+a^2}=\sqrt{a^2\tan^2t+a^2}=a\sec t$;

对 $\sqrt{x^2-a^2}$,令 $x=a\sec t$,则 $dx=a\sec t\cdot\tan tdt$, $\sqrt{x^2-a^2}=\sqrt{a^2\sec^2t-a^2}=a\tan t$.

对上述这几类积分,这里我们只讲定积分的例题.

例 10 计算定积分$\int_0^4 \frac{1}{1+\sqrt{x}}\mathrm{d}x$.

解 **变量换元**：令 $\sqrt{x}=t$，即 $x=t^2$，则 $\mathrm{d}x=2t\mathrm{d}t$，被积表达式 $\frac{\mathrm{d}x}{1+\sqrt{x}}$ 化为 $\frac{2t}{1+t}\mathrm{d}t$.

换积分限：已知定积分的积分区间为$[0,4]$，这是积分变量 x 的变化范围. 由于已通过关系式 $x=t^2$ 把积分变量化为 t，因此我们仍需从该关系式出发，由积分变量 x 的变化范围，确定积分变量 t 的变化范围. 由关系式$\sqrt{x}=t$ 知，x 从 0 变到 4，相应的 t 从 0 变到 2，即当 $x=0$ 时，$t=0$；当 $x=4$ 时，$t=2$. 于是

$$\int_0^4 \frac{1}{1+\sqrt{x}}\mathrm{d}x=\int_0^2 \frac{2t}{1+t}\mathrm{d}t.$$

上式从左到右，由关系式 $\sqrt{x}=t$ 换元，同时也换了积分限. 于是

$$\text{原式}\xlongequal[\sqrt{x}=t]{\text{变量换元}}\int_0^2 \frac{2t}{1+t}\mathrm{d}t\xlongequal{\text{恒等变形}}2\int_0^2\left(1-\frac{1}{1+t}\right)\mathrm{d}t$$

$$\xlongequal{\text{用积分公式}}2[t-\ln(1+t)]\Big|_0^2=2(2-\ln 3).$$

例 11 计算定积分$\int_{\sqrt{2}/2}^1 \frac{\sqrt{1-x^2}}{x^2}\mathrm{d}x$.

解 令 $x=\sin t$，则 $\mathrm{d}x=\cos t\mathrm{d}t$. 当 $x=\frac{\sqrt{2}}{2}$ 时，$t=\frac{\pi}{4}$；当 $x=1$ 时，$t=\frac{\pi}{2}$. 于是

$$\text{原式}=\int_{\pi/4}^{\pi/2}\frac{\cos t}{\sin^2 t}\cos t\mathrm{d}t=\int_{\pi/4}^{\pi/2}\cot^2 t\mathrm{d}t=\int_{\pi/4}^{\pi/2}(\csc^2 t-1)\mathrm{d}t$$

$$=(-\cot t-t)\Big|_{\pi/4}^{\pi/2}=1-\frac{\pi}{4}.$$

例 12 计算定积分$\int_1^2 \frac{\sqrt{x^2-1}}{x}\mathrm{d}x$.

解 令 $x=\sec t$，则 $\mathrm{d}x=\sec t\tan t\mathrm{d}t$. 当 $x=1$ 时，$t=0$；当 $x=2$ 时，$t=\frac{\pi}{3}$. 于是

$$\text{原式}=\int_0^{\pi/3}\frac{\tan t}{\sec t}\sec t\cdot\tan t\mathrm{d}t=\int_0^{\pi/3}(\sec^2 t-1)\mathrm{d}t=(\tan t-t)\Big|_0^{\pi/3}=\sqrt{3}-\frac{\pi}{3}.$$

习 题 3.4

A 组

1. 下列各式正确否？若是错的，找出原因并把错误的改正过来.

(1) $\int \mathrm{e}^{2x}\mathrm{d}x=\mathrm{e}^{2x}+C$；　　(2) $\int \frac{\ln x}{x}\mathrm{d}x=\int \frac{1}{x}\mathrm{d}\left(\frac{1}{x}\right)=\frac{1}{2}\left(\frac{1}{x}\right)^2$；

(3) $\int \frac{1+\cos x}{\sin^2 x}\mathrm{d}x=\int \frac{1}{\sin^2 x}\mathrm{d}x+\int \frac{\cos x}{\sin^2 x}\mathrm{d}x=-\cot x+\frac{1}{\sin x}+C$；

(4) $\int(1-\sin x)\cos x\mathrm{d}x=\int(1-\sin x)\mathrm{d}\sin x=x-\frac{1}{2}(\sin x)^2+C.$

2. 求下列不定积分：

(1) $\int(3x+1)^{10}\mathrm{d}x$；
(2) $\int\frac{1}{(1-2x)^{10}}\mathrm{d}x$；
(3) $\int\frac{x+3}{x^2+6x-8}\mathrm{d}x$；

(4) $\int\frac{x}{\sqrt{1-x^2}}\mathrm{d}x$；
(5) $\int\frac{1}{\sqrt{x}}\cos\sqrt{x}\mathrm{d}x$；
(6) $\int\cos^2 x\mathrm{d}x$；

(7) $\int\frac{1}{\sqrt{4-9x^2}}\mathrm{d}x$；
(8) $\int\frac{1}{4+9x^2}\mathrm{d}x$；
(9) $\int\frac{1}{4-9x^2}\mathrm{d}x$；

(10) $\int\mathrm{e}^x\sin\mathrm{e}^x\mathrm{d}x$；
(11) $\int(x-1)\mathrm{e}^{x^2-2x+1}\mathrm{d}x$；
(12) $\int\frac{\tan x}{\cos^2 x}\mathrm{d}x$；

(13) $\int\frac{1}{x^2+8x+16}\mathrm{d}x$；
(14) $\int\frac{1}{x^2+2x+4}\mathrm{d}x$；
(15) $\int\frac{1}{x^2+6x+5}\mathrm{d}x$.

3. 计算下列定积分：

(1) $\int_0^1\frac{x}{1+x^2}\mathrm{d}x$；
(2) $\int_0^1(\mathrm{e}^x-1)\mathrm{e}^x\mathrm{d}x$；
(3) $\int_1^{\mathrm{e}}\frac{1+\ln x}{x}\mathrm{d}x$；

(4) $\int_0^{\pi/2}\sin x\cos^2 x\mathrm{d}x$；
(5) $\int_{\pi/12}^{\pi/4}\sin^2 x\mathrm{d}x$；
(6) $\int_{1/\pi}^{2/\pi}\frac{1}{x^2}\sin\frac{1}{x}\mathrm{d}x$.

4. 计算下列定积分：

(1) $\int_0^1 x\sqrt{3-2x}\mathrm{d}x$；
(2) $\int_4^9\frac{\sqrt{x}}{\sqrt{x}-1}\mathrm{d}x$；
(3) $\int_{-1}^1 x^2\sqrt{1-x^2}\mathrm{d}x$；

(4) $\int_0^1\frac{1}{(4-x^2)^{3/2}}\mathrm{d}x$；
(5) $\int_2^{2\sqrt{3}}\frac{1}{x^2\sqrt{4+x^2}}\mathrm{d}x$；
(6) $\int_{-2}^{-\sqrt{2}}\frac{1}{\sqrt{x^2-1}}\mathrm{d}x$.

B 组

1. 填空题(假设下列不定积分均存在)：

(1) $\int f'(ax+b)\mathrm{d}x=$ ________；
(2) $\int xf'(ax^2+b)\mathrm{d}x=$ ________；

(3) 设 $\mu\neq-1$，$\int f'(x)[f(x)]^{\mu}\mathrm{d}x=$ ________；
(4) $\int\frac{1}{f(x)}f'(x)\mathrm{d}x=$ ________；

(5) $\int\frac{f'(x)}{\sqrt{1-[f(x)]^2}}\mathrm{d}x=$ ________；
(6) $\int\frac{f'(x)}{1+[f(x)]^2}\mathrm{d}x=$ ________；

(7) $\int\frac{f'(x)}{2\sqrt{f(x)}}\mathrm{d}x=$ ________；
(8) $\int a^{f(x)}f'(x)\mathrm{d}x=$ ________.

2. 求下列不定积分：

(1) $\int\frac{1}{x\sqrt{1-\ln^2 x}}\mathrm{d}x$；
(2) $\int\cos^3 x\mathrm{d}x$；
(3) $\int\frac{1}{\sqrt{x}(1+x)}\mathrm{d}x$.

3. 计算下列定积分：

(1) $\int_{-1/2}^{1/2}\frac{\arctan x+(\arcsin x)^2}{\sqrt{1-x^2}}\mathrm{d}x$；
(2) $\int_{-\pi/2}^{\pi/2}(\sin^3 x+\sin^4 x)\cos x\mathrm{d}x$.

§3.5 分部积分法

【本节学习目标】 掌握不定积分和定积分的分部积分法.

分部积分法是求不定积分和定积分的重要方法.我们从例题讲起.

例1 求不定积分 $\int x\cos x\mathrm{d}x$.

分析 被积函数可视为 x 和 $\cos x$ 的乘积,由乘积的导数公式入手.由于

$$(x\sin x)' = \sin x + x\cos x,$$

两端同时求积分,得

$$x\sin x = \int \sin x\mathrm{d}x + \int x\cos x\mathrm{d}x.$$

移项,有

$$\int x\cos x\mathrm{d}x = x\sin x - \int \sin x\mathrm{d}x, \tag{1}$$

其左端为所求的不定积分.上式表明,所求的不定积分转化为右端的两项,其中只有一项是不定积分,即求 $\int x\cos x\mathrm{d}x$ 转化为求 $\int \sin x\mathrm{d}x$. 而后者可用基本积分公式求得,于是

$$\int x\cos x\mathrm{d}x = x\sin x + \cos x + C.$$

由(1)式看到,该问题之所以解决,就是**将左端的不定积分转化为右端的不定积分,且右端的不定积分我们能求出来**.

把上述例题推广为一般情况,可得求不定积分的**分部积分法**:

设函数 $u=u(x)$,$v=v(x)$都有连续的导数,由乘积的导数公式

$$[u(x)v(x)]' = u'(x)v(x) + u(x)v'(x),$$

两端积分,得

$$u(x)v(x) = \int u'(x)v(x)\mathrm{d}x + \int u(x)v'(x)\mathrm{d}x.$$

移项,有

$$\int u(x)v'(x)\mathrm{d}x = u(x)v(x) - \int v(x)u'(x)\mathrm{d}x,$$

简写做

$$\int uv'\mathrm{d}x = uv - \int vu'\mathrm{d}x \tag{2}$$

或

$$\int u\mathrm{d}v = uv - \int v\mathrm{d}u. \tag{3}$$

(2)式或(3)式就是**不定积分的分部积分法公式**.

由得到分部积分法公式(2)的推导过程可知,分部积分法实质上是**两个函数乘积导数公式的逆用**.正因为如此,**被积函数是两个函数的乘积时,用分部积分法往往有效**.在用分部积分法公式时,应按**下述原则选取** $u(x)$ 和 $v'(x)$:

因公式(2)右端出现 $v(x)$,因此,选为 $v'(x)$ 的函数,必须能求出它的原函数 $v(x)$,且最终要使公式(2)右端的不定积分 $\int v(x)u'(x)\mathrm{d}x$ 较左端的不定积分 $\int u(x)v'(x)\mathrm{d}x$ 易于计算.

由(2)式或(3)式可得**定积分的分部积分法公式**为

$$\int_a^b uv'\mathrm{d}x = uv\Big|_a^b - \int_a^b vu'\mathrm{d}x \tag{4}$$

或

$$\int_a^b u\mathrm{d}v = uv\Big|_a^b - \int_a^b v\mathrm{d}u. \tag{5}$$

例 2 求不定积分 $\int x\mathrm{e}^x\mathrm{d}x$.

解 被积函数可看做两个函数 x 与 e^x 的乘积,用分部积分法.

设 $u=x, v'=\mathrm{e}^x$,则 $u'=1, v=\mathrm{e}^x$.于是,由公式(2)得

$$\int x\mathrm{e}^x\mathrm{d}x = x\mathrm{e}^x - \int \mathrm{e}^x\cdot 1\mathrm{d}x = x\mathrm{e}^x - \mathrm{e}^x + C.$$

例 3 求不定积分 $\int x^2\sin x\mathrm{d}x$,并计算定积分 $I=\int_0^{\pi/2} x^2\sin x\mathrm{d}x$.

解 设 $u=x^2, v'=\sin x$,则 $u'=2x, v=-\cos x$.于是,由公式(2)得

$$\int x^2\sin x\mathrm{d}x = x^2(-\cos x) + 2\int x\cos x\mathrm{d}x.$$

上式右端的不定积分虽然不能直接计算结果,但是若再用一次分部积分法,见本节例1,便有

$$\int x^2\sin x\mathrm{d}x = -x^2\cos x + 2x\sin x + 2\cos x + C.$$

有的不定积分需连续两次或更多次用分部积分法方能得到结果.

计算定积分 I,可用上述不定积分求得的原函数,再由牛顿-莱布尼茨得到结果,即

$$I = (-x^2\cos x + 2x\sin x + 2\cos x)\Big|_0^{\pi/2} = \pi - 2.$$

计算定积分 I,也可直接用定积分的分部积分法公式(4)式,即

$$I = x^2(-\cos x)\Big|_0^{\pi/2} + 2\int_0^{\pi/2} x\cos x\mathrm{d}x = 0 + 2\left(x\sin x\Big|_0^{\pi/2} - \int_0^{\pi/2}\sin x\mathrm{d}x\right)$$

$$= 2\left(\frac{\pi}{2} + \cos x\Big|_0^{\pi/2}\right) = 2\left(\frac{\pi}{2} - 1\right) = \pi - 2.$$

由例 1,例 2 和例 3 知,下列形式的不定积分可用分部积分法求出结果:

$$\int x^n e^{ax}\mathrm{d}x,\quad \int x^n \sin ax\,\mathrm{d}x,\quad \int x^n \cos ax\,\mathrm{d}x,$$

其中 n 为正整数,而且应将 x^n 视为分部积分法公式中的 $u(x)$.

用分部积分法公式时,也可不写出 u 和 v' 而直接用公式(3)或公式(5).

例 4 求不定积分 $\int x\arctan x\mathrm{d}x$.

解 注意到 $x\mathrm{d}x=\mathrm{d}\left(\frac{1}{2}x^2\right)$,由公式(3)得

$$\begin{aligned}\text{原式}&=\int\arctan x\mathrm{d}\left(\frac{1}{2}x^2\right)=\frac{1}{2}x^2\arctan x-\frac{1}{2}\int x^2\mathrm{d}\arctan x\\&=\frac{x^2}{2}\arctan x-\frac{1}{2}\int\frac{x^2}{1+x^2}\mathrm{d}x=\frac{x^2}{2}\arctan x-\frac{1}{2}\int\left(1-\frac{1}{1+x^2}\right)\mathrm{d}x\\&=\frac{x^2}{2}\arctan x-\frac{1}{2}(x-\arctan x)+C.\end{aligned}$$

例 5 计算定积分 $\int_1^4\ln x\mathrm{d}x$.

解 用公式(5)得

$$\text{原式}=x\ln x\Big|_1^4-\int_1^4 x\mathrm{d}\ln x=4\ln 4-\int_1^4 x\cdot\frac{1}{x}\mathrm{d}x=4\ln 4-x\Big|_1^4=4\ln 4-3.$$

由例 4 和例 5 知,下述类型的不定积分适用于分部积分法:

$$\int x^n\ln x\mathrm{d}x,\quad \int x^n\arcsin x\mathrm{d}x,\quad \int x^n\arctan x\mathrm{d}x,$$

其中 n 是正整数或零$\left(\text{特别地,对}\int x^n\ln x\mathrm{d}x, n\neq -1\text{ 即可}\right)$. 这时应将 $\ln x,\arcsin x,\arctan x$ 视为分部积分法公式中的 $u(x)$,x^n 为 $v'(x)$.

例 6 计算定积分 $\int_0^4 e^{\sqrt{x}}\mathrm{d}x$.

解 先换元,再用分部积分法. 令 $\sqrt{x}=t$,即 $x=t^2$,则 $\mathrm{d}x=2t\mathrm{d}t$. 当 $x=0$ 时,$t=0$;当 $x=4$ 时,$t=2$. 于是

$$\text{原式}=2\int_0^2 te^t\mathrm{d}t\xlongequal{\text{见例 2}}2(te^t-e^t)\Big|_0^2=2(e^2+1).$$

习 题 3.5

A 组

1. 求下列不定积分：

(1) $\int x\mathrm{e}^{-x}\mathrm{d}x$； (2) $\int x\sin x\mathrm{d}x$； (3) $\int x^2\cos x\mathrm{d}x$；

(4) $\int \arctan x\mathrm{d}x$； (5) $\int \sqrt{x}\ln x\mathrm{d}x$； (6) $\int \ln(1+x^2)\mathrm{d}x$.

2. 计算下列定积分：

(1) $\int_0^1 x\mathrm{e}^{2x}\mathrm{d}x$； (2) $\int_0^{\pi/2} x\sin 2x\mathrm{d}x$； (3) $\int_0^{\pi/4} x\sec^2 x\mathrm{d}x$；

(4) $\int_1^4 \frac{\ln x}{\sqrt{x}}\mathrm{d}x$； (5) $\int_0^{1/2} \arcsin x\mathrm{d}x$； (6) $\int_{1/\mathrm{e}}^{\mathrm{e}} |\ln x|\mathrm{d}x$.

B 组

1. 填空题：

(1) 不定积分 $\int xf''(x)\mathrm{d}x =$ ________.

(2) 设 $f(x)$的一个原函数是 $\frac{\ln x}{x}$，则不定积分 $\int xf'(x)\mathrm{d}x =$ ________.

(3) 已知等式 $\int xf(x)\mathrm{d}x = x\sin x - \int \sin x\mathrm{d}x$，则 $f(x)=$ ________.

(4) 设函数 $f(x)$可导，且 $f'(x)\neq 0$. 若下式成立：

$$\int \sin f(x)\mathrm{d}x = x\sin f(x) - \int \cos f(x)\mathrm{d}x,$$

则 $f(x)=$ ________.

2. 求下列不定积分：

(1) $\int x^3\mathrm{e}^{x^2}\mathrm{d}x$； (2) $\int \frac{\ln\ln x}{x}\mathrm{d}x$； (3) $\int \cos\sqrt{x}\mathrm{d}x$； (4) $\int \mathrm{e}^x\cos nx\mathrm{d}x$.

3. 计算下列定积分：

(1) $\int_0^{\pi/2} \mathrm{e}^x\sin x\mathrm{d}x$； (2) $\int_{-1}^1 x^2\mathrm{e}^{|x|}\mathrm{d}x$； (3) $\int_1^{\mathrm{e}} \sin(\ln x)\mathrm{d}x$； (4) $\int_0^{\pi} x^2\cos nx\mathrm{d}x$.

总 习 题 三

1. 填空题：

(1) 定积分 $\int_{-\pi/2}^{\pi/2} \sqrt{1-\cos^2 x}\mathrm{d}x =$ ________；

(2) 定积分 $\int_{-1}^1 x\sqrt{(1-x^2)^3}\mathrm{d}x =$ ________；

(3) 函数 $f(x)=\sqrt{a^2-x^2}$ 在区间$[-a,a]$上的积分平均值 $f(\xi)=$________；

(4) 若不定积分 $\int f(x)e^{1/x}dx=-e^{1/x}+C$，则 $f(x)=$________；

(5) 若不定积分 $\int xf(x)dx=-x\cos x+\int\cos x dx$，则 $f(x)=$________.

2. 单项选择题：

(1) $\frac{d}{dx}\left(\int_a^b \arctan x dx\right)=(\quad)$；

(A) $\arctan x$　(B) $\arctan b-\arctan a$　(C) 0　(D) $\frac{1}{1+x^2}$

(2) 设 $\int_0^2 xf(x)dx=k\int_0^1 xf(2x)dx$，则 $k=(\quad)$；

(A) 1　(B) 2　(C) 3　(D) 4

(3) 设 $\varphi''(x)$在区间$[a,b]$上连续，且 $\varphi'(b)=a,\varphi'(a)=b$，则 $\int_a^b\varphi'(x)\varphi''(x)dx=(\quad)$；

(A) $a-b$　(B) $\frac{1}{2}(a-b)$　(C) a^2-b^2　(D) $\frac{1}{2}(a^2-b^2)$

(4) 设函数 $f(x)$的导数是 a^x，则 $f(x)$的全体原函数是(　)；

(A) $\frac{a^x}{\ln a}+C$　(B) $\frac{a^x}{\ln^2 a}+C$

(C) $\frac{a^x}{\ln^2 a}+C_1x+C_2$　(D) $a^x\ln^2 a+C_1x+C_2$

(5) 若 $\int f(x)dx=F(x)+C$，则 $\int e^{-x}f(e^{-x})dx=(\quad)$.

(A) $F(e^x)+C$　(B) $F(e^{-x})+C$

(C) $-F(e^x)+C$　(D) $-F(e^{-x})+C$

3. 求下列不定积分：

(1) $\int\frac{\sec^2 x}{(1+\tan x)^2}dx$；　(2) $\int\frac{1}{x(1+\ln^2 x)}dx$；　(3) $\int\frac{x}{\sqrt{2-3x^2}}dx$；

(4) $\int\frac{\ln\tan x}{\sin^2 x}dx$；　(5) $\int x\ln(x-1)dx$；　(6) $\int e^{\sqrt[3]{x}}dx$.

4. 计算下列定积分：

(1) $\int_0^4\frac{x+2}{\sqrt{2x+1}}dx$；　(2) $\int_{-1}^1(x^2-x)\sqrt{1-x^2}dx$；　(3) $\int_0^{\ln 2}\sqrt{e^x-1}dx$.

第四章 导数与积分的应用

本章先利用导数讨论函数的单调性、极值，曲线的凹向与拐点，求解最值应用问题，然后介绍积分学在几何与物理方面的一些应用，最后介绍一阶微分方程及其应用.

§4.1 函数的单调性

【本节学习目标】 理解函数单调性的定义，掌握确定函数单调区间的方法.

一、函数单调性的定义

沿着 x 轴的正向，观察函数 $y=\log_a x$ 的图形(图 1-6)，当 $a>1$ 时，这是一条上升的曲线，即函数值 y 随着自变量 x 的值增大而增大. 这时，称函数 $y=\log_a x$ 是单调增加的. 当 $0<a<1$ 时，这是一条下降的曲线，即函数值 y 随着自变量 x 的值增大而减小. 这时，称函数 $y=\log_a x$ 是单调减少的. 一般如下**定义函数的单调性**：

在函数 $f(x)$ 有定义的区间 I 内，对于任意两点 x_1 和 x_2，当 $x_1<x_2$ 时，

(1) 若总有 $f(x_1)<f(x_2)$，则称函数 $f(x)$ 在区间 I 内是**单调增加**的；

(2) 若总有 $f(x_1)>f(x_2)$，则称函数 $f(x)$ 在区间 I 内是**单调减少**的.

单调增加的函数和单调减少的函数统称为**单调函数**. 若 $f(x)$ 在区间 I 内是单调函数，则称 I 是该函数的**单调区间**.

二、判定函数单调性的方法

在§2.1中，由导数的几何意义已经看到：若 $f'(x_0)>0$，则函数 $f(x)$ 在 x_0 及其左、右邻近单调增加；若 $f'(x_0)<0$，则函数 $f(x)$ 在 x_0 及其左、右邻近单调减少. 这个事实还可推广到一个区间上，即可以用**函数**

导数的符号来判定该函数的单调性.

定理 4.1(单调性的充分条件) 在函数 $f(x)$ 可导的区间 I 内,

(1) 若 $f'(x)>0$,则函数 $f(x)$ **单调增加**;

(2) 若 $f'(x)<0$,则函数 $f(x)$ **单调减少**.

在此,我们要指出:在区间 I 内,$f'(x)>0(<0)$,是函数 $f(x)$ 在 I 内单调增加(减少)的充分条件,而不是必要条件.例如,函数 $y=x^3$ 在区间 $(-\infty,+\infty)$ 内是单调增加的(图 4-1),而

$$y' = 3x^2\begin{cases} =0, & \text{当 } x=0 \text{ 时}, \\ >0, & \text{当 } x\neq 0 \text{ 时}. \end{cases}$$

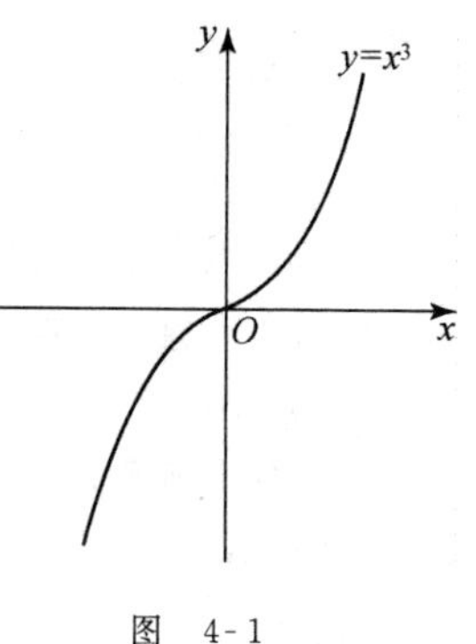

图 4-1

此例说明,函数 $f(x)$ 在某区间内单调增加(减少)时,在个别点 x_0 处,可以有 $f'(x_0)=0$.对此,我们有**一般性的结论**:

在函数 $f(x)$ 的可导区间 I 内,若 $f'(x)\geqslant 0$ 或 $f'(x)\leqslant 0$(等号仅在有限个点处成立),则函数 $f(x)$ 在 I 内**单调增加或单调减少**.

再观察§2.1 中的图 2-3,在曲线由上升转为下降的分界点(由下降转为上升的分界点也如此)$C(x_0,f(x_0))$ 处,若能作曲线的切线,切线一定平行于 x 轴,即必有 $f'(x_0)=0$.由此可知,在函数 $f(x)$ 可导的区间 I 内,改变函数 $f(x)$ 单调性的点一定是该函数的驻点.

综上,确定函数 $f(x)$ 的**单调区间的程序**是:

(1) 确定函数的定义域.

(2) 求导数,由 $f'(x)=0$ 确定函数的驻点;若有不可导点,一并求出①.

(3) 确定函数 $f(x)$ 的单调区间:驻点和不可导点将函数 $f(x)$ 的定义域分成若干个部分区间.设 (a,b) 是其中的一个部分区间,当 $x\in(a,b)$ 时,若 $f'(x)>0$,则函数 $f(x)$ **单调增加**;若 $f'(x)<0$,则函数 $f(x)$ **单调减少**.

例 1 确定函数 $f(x)=\dfrac{1}{3}x^3-x^2+\dfrac{1}{3}$ 的单调区间.

解 易知,函数的定义域是 $(-\infty,+\infty)$.求导数,得

$$f'(x) = x^2-2x = x(x-2).$$

由 $f'(x)=0$ 得驻点 $x_1=0,x_2=2$.

$x_1=0,x_2=2$ 将定义域 $(-\infty,+\infty)$ 分为三个部分区间:$(-\infty,0)$,$(0,2)$,$(2,+\infty)$.在 $(-\infty,0)$ 内,因 $f'(x)>0$,故 $f(x)$ 单调增加;在 $(0,2)$ 内,因 $f'(x)<0$,故 $f(x)$ 单调减少;在 $(2,+\infty)$ 内,因 $f'(x)>0$,故 $f(x)$ 单调增加.

例 2 确定函数 $f(x)=\arctan x-x$ 的单调区间.

解 函数的定义域是 $(-\infty,+\infty)$.求导数,得

---

① 不可导点也可能是改变函数单调性的点.

$$f'(x)=\frac{1}{1+x^2}-1=-\frac{x^2}{1+x^2}.$$

因在区间$(-\infty,+\infty)$内$f'(x)\leqslant 0$,且仅在$x=0$时$f'(x)=0$,故该函数在其定义域内单调减少.

习 题 4.1

A 组

1. 确定下列函数的单调区间:

(1) $f(x)=x^3-3x^2+5$; (2) $f(x)=\ln(1-x^2)$; (3) $f(x)=xe^x$.

2. 验证下列结论:

(1) 函数$f(x)=x-\ln(1+x^2)$在其定义域内是单调增加的;

(2) 函数$f(x)=e^{-x^2}$在区间$(0,+\infty)$内是单调减少的.

B 组

1. 确定函数$f(x)=\frac{\ln x}{x}$的单调区间.

2. 血液从心脏流出,经主动脉后流到毛细血管,再通过静脉流回心脏. 已知一位医生建立了某病人在心脏收缩一个周期内血压P(单位:mmHg)的数学模型:

$$P=\frac{25t^2+123}{t^2+1},$$

其中$t=0$表示血液从心脏流出的时间(单位:s). 问:在心脏收缩的一个周期里,血压是单调增加的还是单调减少的?

§4.2 函数的极值

【本节学习目标】 理解函数极值的定义,熟练掌握求函数极值的方法.

一、函数极值的定义

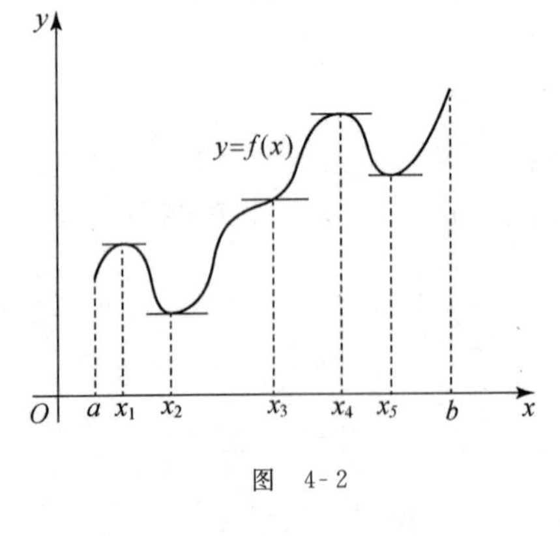

图 4-2

观察图4-2,在点x_1及其左、右邻近,若比较函数值的大小,显然$f(x_1)$最大,即当$x\neq x_1$时,总有$f(x_1)>f(x)$. 这时,称x_1是函数$f(x)$的极大值点,称$f(x_1)$是其极大值. 类似地,称x_2是函数$f(x)$的极小值点,称$f(x_2)$是其极小值.

定义 4.1 设函数$f(x)$在点x_0及其左、右邻近有定义,x是其中的任一点,但$x\neq x_0$.

(1) 若 $f(x)<f(x_0)$,则称 x_0 是函数 $f(x)$的**极大值点**,称 $f(x_0)$是函数 $f(x)$的**极大值**;

(2) 若 $f(x)>f(x_0)$,则称 x_0 是函数 $f(x)$的**极小值点**,称 $f(x_0)$是函数 $f(x)$的**极小值**.

函数的极大值点与极小值点统称为函数的**极值点**;函数的极大值与极小值统称为函数的**极值**.

二、求函数极值的方法

根据极值的定义,再观察图 4-2,函数 $f(x)$在 x_1 处取极大值,在 x_2 处取极小值,而曲线 $y=f(x)$在 x_1 处和 x_2 处若可作切线,切线一定平行于 x 轴,即必有 $f'(x_1)=0$,$f'(x_2)=0$,即对可导函数 $f(x)$而言,它的极值点一定是其驻点. 由此,我们有**极值存在的必要条件**:

若函数 $f(x)$在点 x_0 处可导,且有极值,则必有 $f'(x_0)=0$.

值得注意的是,函数 $f(x)$的驻点却未必是极值点. 例如,$x=0$ 是函数 $f(x)=x^3$ 的驻点,而 $x=0$ 就不是该函数的极值点(图 4-1).

根据函数极值的定义,可以利用函数 $f(x)$的单调性判定 x_0 是否为极值点.

定理 4.2(极值存在的充分条件) 设函数 $f(x)$在点 x_0 处连续,在 x_0 的左、右邻近可导.

(1) 若在 x_0 的左侧邻近,$f'(x)>0$,在 x_0 的右侧邻近,$f'(x)<0$,则 x_0 是函数 $f(x)$的**极大值点**;

(2) 若在 x_0 的左侧邻近,$f'(x)<0$,在 x_0 的右侧邻近,$f'(x)>0$,则 x_0 是函数 $f(x)$的**极小值点**.

由上述分析及极值存在的充分条件,求**函数 $f(x)$的极值的程序**是:

(1) 确定函数的定义域.

(2) 求导数,由 $f'(x)=0$ 确定函数 $f(x)$的驻点;若有不可导点,一并求出①.

(3) 判别:假设 x_0 是函数 $f(x)$的驻点或不可导点,从 x_0 的左侧到右侧,若 $f'(x)$由正变负,则 x_0 是函数 $f(x)$的极大值点;若 $f'(x)$由负变正,则 x_0 是函数 $f(x)$的极小值点;若 $f'(x)$不变号,则 x_0 不是函数 $f(x)$的极值点.

(4) 求出极值:若函数有极值点 x_0,求出相应的函数值 $f(x_0)$,这就是函数的极值.

例 求函数 $f(x)=\dfrac{x}{1+x^2}$ 的极值.

解 函数的定义域是$(-\infty,+\infty)$. 因

$$f'(x)=\frac{1+x^2-2x\cdot x}{(1+x^2)^2}=\frac{(1+x)(1-x)}{(1+x^2)^2},$$

故由 $f'(x)=0$ 得驻点 $x_1=-1$,$x_2=1$. $x_1=-1$,$x_2=1$ 将定义域$(-\infty,+\infty)$分成三个部分区间:$(-\infty,-1)$,$(-1,1)$,$(1,+\infty)$. 列表判定:

---

① 不可导点也可能是函数的极值点.

x	$(-\infty,-1)$	-1	$(-1,1)$	1	$(1,+\infty)$
$f'(x)$	$-$	0	$+$	0	$-$
$f(x)$	↘	极小值	↗	极大值	↘

由表知，$f(-1)=-\frac{1}{2}$ 是极小值，$f(1)=\frac{1}{2}$ 是极大值.

说明 表中“+”、“−”表示导数 $f'(x)$ 在相应区间内的符号，记号“↗”、“↘”分别表示函数 $f(x)$ 在相应区间内单调增加、单调减少.

习 题 4.2

A 组

1. 求下列函数的极值：

(1) $f(x)=x^3-9x^2+15x+3$； (2) $f(x)=x^4-2x^3+1$； (3) $f(x)=x^2\mathrm{e}^{-x^2}$.

2. 求下列函数的单调区间及极值：

(1) $f(x)=\frac{1}{3}x^3-x^2+\frac{1}{3}$； (2) $f(x)=2x-\ln 16x^2$.

B 组

1. 设函数 $f(x)=ax^3+bx^2+cx+5$ 在 $x=-2$ 处取极大值，在 $x=4$ 处取极小值，而极大值与极小值的差为 27，试确定 a,b,c 的值.

2. a 为何值时，函数 $f(x)=a\sin x+\frac{1}{3}\sin x$ 在 $x=\frac{\pi}{3}$ 处取极值？它是极大值还是极小值？求出极值.

§4.3 最值应用问题

【本节学习目标】 会求解实际问题的最大值与最小值.

函数的最大值与最小值问题在实践中有着广泛的应用. 在给定条件的情况下，要求效益最佳的问题，就是最大值问题；而在效益一定的情况下，要求消耗资源最少的问题，就是最小值问题. 最大值与最小值应用问题的**解题程序**是：

(1) 分析问题，建立目标函数.

在充分理解题意的基础上，设出自变量与因变量. 一般是把问题的目标，即要求的量作为因变量，而把它所依赖的量作为自变量，建立二者的函数关系，即**目标函数**，并确定该函数的定义域.

(2) 解极值问题.

应用极值知识，求出目标函数的最大值或最小值. 若连续函数 $f(x)$ 在区间 I 内仅有一个极值,是极大值或极小值,则它就是函数 $f(x)$ 在该区间内的最大值或最小值(图 4-3).

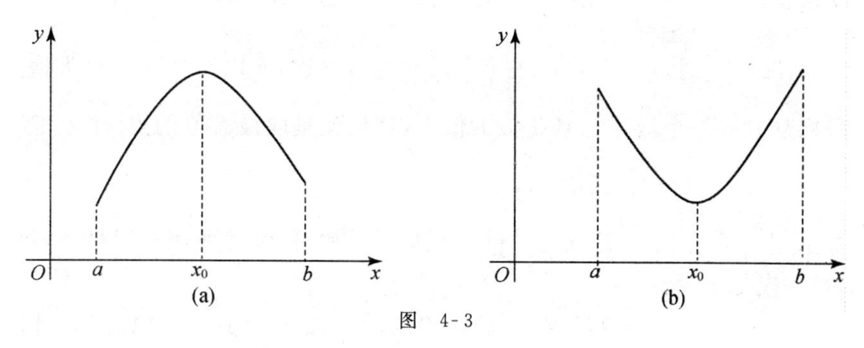

图 4-3

(3) 做出结论.

按实际问题的要求给出结论.

例 1 将边长为 a 的一块正方形铁皮的四角各截去一个大小相同的小正方形(图 4-4(a)),然后将四边折起做一个无盖的方盒(图 4-4(b)). 问: 截掉的小正方形边长为多大时,所得方盒的容积最大? 最大容积为多少?

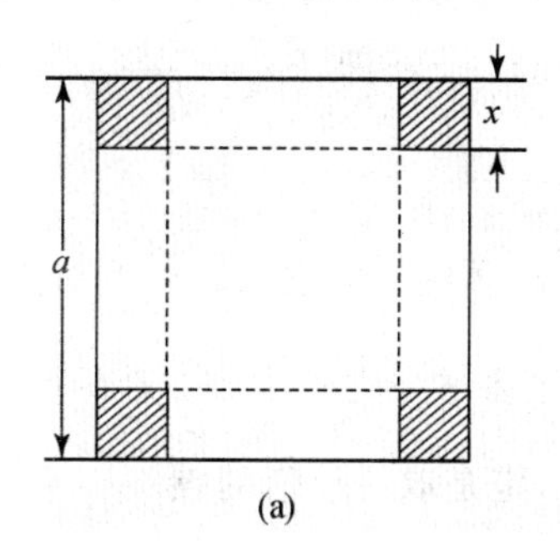

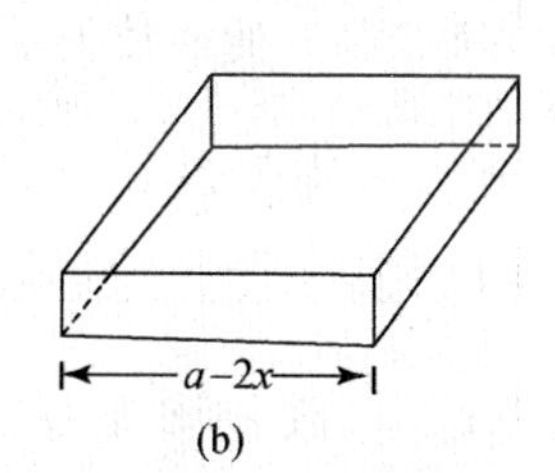

图 4-4

解 (1) 分析问题,建立目标函数.

按题目的要求在铁皮大小给定的条件下,要使方盒的容积最大是我们的目标. 而方盒的容积依赖于截掉的小正方形的边长. 这样,目标函数就是方盒的容积与截掉的小正方形边长之间的函数关系.

设小正方形的边长为 x,则方盒底的边长为 $a-2x$. 若以 V 表示方盒的容积,则 V 与 x 的函数关系是

$$V = x(a-2x)^2, \quad x \in (0, a/2).$$

(2) 解最大值问题,即确定 x 的取值,以使 V 取最大值.

对 $V = x(a-2x)^2$ 求导数,得

$$V' = (a-2x)^2 - 4x(a-2x) = (a-2x)(a-6x).$$

令 $V'=0$,得驻点 $x=\frac{a}{6}$ 和 $x=\frac{a}{2}$,其中 $\frac{a}{2}$ 舍去,因为它不在区间 $\left(0,\frac{a}{2}\right)$内.

因为当 $x\in\left(0,\frac{a}{6}\right)$时,$V'>0$,当 $x\in\left(\frac{a}{6},\frac{a}{2}\right)$时,$V'<0$,所以 $x=\frac{a}{6}$ 是极大值点. 由于在区间$(0,a/2)$内部只有一个极值点且是极大值点,这也就是取最大值的点. 于是,当小正方形边长 $x=\frac{a}{6}$ 时,方盒容积最大,其值为 $V=\frac{2a^3}{27}$.

例 2 欲设计一个容积为 $512\pi\,\mathrm{cm}^3$ 的圆柱形无盖铝罐,为使所用材料最省,铝罐的底面半径和高的尺寸应是多少?

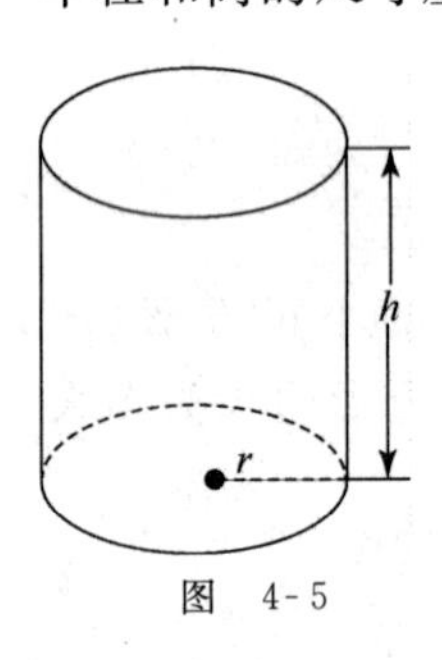

图 4-5

解 用料最省,就是使铝罐的表面积最小,这是我们的目标,而表面积依赖于底面半径和侧面高度(图 4-5).

设铝罐的底面半径为 r(单位: cm),高为 h(单位: cm),表面积为 A(单位: cm^2),则

$$A = 底圆面积 + 侧面面积 = \pi r^2 + 2\pi rh.$$

由于铝罐的容积为 $512\pi\,\mathrm{cm}^3$,所以有

$$\pi r^2 h = 512\pi, \quad 即 \quad h = \frac{512}{r^2}.$$

于是,表面积 A 与底面半径 r 的函数关系为

$$A = \pi r^2 + \frac{2\pi\times 512}{r}, \quad r\in(0,+\infty).$$

由 $A'=2\pi r-\frac{2\pi\times 512}{r^2}=\frac{2\pi(r^3-512)}{r^2}=0$ 可得唯一驻点 $r=8$. 又当 $r\in(0,8)$时,$A'<0$,当 $r\in(8,+\infty)$时, $A'>0$,故 $r=8$ 是极小值点,也是取最小值的点.

由上述 h 的表示式,当 $r=8$ 时,有

$$h = \frac{512}{r^2} = \frac{512}{64} = 8.$$

因此,当 $r=8\,\mathrm{cm}$, $h=8\,\mathrm{cm}$,即当铝罐的底面半径和高相等时,用料最省. 对这类问题,该结论具有一般性.

例 3 已知一稳压电源回路如图 4-6 所示,其中电源的电压为 E,内阻为 r_0,负载电阻为 R. 问: R 多大时,输出功率 P 最大? 并求 P 的最大值.

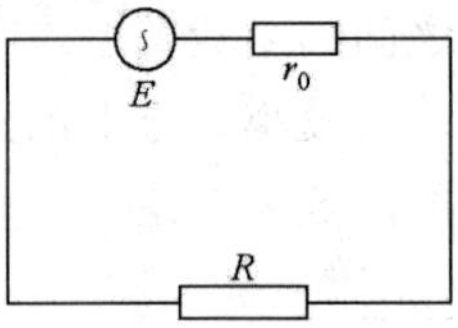

图 4-6

解 输出功率 P 最大是我们的目标,而 P 的大小依赖于负载电阻 R. 由电学知识知,消耗在负载电阻 R 上的功率为

$$P = i^2 R,$$

其中 i 是回路中的电流. 按欧姆定律又知

$$i=\frac{E}{R+r_0},$$

代入上式,得到 P 与 R 之间的函数关系

$$P=\frac{E^2R}{(R+r_0)^2},\quad R\in(0,+\infty).$$

由 $P'=\frac{E^2(r_0-R)}{(R+r_0)^3}=0$ 得唯一驻点 $R=r_0$. 又当 $R<r_0$ 时,$P'>0$,当 $R>r_0$ 时,$P'<0$,故 $R=r_0$ 是极大值点,也是取最大值的点.

由上述知,当负载电阻 R 等于内阻 r_0 时,输出功率 P 最大,其值为

$$P=\frac{E^2r_0}{(r_0+r_0)^2}=\frac{E^2}{4r_0}.$$

习 题 4.3

A 组

1. 将一块长为 16 cm,宽为 10 cm 的矩形硬纸板四角各截去一个大小相同的小正方形,然后将四边折起做一个无盖的矩形盒,问:截掉的小正方形边长为多少时,所得到的盒的容积最大?最大容积为多少?

2. 欲制作一个容积为 500 cm^3 的圆柱形铝罐,为使所用材料最省,铝罐的底半径和高的尺寸应是多少?

3. 现需要围成一块矩形场地,并在正中用一堵同样材料的墙把它隔成两块.

(1) 若现有的材料可围成 60 m 长的墙,问:场地的长及宽各为多少时所围场地面积最大?最大面积是多少?

(2) 若要围成面积为 216 m^2 的场地,问:场地的长及宽各为多少时使所用的材料最省?

4. 设铁路线上 AB 段的距离为 100 km,工厂 C 距 A 处为 20 km,AC 垂直于 AB(图 4-7). 为了运输需要,要在 AB 线上选定一点 D 向工厂修筑一条公路. 已知铁路上每千米货运的运费与公路上每千米货运的运费之比为 3∶5. 为了使货物从供应站 B 运到工厂 C 的运费最省,问:点 D 应选在何处?

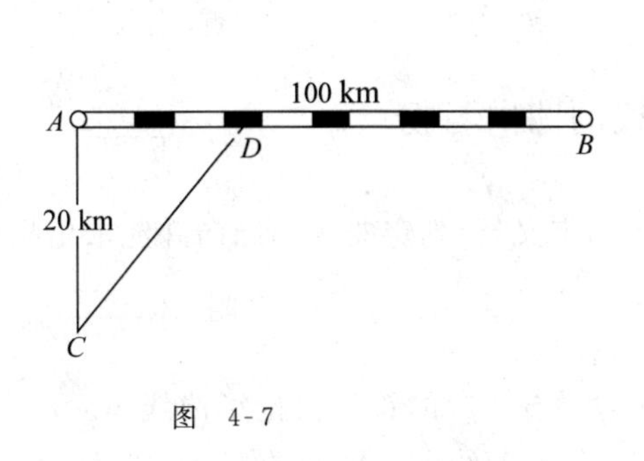

图 4-7

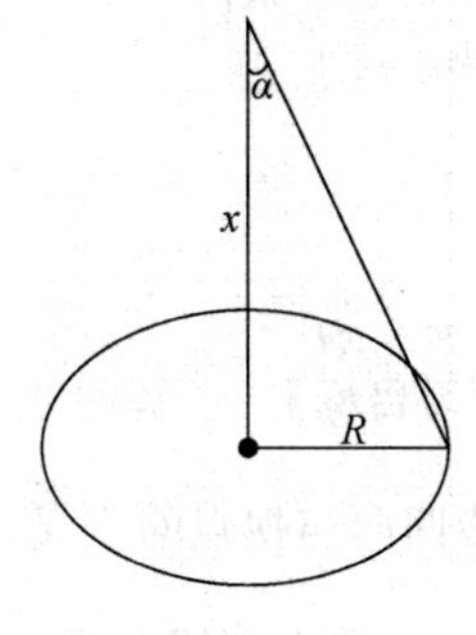

图 4-8

5. 设有一个半径为 R 的圆形广场,现需在广场上方设置一灯(图 4-8),问:灯设多高能使广场周围的

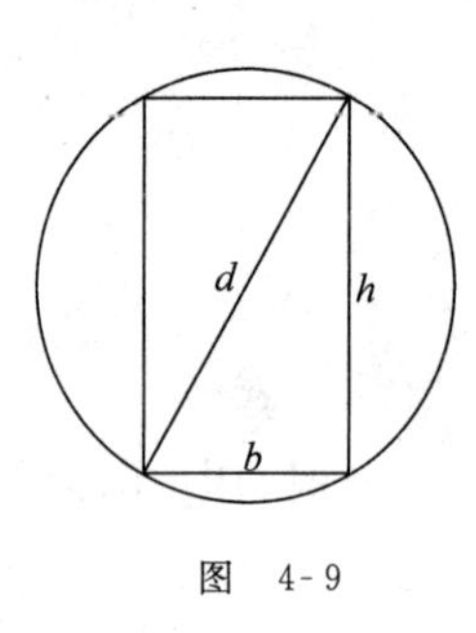

图　4-9

环道最亮？已知灯高为 x 时，照明度 y 为 $y=\dfrac{k\cos\alpha}{x^2+R^2}$，其中 k 为比例系数.

6. 由材料力学知道，一个截面为矩形的横梁的强度与矩形的宽和高的平方之积成比例.欲将一根直径为 d 的圆木切割成具有最大强度而截面为矩形的横梁，问：矩形的高 h 与宽 b 之比应是多少(图 4-9)？

7. 某煤矿每班有 x 人作业，其产煤量 y (单位：10^3 t)是 x 的函数

$$y=\frac{x^2}{25}\left(3-\frac{x}{12}\right),$$

试求：在生产条件不变的情况下，每班有多少人作业时产煤量最高？最高产煤量为多少？

B　组

1. 某厂有一个圆柱油罐，其直径为 6 m，高为 2 m. 现用车身高 1.5 m，吊臂长 15 m 的吊车把油罐吊到 6.5 m 高的平台上去(图 4-10)，试问：是否能吊上去？

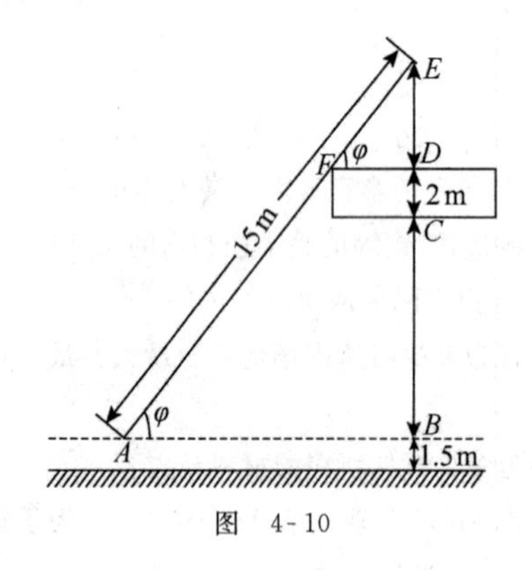

图　4-10

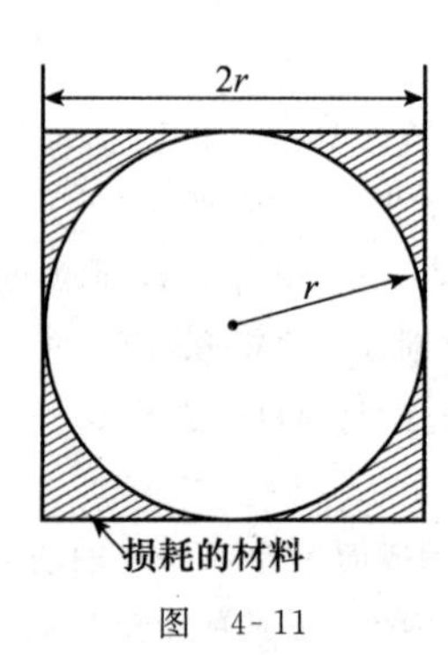

图　4-11

2. 今欲制作一个容积为 V 的圆柱形铝罐. 在截剪罐的侧面时，材料可以不受损耗；但从一块正方形材料上截剪出圆形的上、下底时，在四个角上就有材料损耗(图 4-11). 欲使所用铝板最省，铝罐的高 h 与底半径 r 之比应是多少？

§4.4　曲线的凹向与拐点

【本节学习目标】 了解曲线凹向与拐点的定义，会判定曲线的凹向并能求出拐点.

一、曲线凹向与拐点的定义

在 §4.1 中，我们利用函数 $f(x)$ 的一阶导数 $f'(x)$ 的符号讨论了曲线 $y=f(x)$ 的上升和下降问题. 这里，将用二阶导数 $f''(x)$ 的符号讨论曲线 $y=f(x)$ 的弯曲方向问题.

观察图 4-12 中的曲线 $y=f(x)$，通常认为曲线是向上弯曲的，称**曲线上凹**(或**下凸**)；再

注意曲线与其上切线的相对位置,过曲线上任一点作切线,显然切线在曲线的下方. 观察图 4-13 中的曲线 $y=f(x)$,曲线是向下弯曲的,称**曲线下凹**(或**上凸**);曲线与其上任一点切线的相对位置刚好相反:切线在曲线的上方.

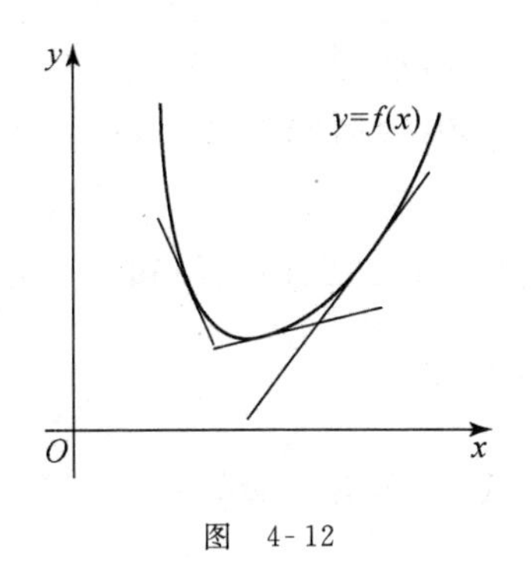

图 4-12

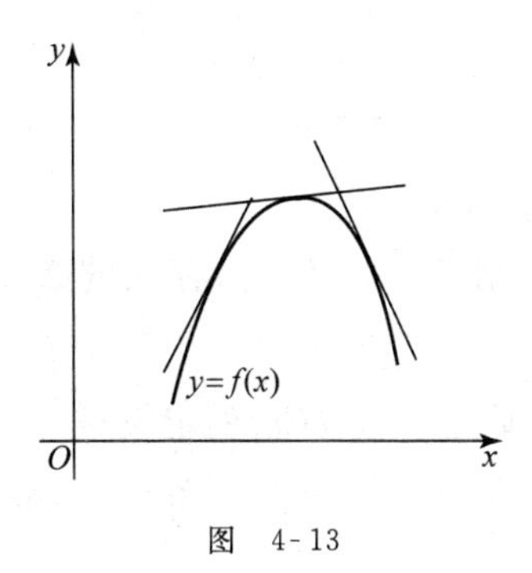

图 4-13

再观察图 4-14,在曲线 $y=f(x)$ 上点 M_0 的两侧,曲线的凹向不同;过点 M_0 作曲线的切线,切线将穿过曲线. 这样的点称为**曲线的拐点**. 拐点是扭转曲线弯曲方向的点.

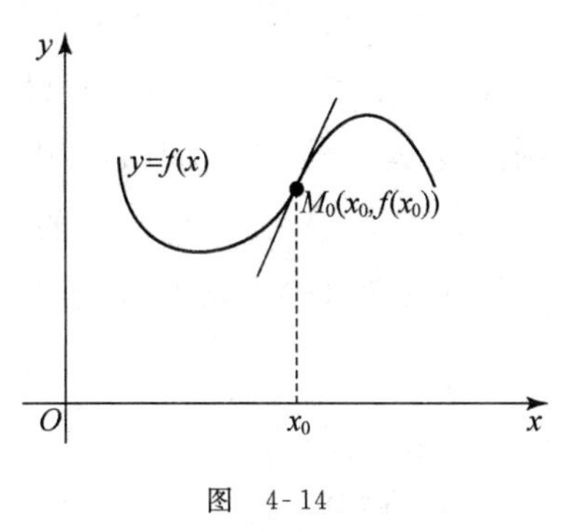

图 4-14

定义 4.2 在区间 I 内,若曲线弧位于其上任一点切线的上方,则称曲线**在该区间内上凹**;若曲线弧位于其上任一点切线的下方,则称曲线**在该区间内下凹**. 曲线上,凹向不同的分界点称为**曲线的拐点**.

二、判定曲线凹向与求拐点的方法

图 4-12 中的曲线是上凹的,$f'(x)$是曲线 $y=f(x)$在点$(x,f(x))$处的切线斜率. 将切点沿曲线从左向右移动时,显然,切线的斜率 $f'(x)$逐渐增大. 若函数 $f(x)$二阶可导,只要 $f''(x)>0$,由于 $f''(x)=(f'(x))'$,这时导函数 $f'(x)$必然单调增加.

图 4-13 中的曲线是下凹的,将切点沿曲线从左向右移动时,显然,切线的斜率 $f'(x)$逐渐减小. 同理,只要 $f''(x)<0$,$f'(x)$就单调减少.

根据上述分析,有如下判定**曲线凹向的定理**:

定理 4.3(判别凹向的充分条件) 在函数 $f(x)$二阶可导的区间 I 内,

(1) 若 $f''(x)>0$,则曲线 $y=f(x)$**上凹**;

(2) 若 $f''(x)<0$,则曲线 $y=f(x)$**下凹**.

若点$(x_0,f(x_0))$是曲线 $y=f(x)$的拐点,且 $f''(x_0)$存在,按拐点的定义并依照上述定理,**必然有** $f''(x_0)=0$.

我们必须指出：在 $f''(x_0)$存在的前提下，$f''(x_0)=0$ 仅**是拐点存在的必要条件**，而**不是充分条件**. 例如，对于函数 $y=x^4$，在 $x=0$ 处，有

$$y''=12x^2\begin{cases}=0, & \text{当 } x=0 \text{ 时},\\ >0, & \text{当 } x\neq 0 \text{ 时},\end{cases}$$

因此在 $x=0$ 的两侧曲线 $y=x^4$ 都上凹，又当 $x=0$ 时，$y=0$，因而原点$(0,0)$不是曲线的拐点.

根据定理 4.3 及拐点存在的必要条件，确定曲线 $y=f(x)$的凹向区间和拐点的**解题程序**是：

(1) 确定函数 $f(x)$的定义域.

(2) 求函数 $f(x)$的二阶导数，解方程 $f''(x)=0$，求其根；若有二阶导数不存在的点，一并求出①.

(3) 判别曲线的凹向并求出拐点. 方程 $f''(x)=0$ 的根和二阶导数不存在的点将函数的定义域分成若干个部分区间. 设(a,b)是其中的一个部分区间，当 $x\in(a,b)$时，若 $f''(x)>0$，则曲线 $y=f(x)$在区间(a,b)内上凹；若 $f''(x)<0$，则曲线 $y=f(x)$在区间(a,b)内下凹.

设 $f''(x_0)=0$. 在点 x_0 的左、右邻近，若 $f''(x)$的符号相反，则曲线上的点$(x_0,f(x_0))$是曲线 $y=f(x)$的拐点；若 $f''(x)$的符号相同，则点$(x_0,f(x_0))$不是曲线的拐点.

例 1 确定曲线 $y=\frac{x^4}{4}-\frac{3}{2}x^2+\frac{9}{4}$ 的凹向区间并求拐点.

解 函数 $y=\frac{x^4}{4}-\frac{3}{2}x^2+\frac{9}{4}$的定义域是$(-\infty,+\infty)$. 求导数：

$$y'=x^3-3x,\quad y''=3x^2-3=3(x+1)(x-1).$$

由 $y''=0$ 得 $x_1=-1$，$x_2=1$. $x_1=-1$，$x_2=1$ 将定义域$(-\infty,+\infty)$分成三个部分区间：$(-\infty,-1)$，$(-1,1)$，$(1,+\infty)$.

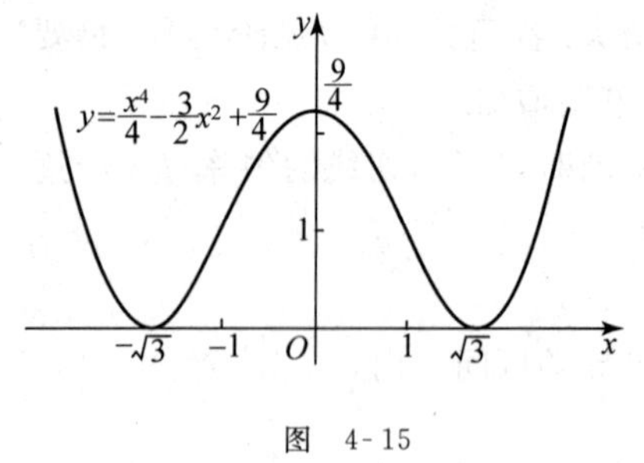

图 4-15

在区间$(-\infty,-1)$内，因 $y''>0$，故曲线上凹；在区间$(-1,1)$内，因 $y''<0$，故曲线下凹；在区间$(1,+\infty)$内，因 $y''>0$，故曲线上凹.

由上述可知，在 $x_1=-1$ 和 $x_2=1$ 处有拐点. 由于当 $x=-1$ 时，$y=1$，当 $x=1$ 时，$y=1$，所以曲线的拐点是$(-1,1)$和$(1,1)$，见图 4-15.

① 二阶导数不存在的点也可能是改变曲线凹向的点.

例 2 设函数 $y=\frac{1}{\sqrt{2\pi}}e^{-x^2/2}$，试讨论函数的单调区间、极值及其曲线的凹向与拐点，并求曲线的渐近线.

解 函数的定义域是$(-\infty,+\infty)$. 求导数：

$$y'=-\frac{x}{\sqrt{2\pi}}e^{-x^2/2},\quad y''=\frac{1}{\sqrt{2\pi}}(x+1)(x-1)e^{-x^2/2}.$$

由 $y'=0$ 得 $x_1=0$；由 $y''=0$ 得 $x_2=-1,x_3=1$. 列表判定：

x	$(-\infty,-1)$	-1	$(-1,0)$	0	$(0,1)$	1	$(1,+\infty)$
y'	+	+	+	0	−	−	−
y''	+	0	−	−	−	0	+
y	↗∪	拐点	↗∩	极大值	↘∩	拐点	↘∪

由表知，函数在$(-\infty,0)$内单调增加，在$(0,+\infty)$内单调减少，极大值是

$$y\Big|_{x=0}=\frac{1}{\sqrt{2\pi}}\approx 0.3989.$$

其曲线在$(-\infty,-1)$，$(1,+\infty)$内上凹，在$(-1,1)$内下凹. 因

$$y\Big|_{x=-1}=y\Big|_{x=1}=\frac{1}{\sqrt{2\pi}}e^{-1/2}\approx 0.242,$$

故拐点是$(-1,0.242)$和$(1,0.242)$.

由于

$$\lim_{x\to\infty}y=\lim_{x\to\infty}\frac{1}{\sqrt{2\pi}}e^{-x^2/2}=0,$$

所以曲线有水平渐近线 $y=0$. 曲线的形状如图 4-16 所示.

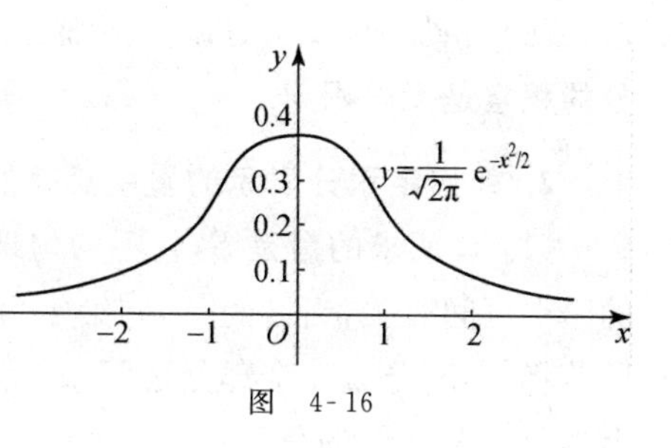

图 4-16

说明 表中记号“∪”和“∩”分别表示曲线在相应的区间内上凹和下凹.

习 题 4.4

A 组

1. 确定下列曲线的凹向及拐点：

(1) $y=-x^3+x^2$； (2) $y=xe^{-2x}$； (3) $y=\ln(1+x^2)$；

(4) $y=(x-1)^4+1$； (5) $y=x\arctan x$； (6) $y=\ln x$.

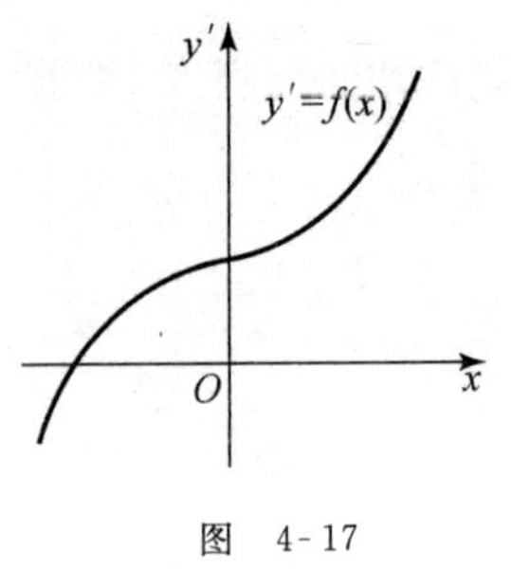

图 4-17

2. 已知函数 $y=f(x)$ 的导函数 $y'=f'(x)$ 的图形如图 4-17 所示,则曲线 $y=f(x)$ 是(   )的.

(A) 上凹　(B) 下凹　(C) 上升　(D) 下降

B 组

1. 设函数 $y=x^3+3ax^2+3bx+c$ 在 $x=-1$ 处取极大值,其曲线的拐点是 $(0,3)$,求 a,b,c 的值.

2. 讨论函数 $y=2x^3-3x^2$ 的单调区间、极值及其曲线的凹向区间与拐点.

§4.5 定积分的几何应用

【本节学习目标】 会用定积分计算平面图形的面积和旋转体的体积.

在实际问题中,许多量的计算都归结为求定积分.本节先介绍**微元法**,然后介绍定积分在几何方面的应用.

一、微元法

1. 定积分是无限积累

加法是一种积累,通常的加法是有限项相加.回忆引出定积分概念的问题——曲边梯形的面积问题.从解决曲边梯形面积问题的基本思想和程序来考察,我们能体会到,定积分也是一种积累,曲边梯形的面积是由"小窄条面积"积累而得:无限多个底边长趋于零的小矩形的面积相加而得.这是以无限细分区间 $[a,b]$ 而经历一个取极限的过程.也就是说,定积分的积累是无限积累.

2. 能用定积分表示的量所具有的特点

(1) 设所求的量是 S,它不均匀地分布在一个有限区间 $[a,b]$ 上,或者说,它与自变量 x 的一个区间有关,当区间 $[a,b]$ 给定后,S 就是一确定的量,而且量 S 对该区间具有可加性,即若将 $[a,b]$ 分成 n 个部分区间 $[x_{i-1},x_i]$ $(i=1,2,\cdots,n)$,则量 S 就是对应于各个部分区间上的部分量 ΔS_i 的总和:

$$S=\sum_{i=1}^{n}\Delta S_i.$$

(2) 由于量 S 在区间 $[a,b]$ 上的分布是不均匀的,一般说来,部分量 ΔS_i 在部分区间 $[x_{i-1},x_i]$ 上的分布也是不均匀的,但我们能用"以直代曲"或"以不变代变"的方法写出 ΔS_i 的近似表示式

$$\Delta S_i\approx f(\xi_i)\Delta x_i\quad (x_{i-1}\leqslant\xi_i\leqslant x_i;i=1,2,\cdots,n),$$

这里 $f(x)(x\in[a,b])$是根据具体问题所得到的函数.

量 S 具有的第一个特点,是它能用定积分表示的前提;量 S 具有的第二个特点,是它能用定积分表示的关键,这是因为有了部分量的近似表示式,才能通过求和、取极限的过程过渡为定积分的表示式:

$$S=\lim_{\Delta x\to 0}\sum_{i=1}^{n}f(\xi_i)\Delta x_i=\int_a^b f(x)\mathrm{d}x\quad(\Delta x=\max_{1\leqslant i\leqslant n}\{\Delta x_i\}).$$

3. 用定积分表示具体问题的简化程序

用定积分解决实际问题时,根据上述分析,可把"分割—近似代替—求和数—取极限"的程序如下简化:

(1) 写出部分量的近似表示式.

在区间$[a,b]$上任取一个部分区间$[x,x+\mathrm{d}x]$,设法写出所求量 S 在$[x,x+\mathrm{d}x]$上的部分量 ΔS 的近似表示式

$$\Delta S\approx f(x)\mathrm{d}x.$$

它称为量 S 的**微分元素**(简称**微元**).

(2) 定限求积分.

当 $\Delta x\to 0$ 时,所有的微元无限相加,就是在区间$[a,b]$上的定积分:

$$S=\int_a^b f(x)\mathrm{d}x.$$

用定积分表示具体问题的简化程序通常称为**微元法**.

二、平面图形的面积

1. 直角坐标系中平面图形的面积

由定积分的几何意义我们已经知道:由连续曲线 $y=f(x)$,直线 $x=a,x=b$ $(a<b)$和 x 轴所围成平面图形的面积**计算公式**是

$$A=\int_a^b|f(x)|\mathrm{d}x=\int_a^b|y|\mathrm{d}x. \tag{1}$$

一般地,由两条连续曲线 $y=g(x),y=f(x)$及两条直线 $x=a,x=b$ $(a<b)$所围成平面图形的面积**计算公式**是(图 4-18)

$$A=\int_a^b|f(x)-g(x)|\mathrm{d}x. \tag{2}$$

由两条连续曲线 $x=\varphi(y)$, $x=\psi(y)$及两条直线 $y=c$, $y=d(c<d)$所围成平面图形的面积**计算公式**是(图 4-19)

$$A=\int_c^d|\varphi(y)-\psi(y)|\mathrm{d}y. \tag{3}$$

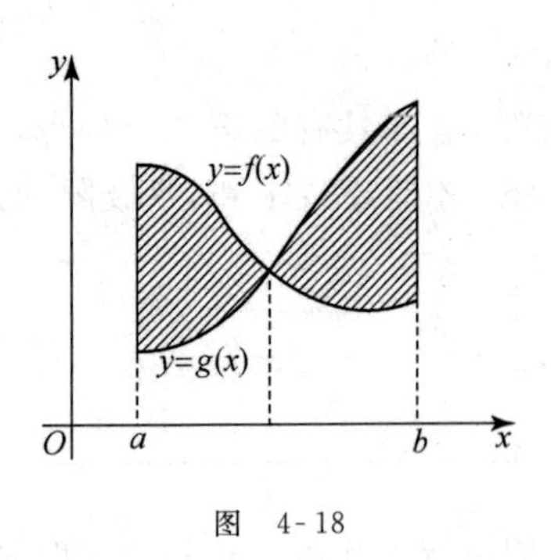

图 4-18

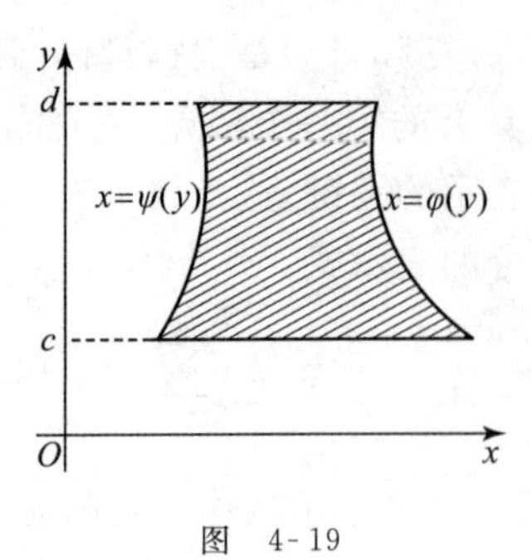

图 4-19

例 1 求由曲线 $y=2-x^2$ 和直线 $y=-x$ 所围成平面图形的面积.

解 平面图形如图 4-20 阴影部分所示,选 x 为积分变量.解方程组

$$\begin{cases} y=2-x^2, \\ y=-x, \end{cases}$$

得 $x=-1$, $x=2$.积分下限为 $x=-1$,积分上限为 $x=2$.所求面积为

$$A=\int_{-1}^{2}[(2-x^2)-(-x)]\mathrm{d}x=\left(2x-\frac{x^3}{3}+\frac{x^2}{2}\right)\Bigg|_{-1}^{2}=\frac{9}{2}.$$

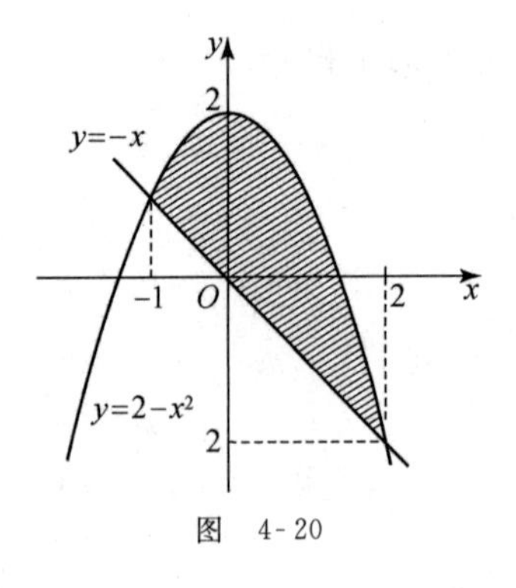

图 4-20

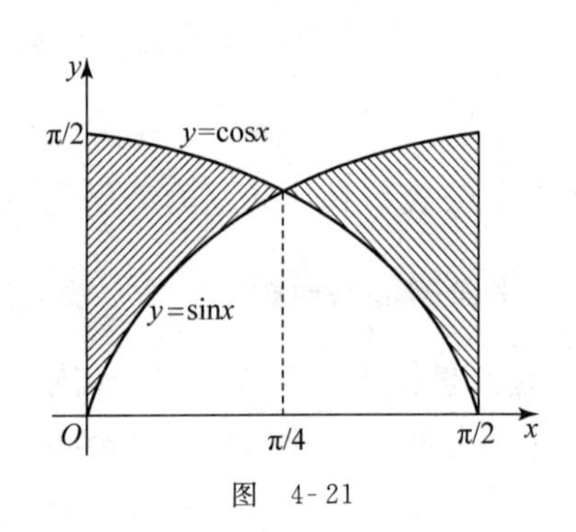

图 4-21

例 2 求由曲线 $y=\sin x$, $y=\cos x$ 及直线 $x=0$, $x=\pi/2$ 所围成平面图形的面积.

解 平面图形如图 4-21 阴影部分所示.若选 x 为积分变量,积分下限为 $x=0$,积分上限为 $x=\pi/2$.由图形可知,需用直线 $x=\pi/4$ 把图形分成两块.所求面积为

$$\begin{aligned}
A&=\int_0^{\pi/2}|\sin x-\cos x|\mathrm{d}x \\
&=\int_0^{\pi/4}(\cos x-\sin x)\mathrm{d}x+\int_{\pi/4}^{\pi/2}(\sin x-\cos x)\mathrm{d}x \\
&=(\sin x+\cos x)\Big|_0^{\pi/4}+(-\cos x-\sin x)\Big|_{\pi/4}^{\pi/2} \\
&=2(\sqrt{2}-1).
\end{aligned}$$

例 3　求由曲线 $xy=1$ 及直线 $y=x$，$y=2$ 所围成平面图形的面积.

解　平面图形如图 4-22 阴影部分所示，选 y 为积分变量. 解方程组

$$\begin{cases} xy=1, \\ y=x, \end{cases}$$

得 $y=1$，$y=-1$(舍去). 积分下限为 $y=1$，积分上限为 $y=2$. 所求面积为

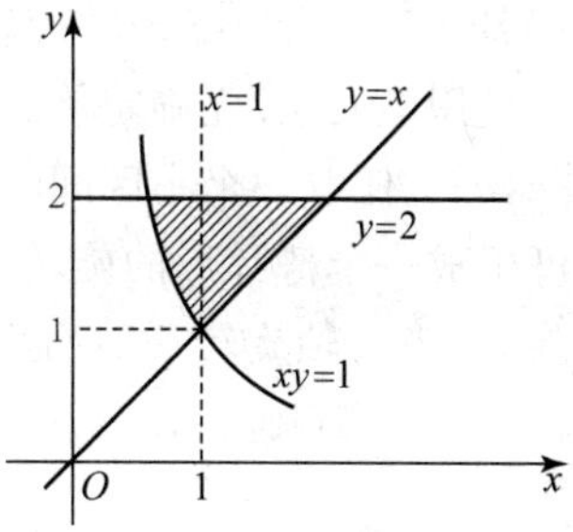

图　4-22

$$A=\int_1^2\left(y-\frac{1}{y}\right)\mathrm{d}y=\left(\frac{y^2}{2}-\ln y\right)\Big|_1^2=\frac{3}{2}-\ln 2.$$

本例若选 x 为积分变量，需用直线 $x=1$ 将平面图形分成两块来计算.

2. 由参数方程表示的曲线所围成平面图形的面积

若平面曲线由参数方程

$$\begin{cases} x=\varphi(t), \\ y=\psi(t) \end{cases} \quad (\alpha\leqslant t\leqslant\beta)$$

表示，其中 $\varphi(t)$，$\psi(t)$ 在区间 $[\alpha,\beta]$ 上连续，$\varphi'(t)>0$，且 $\varphi(\alpha)=a$，$\varphi(\beta)=b$，则对于由此曲线及直线 $x=a$，$x=b$ $(a<b)$ 和 x 轴所围成平面图形的面积，只要把 $x=\varphi(t)$，$y=\psi(t)$ 代入面积公式(1)中，并相应地变换积分限，可得其**计算公式**

$$A=\int_a^b|y|\mathrm{d}x=\int_\alpha^\beta|\psi(t)|\varphi'(t)\mathrm{d}t.$$

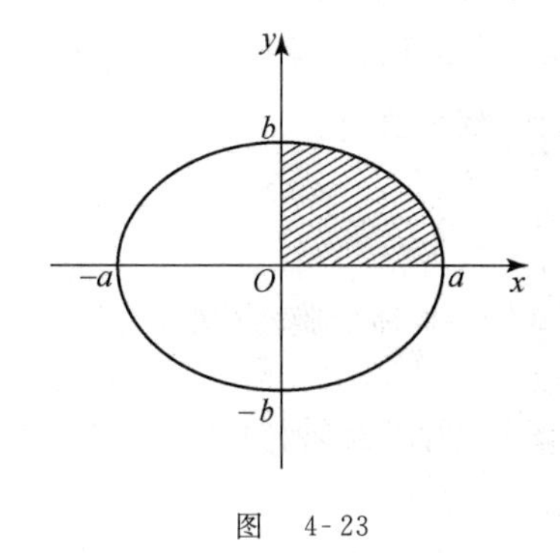

图　4-23

例 4　设椭圆的参数方程为

$$\begin{cases} x=a\cos t, \\ y=b\sin t, \end{cases}$$

求椭圆的面积.

解　所给椭圆如图 4-23 所示. 由于椭圆关于 x 轴和 y 轴的对称性，只要计算第一象限部分的面积，便可得到所求面积. 所求面积为

$$A=4\int_{\pi/2}^0 b\sin t(-a\sin t)\mathrm{d}t=4ab\int_0^{\pi/2}\sin^2 t\mathrm{d}t=4ab\left(\frac{t}{2}-\frac{\sin 2t}{4}\right)\Big|_0^{\pi/2}=\pi ab.$$

三、旋转体的体积

一个平面图形绕这平面上的一条直线旋转一周而生成的空间立体称为**旋转体**，这条直线称为**旋转轴**.

下面求由曲线 $y=f(x)$ $(f(x)\geqslant 0)$，直线 $x=a$，$x=b$ $(a<b)$ 和 x 轴所围成的曲边梯形

$aABb$(图 4-24)绕 x 轴旋转一周而生成的旋转体的体积(图 4-25).

用微元法. 先确定旋转体的体积 V 的微元 $\mathrm{d}V$. 取横坐标 x 作积分变量,在它的变化区间 $[a,b]$ 上任取一个小区间 $[x,x+\mathrm{d}x]$,以区间 $[x,x+\mathrm{d}x]$ 为底的小曲边梯形绕 x 轴旋转一周可生成一个薄片形的旋转体. 它的体积可以用一个与它同底的小矩形(图 4-24 中有阴影的部分)绕 x 轴旋转一周而生成的薄片形圆柱体的体积近似代替. 这个圆柱体以 $f(x)$ 为底半径,$\mathrm{d}x$ 为高(图 4-25). 由此,体积 V 的微元为

$$\mathrm{d}V=\pi[f(x)]^2\,\mathrm{d}x.$$

于是,所求旋转体体积的**计算公式**是

$$V_x=\pi\int_a^b[f(x)]^2\,\mathrm{d}x=\pi\int_a^b y^2\,\mathrm{d}x.$$

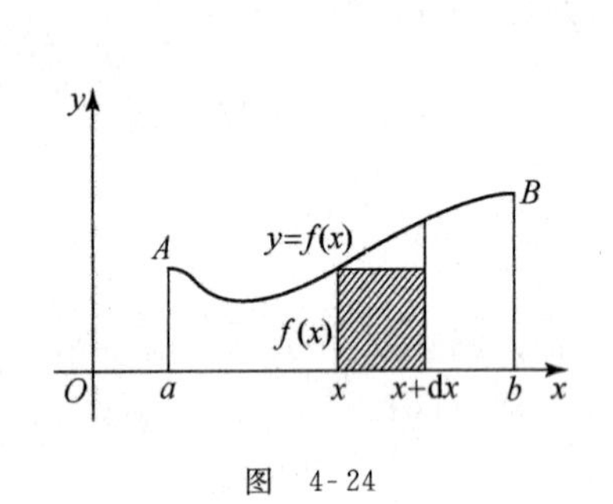

图 4-24

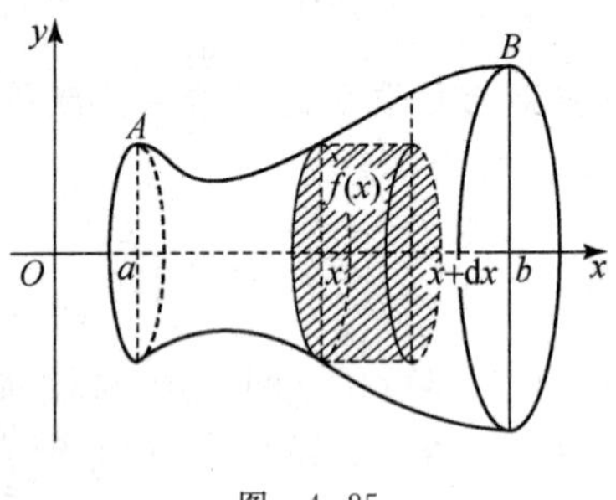

图 4-25

用同样的方法可求得,由曲线 $x=\varphi(y)\,(\varphi(y)\geqslant 0)$,直线 $y=c,y=d\ (c<d)$ 和 y 轴所围成的曲边梯形绕 y 轴旋转一周而生成的旋转体体积(图 4-26)的**计算公式**是

$$V_y=\pi\int_c^d[\varphi(y)]^2\,\mathrm{d}y=\pi\int_c^d x^2\,\mathrm{d}y.$$

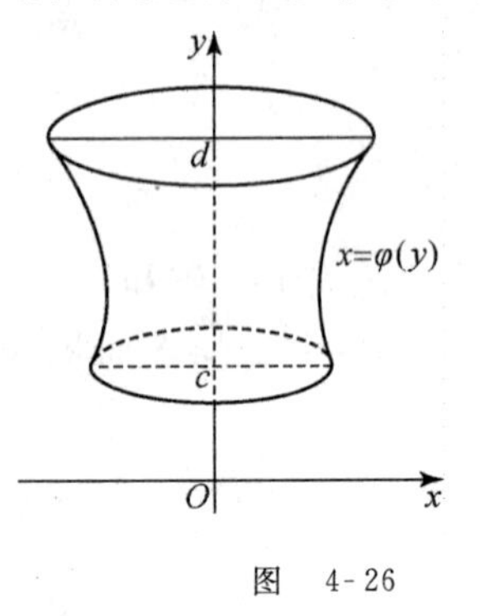

图 4-26

例 5 求由椭圆 $\dfrac{x^2}{a^2}+\dfrac{y^2}{b^2}=1$ 绕 x 轴旋转一周所成旋转体的体积.

解 上半椭圆的方程为 $y=\dfrac{b}{a}\sqrt{a^2-x^2}$. 所求旋转体(参考图 4-26)的体积为

$$\begin{aligned}V_x&=\pi\int_{-a}^{a}y^2\,\mathrm{d}x=\frac{\pi b^2}{a^2}\int_{-a}^{a}(a^2-x^2)\,\mathrm{d}x\\&=\frac{\pi b^2}{a^2}\left(a^2x-\frac{x^3}{3}\right)\Big|_{-a}^{a}=\frac{4}{3}\pi ab^2.\end{aligned}$$

用同样的方法可求得,由该椭圆绕 y 轴旋转一周所成旋转体的体积为

$$V_y=\frac{4}{3}\pi a^2 b.$$

例 6　求由直线段 $y=\frac{R}{h}x\,(x\in[0,h])$ 和直线 $x=h$，x 轴围成的平面图形绕 x 轴旋转一周所成旋转体的体积.

解　平面图形如图 4-27 阴影部分所示，所得旋转体是一个锥体(图 4-28). 所求旋转体的体积为

$$V_x=\pi\int_0^h\left(\frac{R}{h}x\right)^2\mathrm{d}x=\frac{1}{3}\pi R^2h.$$

这就是初等数学中，底半径为 R，高为 h 的圆锥体的体积公式.

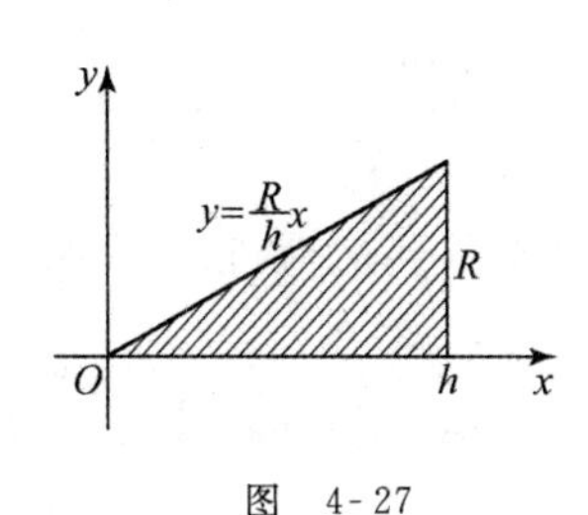

图　4-27

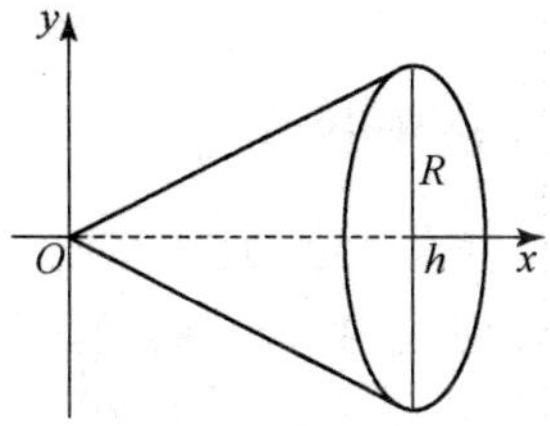

图　4-28

习　题　4.5

A　组

1. 求由下列曲线所围成平面图形的面积：

(1) $y=\mathrm{e}^x, y=0, x=0, x=1$；　(2) $y=\ln x, y=0, x=\mathrm{e}$；　(3) $y=x^2, y=3x+4$；

(4) $y=1-x^2,\ y=\frac{3}{2}x$；　(5) $y=x^3, y=x$；　(6) $y=x^2, y=2x-1, y=0$；

(7) $y=x^2-1, y=0, x=-2$；　(8) $y^2=x, x+y=2$；　(9) $y=2x, y=\frac{x}{2}, x+y=2$.

2. 求由下列曲线围成的平面图形绕 x 轴旋转一周所成旋转体的体积：

(1) $y=x^2, y=0, x=1, x=2$；　(2) $y=\sin x\,(0\leqslant x\leqslant\pi), y=0$；　(3) $y=x^2, x=y^2$.

3. 求由下列曲线围成的平面图形分别绕 x 轴和 y 轴旋转一周所成旋转体的体积：

(1) $y=x^2, y=2$；　(2) $y=x^2, y=0, x=1$.

B　组

1. 求由曲线 $y=x^3-3x+2$ 与 x 轴围成的介于两极值点之间的曲边梯形的面积.

2. 求摆线的一拱

$$\begin{cases}x=a(t-\sin t),\\ y=a(1-\cos t)\end{cases}\quad(0\leqslant t<2\pi)$$

与 x 轴所围成平面图形的面积.

3. 求星形线与圆，即由曲线

$$\begin{cases}x=a\cos^3 t,\\ y=a\sin^3 t\end{cases}\quad 与\quad\begin{cases}x=a\cos t,\\ y=a\sin t\end{cases}\quad(0\leqslant t\leqslant 2\pi, a>0)$$

所围成平面图形的面积(图 4-29).

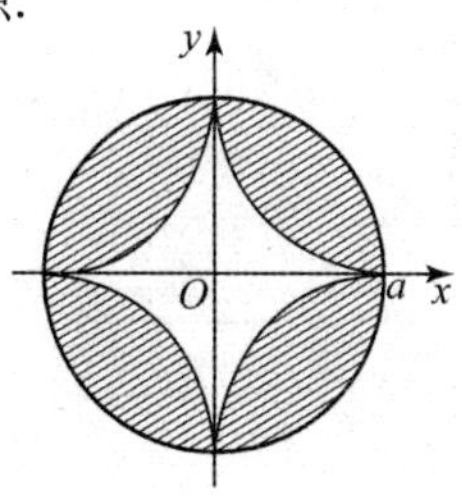

图　4-29

4. 求由直线 $x+y=4$ 与曲线 $xy=3$ 围成的平面图形绕 x 轴旋转一周所成旋转体的体积.

§4.6 定积分的物理应用

【本节学习目标】 会计算变速直线运动的路程和函数平均值的有关问题;了解变力所做的功和液体压力的意义.

实践中,在均匀的情况下用乘法定义的(物理)量,在不均匀的情况下一般都是定积分.

一、变速直线运动的路程

设一物体做变速直线运动,其速度 v 是时间 t 的函数 $v=v(t)$,试确定物体在时刻 $t=a$ 到时刻 $t=b$ 这一段时间内,即在时间区间$[a,b]$内所走过的路程 s.

在区间$[a,b]$上任取一个小区间$[t,t+\mathrm{d}t]$,物体由时刻 t 运动到时刻 $t+\mathrm{d}t$ 所走过路程的近似值是路程 s 的微元:

$$\mathrm{d}s = v(t)\mathrm{d}t.$$

于是,物体由时刻 $t=a$ 运动到时刻 $t=b$ 所走的路程为

$$s = \int_a^b v(t)\mathrm{d}t.$$

例 1 设一物体做直线运动,其速度为 $v=4+t^2$(单位: m/s),试求该物体从运动开始到 8 s 末所走过的路程.

解 所求路程为

$$s = \int_0^8 (4+t^2)\mathrm{d}t = \left(4t+\frac{t^3}{3}\right)\Big|_0^8 = 202\frac{2}{3}\ \mathrm{m}.$$

二、变力沿直线运动所做的功

设一物体受与 x 轴正向一致的变力 F 的作用,沿 x 轴正向运动. 由于物体位于 x 轴上不同的位置时,所受力的大小不同,力 F 可看做 x 的函数: $F=F(x)$. 试确定变力 $F(x)$在区间$[a,b]$上所做的功(图 4-30).

在区间$[a,b]$上任取一个小区间$[x,x+\mathrm{d}x]$,物体由点 x 移动到点 $x+\mathrm{d}x$ 时,变力 F 所做功的近似值就是功的微元:

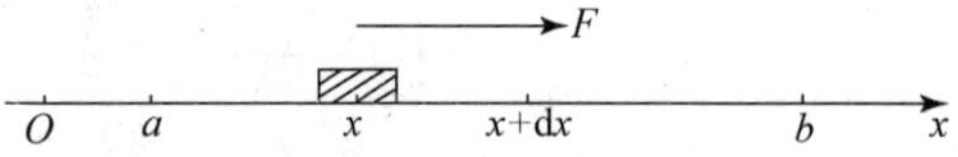

$$\mathrm{d}W = F(x)\mathrm{d}x.$$

于是,物体从点 $x=a$ 移动到点 $x=b$ 时变力 F 所做的功为

$$W = \int_a^b F(x)\mathrm{d}x.$$

图 4-30

例 2 设一弹簧在 4 N 力的作用下伸长了 0.1 m,试求使它伸长 0.5 m,克服弹性力所做的功.

解 由物理学的胡克(Hooke)定律知,弹簧在弹性限度内,在外力作用下伸长时,力与伸长的量成正比.现设弹簧的平衡位置为坐标原点(图 4-31),弹簧被拉长到点 x 时,外力为 $F(x)=kx$ (其中 k 为弹性系数,$k>0$).

由已知条件,当 $x=0.1$ m 时,$F=4$ N,所以 $4=k\times 0.1$,得 $k=40$.于是 $F(x)=40x$.

当弹簧被拉长 0.5 m 时,外力所做的功为

$$W=\int_0^{0.5} F(x)\mathrm{d}x=40\int_0^{0.5} x\mathrm{d}x=5\text{ J}.$$

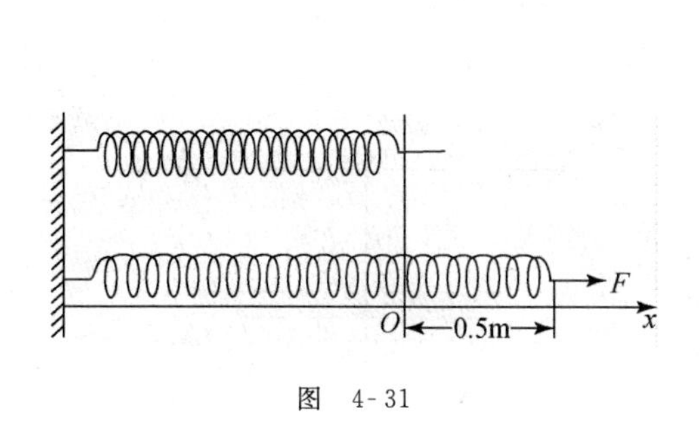

图 4-31

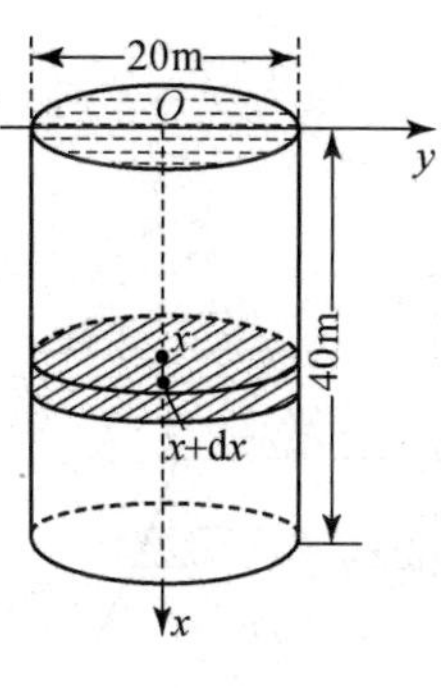

图 4-32

例 3 设有一圆柱形蓄水池,高为 40 m,底圆半径为 10 m,池内盛满水,试求把水池内的水全部抽出所做的功.

解 建立坐标系如图 4-32 所示,在小区间$[x,x+\mathrm{d}x]$上的薄水层到水池顶部 O 的距离可视为 x. 水的密度 ρ 为 $1\ \text{t/m}^3$,水的重力为 $\rho g=9.8\times 10^3\ \text{N/m}^3$. 抽出这薄水层所做的功为功的微元:

$$\mathrm{d}W=\pi r^2\rho g x\mathrm{d}x=\pi\times 10^2\times 9.8\times 10^3 x\mathrm{d}x.$$

于是,抽出全部水所做的功为

$$W=\int_0^{40} 9.8\times 10^5\ \pi x\mathrm{d}x=9.8\times 10^5\ \pi\left.\frac{x^2}{2}\right|_0^{40}=246.2\times 10^7\text{ J}.$$

三、液体的压力

由物理学可知,稳定状态液体中的任一点在任何方向所受的压强均相同:在液体深为 h 处的压强为

$$p=\gamma h,$$

其中 $\gamma=\rho g$,ρ 为液体密度,$g=9.8\ \text{m/s}^2$ 为重力加速度.

若一面积为 A 的平板水平地放置在液体深度为 h 处(板面与液面平行),则平板一侧所

受的压力为

$$F = pA - \gamma h A.$$

现将一平板垂直地放置在液体中(板面垂直于液面),由于深度不同处,其压强不同,试问:应如何计算平板一侧所受的压力?

选取坐标系如图4-33所示,沿液面取y轴,且形状为曲边梯形的平板位于液体中的位置为$aABb$(图4-33),其中曲边$y=f(x)\geqslant 0$.取平板的一个与y轴平行的窄条(图4-33中有阴影的部分),该窄条在液体中的深度为x,其面积可视为$y\mathrm{d}x$.于是,这一窄条平板所受的压力就是平板在液体中所受压力的微元,即

$$\mathrm{d}F = \gamma x y \mathrm{d}x = \gamma x f(x) \mathrm{d}x,$$

从而位于液体中深为$x=a$到$x=b$的这一平板所受的压力就是

$$F = \gamma \int_a^b x f(x) \mathrm{d}x. \tag{1}$$

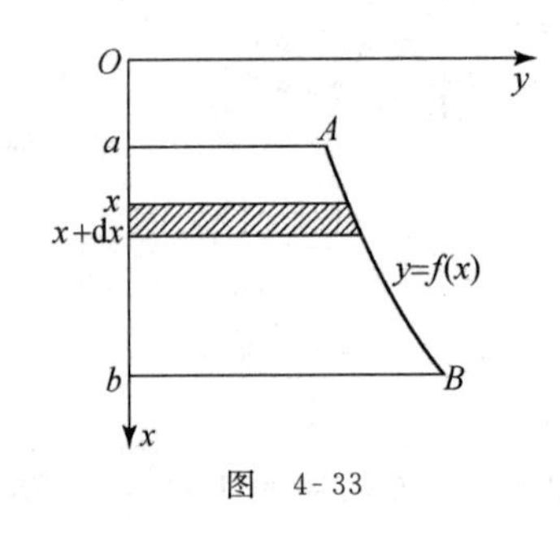

图　4-33

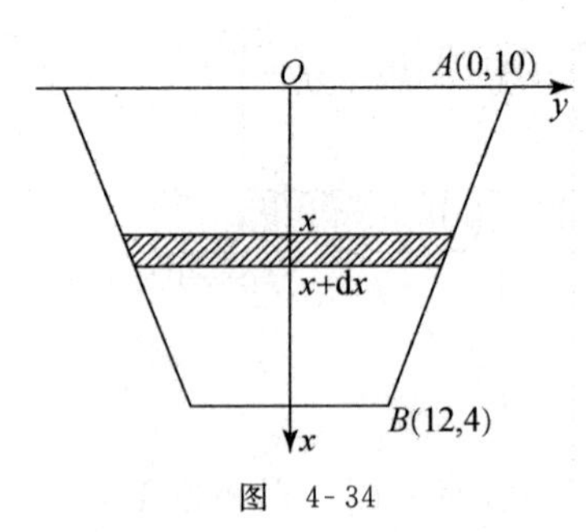

图　4-34

例4　设有一梯形水闸如图4-34所示,它的顶宽为20 m,底宽为8 m,高为12 m.当水面与闸门顶齐平时,试求闸门所受的压力.

解　选取坐标系如图4-34所示.由题设知点$A(0,10)$,$B(12,4)$.过点A与B的直线方程为$y=-\frac{x}{2}+10$,这是闸门右侧一边的方程.

注意到闸门关于x轴对称,由公式(1),闸门所受的压力为

$$F = 2\gamma\int_0^{12} x\left(-\frac{x}{2}+10\right)\mathrm{d}x = 2\gamma\left(-\frac{x^3}{6}+5x^2\right)\Big|_0^{12} = 864\gamma,$$

其中水的重力$\gamma=\rho g=9.8\times 10^3\ \mathrm{N/m^3}$.于是

$$F = 864 \times 9.8 \times 10^3\ \mathrm{N} = 8.467 \times 10^6\ \mathrm{N}.$$

四、函数的平均值

我们知道,n个数$y_1, y_2, \cdots, y_n$的算术平均值为

$$\bar{y} = \frac{1}{n}(y_1 + y_2 + \cdots + y_n) = \frac{1}{n}\sum_{i=1}^{n} y_i.$$

由定积分中值定理可知，连续函数 $y=f(x)$ 在区间 $[a,b]$ 上的平均值为

$$f(\xi)=\frac{1}{b-a}\int_a^b f(x)\mathrm{d}x.$$

实际上，后者正是前者由有限向无限的推广.

例 5 求全波整流电流 $i(t)=I_0|\sin\omega t|(I_0>0)$ 的平均值 $\bar{i}$.

解 全波整流电流的周期为 $T=\frac{\pi}{\omega}$. 求周期函数的平均值是指求一个周期上的平均值，于是

$$\bar{i}=\frac{1}{T}\int_0^T I_0|\sin\omega t|\mathrm{d}t=\frac{\omega I_0}{\pi}\int_0^{\pi/\omega}\sin\omega t\,\mathrm{d}t=\frac{I_0}{\pi}(-\cos\omega t)\Big|_0^{\pi/\omega}=\frac{2}{\pi}I_0.$$

习 题 4.6

A 组

1. 设一物体做直线运动，其速度为 $v=\sqrt{1+t}$ (单位：m/s)，试求该物体自运动开始至 15 s 末所走过的路程.

2. 设一物体做直线运动，其速度为 $v=t\sin t-\cos t$，试求该物体从时刻 $t=\pi/2$ 到时刻 $t=\pi$ 这段时间内所走过的路程.

3. 设有一水平放置的弹簧，已知它被拉长 0.01 m 时，需 6 N 的力，求出弹簧拉长 0.1 m 时，克服弹性力所做的功.

4. 设一物体按运动规律 $x=ct^3$ 做直线运动，物体的阻力与速度的平方成正比，计算物体由 $x=0$ 移到 $x=a$ 时，克服阻力所做的功.

5. 设有一矩形水闸门，其宽为 20 m，高为 16 m，水面与闸门顶齐，求闸门所受的压力(图 4-35). 已知水的重力为 $\gamma=\rho g=9.8\times10^3\ \mathrm{N/m^3}$.

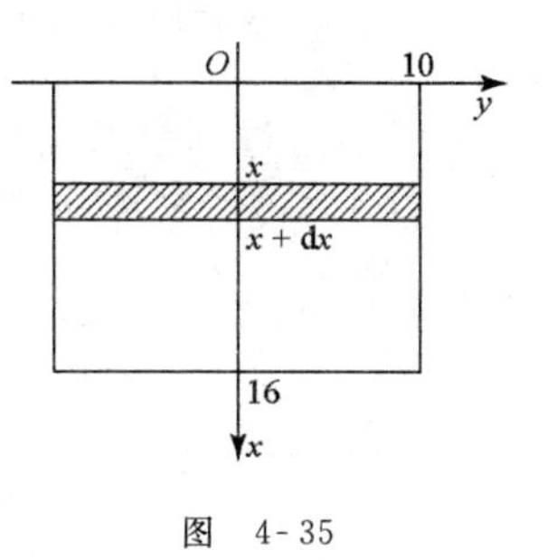

图 4-35

6. 设某日 12 个小时内气温的数学模型是

$$T(t)=12+3t-0.2t^2,\quad 0\leqslant t\leqslant 12,$$

其中 t 的单位是 h，气温的单位是℃，试求 12 个小时内的平均气温.

7. 设在一电路中，在时刻 t 的电压为 $u(t)=3\sin 2t$，计算在时间区间 $[0,\pi/2]$ 上电压 $u(t)$ 的平均值.

B 组

1. 设有一半球形容器，其半径为 R，容器中盛满水(图 4-36). 若将容器中的水全部抽出容器，需做多少功？

2. 把一个带 $+q$ 电量的点电荷放在 r 轴上坐标原点 O 处，它产生一个电场. 这个电场对周围的电荷有作用力. 由电磁学知道，若有一个单位正电荷放在这个电场中距离原点 O 为 r 的地方，则电场对它的作用力的大小为

$$F=k\frac{q}{r^2}\quad(k\text{ 是常数}).$$

当这个单位正电荷在电场中从 $r=a$ 处沿 r 轴移动到 $r=b(a<b)$ 处时，计算电场力对它所做的功(图 4-37).

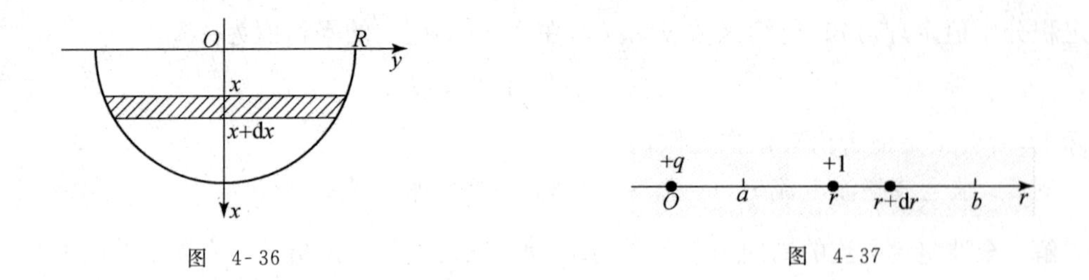

图 4-36

图 4-37

3. 设有一垂直于水平的半圆形闸门,其半径为 R,且直径位于水的表面上(图 4-36),求水对闸门的压力(设水的密度 $\rho=1\ \mathrm{t/m^3}$,重力加速度 $g=10\ \mathrm{m/s^2}$).

§4.7 一阶微分方程及其应用

【本节学习目标】 理解微分方程的基本概念;会求解可分离变量的微分方程和一阶线性微分方程;会求解简单的微分方程应用问题.

一、微分方程的基本概念

我们通过例题来说明微分方程的一些基本概念.

例 1 设一条曲线通过点(1,2),且该曲线上任意一点 $P(x,y)$ 处的切线斜率为 $3x^2$,求这条曲线的方程.

解 依题意,根据导数的几何意义,该问题是要求一个函数 $y=f(x)$,即曲线方程,使它满足关系式

$$\frac{\mathrm{d}y}{\mathrm{d}x}=3x^2 \quad \text{或} \quad \mathrm{d}y=3x^2\mathrm{d}x \tag{1}$$

和已知条件"当 $x=1$ 时,$y=2$".

将(1)式两端积分,得函数

$$y=x^3+C, \tag{2}$$

其中 C 是任意常数. 将 $x=1,y=2$ 代入(2)式,有 $2=1^3+C$,即 $C=1$. 于是,我们所求的曲线方程为

$$y=x^3+1. \tag{3}$$

在例 1 中,需要寻求的曲线方程,即函数 $y=f(x)$ 是未知的,称为**未知函数**. 关系式(1)是含有未知函数的导数或微分的等式,称为**微分方程**. 一般如下**定义微分方程**:

含有未知函数的导数或微分的方程称为**微分方程**.

有时为了叙述简便,也把微分方程简称为方程.

在(1)式中,只含有未知函数的**一阶导数**,称为**一阶微分方程**. 在微分方程中,若所含未知函数 $y=f(x)$ 的导数的最高阶数是二阶的,如

$$\frac{d^2y}{dx^2}-2\frac{dy}{dx}+y=0, \tag{4}$$

则称之为**二阶微分方程**.一般如下**定义微分方程的阶**:

微分方程中出现的未知函数导数或微分的最高阶数,称为**微分方程的阶**.

将函数(2)或(3)代入微分方程(1)的左端,显然,(1)式将成为恒等式,这样的函数称为**微分方程的解**.一般如下**定义微分方程的解**:

若将一个函数及其导数或微分代入微分方程中,使微分方程成为恒等式,则此函数称为**微分方程的解**.

含有独立任意常数的个数等于微分方程的阶数的解,称为微分方程的**通解**[①];给通解中的任意常数以特定值的解,称为微分方程的**特解**.

用以确定微分方程通解中的任意常数取特定值的条件称为**初始条件**.

对微分方程(1)而言,函数(2)是其通解,而函数(3)是其特解;"当 $x=1$ 时,$y=2$"或写做 $y\big|_{x=1}=2$,是其初始条件.

对微分方程(4)而言,我们可以验证,含有两个任意常数 C_1 和 C_2 的函数

$$y=C_1e^x+C_2xe^x$$

是其通解;而函数

$$y=e^x+xe^x \quad (C_1=1,C_2=1)$$

是其满足初始条件 $y\big|_{x=0}=1,y'\big|_{x=0}=2$ 的特解.

二、可分离变量的微分方程

形如

$$\frac{dy}{dx}=\varphi(x)g(y)$$

的微分方程称为**可分离变量**的微分方程.这种方程可用**分离变量法**求解.**求解程序**是:

首先,分离变量,得

$$\frac{1}{g(y)}dy=\varphi(x)dx \quad (当\ g(y)\neq 0\ 时);$$

其次,两端积分,得

$$\int\frac{1}{g(y)}dy=\int\varphi(x)dx,$$

即得通解

$$G(y)=\Phi(x)+C,$$

① 这里的独立是指不能相互合并.

其中 $G(y)$,$\Phi(x)$分别是函数 $\frac{1}{g(y)}$ 和 $\varphi(x)$的**一个原函数**,C 是任意常数.

可分离变量的微分方程也可写成如下形式:

$$M_1(x)M_2(y)\mathrm{d}x + N_1(x)N_2(y)\mathrm{d}y = 0.$$

例 2 求微分方程 $\frac{\mathrm{d}y}{\mathrm{d}x}=\frac{\cos x+1}{2y}$ 的通解.

解 这是可分离变量的微分方程.分离变量,得

$$2y\mathrm{d}y = (\cos x + 1)\mathrm{d}x.$$

两端积分,得

$$\int 2y\mathrm{d}y = \int(\cos x + 1)\mathrm{d}x,$$

即所求通解为

$$y^2 = \sin x + x + C.$$

例 3 求微分方程 $\mathrm{e}^x\mathrm{d}x-(1+\mathrm{e}^x)\mathrm{d}y=0$ 的通解,并求满足初始条件 $y\big|_{x=0}=1$ 的特解.

解 这是可分离变量的方程.分离变量并两端积分,得

$$\mathrm{d}y = \frac{\mathrm{e}^x}{1+\mathrm{e}^x}\mathrm{d}x, \quad \int\mathrm{d}y = \int\frac{\mathrm{e}^x}{1+\mathrm{e}^x}\mathrm{d}x,$$

于是通解为

$$y = \ln(1+\mathrm{e}^x) + C.$$

将 $x=0$,$y=1$ 代入上式,有

$$1 = \ln(1+1) + C, \quad C = 1 - \ln 2,$$

于是所求特解为

$$y = \ln(1+\mathrm{e}^x) + 1 - \ln 2.$$

三、一阶线性微分方程

形如

$$\frac{\mathrm{d}y}{\mathrm{d}x} + P(x)y = Q(x) \tag{5}$$

的微分方程,称为**一阶线性微分方程**,其中 $P(x)$,$Q(x)$都是已知的连续函数,$Q(x)$称为**自由项**.这样的方程中所含的 y 和 $\frac{\mathrm{d}y}{\mathrm{d}x}$ 都是一次的且不含 y 和 $\frac{\mathrm{d}y}{\mathrm{d}x}$ 的乘积.

当 $Q(x)\not\equiv 0$ 时,(5)式称为**一阶非齐次线性微分方程**;当 $Q(x)\equiv 0$ 时,即

$$\frac{\mathrm{d}y}{\mathrm{d}x} + P(x)y = 0, \tag{6}$$

称其为与一阶非齐次线性微分方程(5)相对应的**一阶齐次线性微分方程**.

形如(5)式的一阶非齐次线性微分方程可用**常数变易法**求解. **求解程序**是:

首先,求一阶齐次线性微分方程(6)的通解. 它是可分离变量的微分方程. 分离变量并两边积分,得

$$\frac{\mathrm{d}y}{y}=-P(x)\mathrm{d}x,\quad \int\frac{\mathrm{d}y}{y}=-\int P(x)\mathrm{d}x,$$

即
$$\ln|y|=-\int P(x)\mathrm{d}x+C_1{}^{①},\tag{7}$$

于是

$$y=C\mathrm{e}^{-\int P(x)\mathrm{d}x}\quad (C=\pm\,\mathrm{e}^{C_1}),\tag{8}$$

这里 $\int P(x)\mathrm{d}x$ 表示 $P(x)$ 的一个原函数,以下同. 显然,$y\equiv 0$ 也是方程(6)的解,故(8)式中的 C 是任意常数.

其次,求一阶非齐次线性微分方程(5)的通解. 在上述通解(8)中,将任意常数 C 换成 x 的函数 $u(x)$,这里 $u(x)$ 是一个待定的函数,即设微分方程(5)有如下形式的解:

$$y=u(x)\mathrm{e}^{-\int P(x)\mathrm{d}x}.\tag{9}$$

将其代入(5)式,它应满足该微分方程,并由此来确定 $u(x)$,这样就得到了微分方程(5)的解. 为此,将(9)式对 x 求导数,得

$$\frac{\mathrm{d}y}{\mathrm{d}x}=\mathrm{e}^{-\int P(x)\mathrm{d}x}\frac{\mathrm{d}}{\mathrm{d}x}u(x)-u(x)P(x)\mathrm{e}^{-\int P(x)\mathrm{d}x}.$$

把上式和(9)式均代入(5)式,有

$$\mathrm{e}^{-\int P(x)\mathrm{d}x}\frac{\mathrm{d}}{\mathrm{d}x}u(x)-u(x)P(x)\mathrm{e}^{-\int P(x)\mathrm{d}x}+P(x)u(x)\mathrm{e}^{-\int P(x)\mathrm{d}x}=Q(x),$$

即
$$\mathrm{d}u(x)=Q(x)\mathrm{e}^{\int P(x)\mathrm{d}x}\mathrm{d}x.$$

两端积分,便得到待定的函数 $u(x)$:

$$u(x)=\int Q(x)\mathrm{e}^{\int P(x)\mathrm{d}x}\mathrm{d}x+C.$$

于是,一阶非齐次线性微分方程(5)的通解是

$$y=\mathrm{e}^{-\int P(x)\mathrm{d}x}\left(\int Q(x)\mathrm{e}^{\int P(x)\mathrm{d}x}\mathrm{d}x+C\right)\tag{10}$$

或
$$y=C\mathrm{e}^{-\int P(x)\mathrm{d}x}+\mathrm{e}^{-\int P(x)\mathrm{d}x}\int Q(x)\mathrm{e}^{\int P(x)\mathrm{d}x}\mathrm{d}x.\tag{11}$$

在(11)式中,符号右端第一项是一阶齐次线性微分方程(6)的通解,记做 y_C;而第二项

---

① 今后在解微分方程时,为了简便,将积分式 $\int\frac{\mathrm{d}y}{y}=-\int P(x)\mathrm{d}x$ 的结果写成 $\ln y=-\int P(x)\mathrm{d}x+\ln C$,于是立得 $y=C\mathrm{e}^{-\int P(x)\mathrm{d}x}$.

则是当 $C=0$ 时一阶非齐次线性微分方程(5)的特解,记做 y^*. 这样,就有

$$y = y_C + y^*,$$

即微分方程(5)的通解是由其一个特解与其对应的齐次微分方程(6)的通解相加而成的.

例 4 求微分方程 $xy'+2y=x^4$ 的通解,并求满足初始条件 $y\Big|_{x=1}=\frac{1}{6}$ 的特解.

解 所给方程化为标准形式

$$y' + \frac{2}{x}y = x^3.$$

这是一阶非齐次线性微分方程,其中 $P(x)=\frac{2}{x}$,$Q(x)=x^3$.

用通解公式(10)求解. 由于

$$\int P(x)\mathrm{d}x = \int \frac{2}{x}\mathrm{d}x = 2\ln x \quad (\text{这里不写积分常数}),$$

故
$$\mathrm{e}^{\int P(x)\mathrm{d}x} = \mathrm{e}^{2\ln x} = x^2, \quad \mathrm{e}^{-\int P(x)\mathrm{d}x} = \mathrm{e}^{-2\ln x} = \frac{1}{x^2}.$$

又
$$\int Q(x)\mathrm{e}^{\int P(x)\mathrm{d}x}\mathrm{d}x = \int x^3 \cdot x^2 \mathrm{d}x = \frac{1}{6}x^6 + C.$$

于是,原方程的通解是

$$y = \frac{1}{x^2}\left(\frac{1}{6}x^6 + C\right) = \frac{C}{x^2} + \frac{1}{6}x^4.$$

将 $x=1, y=\frac{1}{6}$ 代入上式,得 $C=0$,故所求特解是

$$y = \frac{1}{6}x^4.$$

四、微分方程应用举例

例 5(人口增长模型) 设在任何时刻 t,人口增加的速度与当时人口数量成正比. 若以 $P=P(t)$ 表示时刻 t 的人口数,且 $t=0$ 时的人口数为 P_0,则有如下微分方程及初始条件:

$$\begin{cases} \dfrac{\mathrm{d}P}{\mathrm{d}t} = rP \quad (r > 0\ \text{是常数}), \\ P\Big|_{t=0} = P_0. \end{cases}$$

这是可分离变量的微分方程,易求得其特解为

$$P = P_0\mathrm{e}^{rt}.$$

这是人口增长的指数模型.

上述指数模型表明,人口随时间按指数形式增长,且当 $t\to+\infty$ 时,$P=P_0\mathrm{e}^{rt}\to+\infty$. 这种增长是人类无法承受的. 该模型中忽略了资源与环境对人口增长的限制. 若考虑资源与环

境的因素,可将模型中的常数 r 视为人口数 P 的函数,且应是 P 的减函数.特别是,当 P 趋于某一最大允许量 P_{M} 时,应停止增长.基于上述想法,可令

$$r(P)=k\left(1-\frac{P}{P_{\mathrm{M}}}\right)=\frac{k}{P_{\mathrm{M}}}(P_{\mathrm{M}}-P)\quad(k>0\text{ 是常数}).$$

由此导出的微分方程问题是

$$\begin{cases}\dfrac{\mathrm{d}P}{\mathrm{d}t}=\dfrac{k}{P_{\mathrm{M}}}(P_{\mathrm{M}}-P)P\quad(k>0\text{ 是常数}),\\ P\Big|_{t=0}=P_0.\end{cases}$$

此时微分方程的通解是$\left(\text{见习题 5.1 第 4 题,其中的 }\alpha=\dfrac{k}{P_{\mathrm{M}}}\right)$

$$P=\frac{CP_{\mathrm{M}}\mathrm{e}^{kt}}{1+C\mathrm{e}^{kt}}=\frac{P_{\mathrm{M}}}{1+\dfrac{1}{C}\mathrm{e}^{-kt}}.$$

将 $t=0,P=P_0$ 代入通解,得 $C=\dfrac{P_0}{P_{\mathrm{M}}-P_0}$.于是,人口增长模型是

$$P=\frac{P_{\mathrm{M}}}{1+\left(\dfrac{P_{\mathrm{M}}}{P_0}-1\right)\mathrm{e}^{-kt}}.\tag{12}$$

显然,有

$$\lim_{t\to+\infty}P=\lim_{t\to+\infty}\frac{P_{\mathrm{M}}}{1+\left(\dfrac{P_{\mathrm{M}}}{P_0}-1\right)\mathrm{e}^{-kt}}=P_{\mathrm{M}}.$$

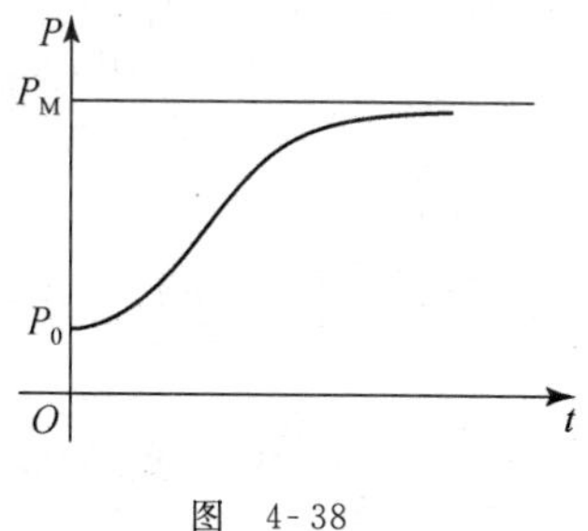

图 4-38

对所得到解的解释是:由人口数与时间 t 的函数关系(12)知,人口数是按指数规律增长的(图 4-38),且初期人口数增长较快,而后逐渐减慢,最终趋于饱和值 P_{M}.

若适当选择模型中的参数 k,可利用该模型预测未来人口数.实际上,除人口外,上述模型还可用来讨论一般生物群的变化规律.

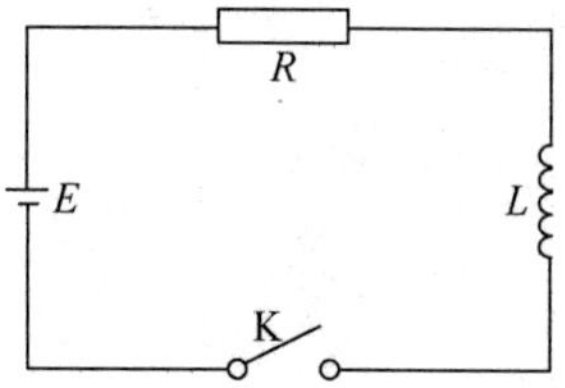

图 4-39

例 6(*RL* 电路问题) 设有如图 4-39 所示的电路,其中电源的电压 E,电阻 R 和电感 L 均为常数.当开关 K 闭合后,电路中有电流通过.求电流 i 与时间 t 的函数关系 $i(t)$.

解 由电学知识可知,当电流 i 变化时,电感 L 上的感应电压和电阻 R 上的电压分别为

$$u_L=L\frac{\mathrm{d}i}{\mathrm{d}t},\quad u_R=Ri.$$

根据回路电压定律 $u_L+u_R=E$,有微分方程

$$L\frac{\mathrm{d}i}{\mathrm{d}t}+Ri=E\quad\text{或}\quad\frac{\mathrm{d}i}{\mathrm{d}t}+\frac{R}{L}i=\frac{E}{L}.$$

这是关于 $i(t)$ 的一阶线性微分方程. 设开关 K 闭合时为 $t=0$,则初始条件为 $i\Big|_{t=0}=0$.

易求得电流 i 与时间 t 的函数关系为

$$i(t)=\frac{E}{R}(1-\mathrm{e}^{-\frac{R}{L}t}).$$

由解的表达式可看出:电流 $i(t)$ 是由稳态部分 $\frac{E}{R}$ 和暂态部分 $-\frac{E}{R}\mathrm{e}^{-\frac{R}{L}t}$ 组成,后者当 $t\to+\infty$ 时,趋于零.

例 7(溶液的混合问题) 设一容器盛有 50 L 的盐水溶液,其中含有 10 g 的盐. 现将每升含盐 2 g 的溶液以 5 L/min 的速率注入容器,并不断进行搅拌,使混合液迅速达到均匀;同时,混合液以 3 L/min 的速率流出容器. 问:在任一时刻 t 容器中含盐量是多少?

解 设时刻 t(单位:min)时容器内含盐量为 $y(t)$(单位:g). 依题意,在时刻 t,容器中的溶液量(单位:L)为

$$50+5t-3t=50+2t,$$

其浓度(单位:g/L)为 $\frac{y}{50+2t}$. 于是,盐流出容器的速率(单位:g/min)为

$$\frac{y}{50+2t}\times 3=\frac{3y}{50+2t}.$$

又因盐流入容器的速率为 2×5 g/min=10 g/min,从而 $y(t)$ 所满足的微分方程为

$$\frac{\mathrm{d}y}{\mathrm{d}t}=10-\frac{3y}{50+2t} \quad 或 \quad \frac{\mathrm{d}y}{\mathrm{d}t}+\frac{3}{50+2t}y=10,$$

初始条件是 $y\Big|_{t=0}=10$.

这是一阶线性微分方程,其通解为

$$y=2(50+2t)+C(50+2t)^{-3/2}.$$

将 $y\Big|_{t=0}=10$ 代入通解中,得时刻 t 容器中含盐量为

$$y=2(50+2t)-22500\sqrt{2}(50+2t)^{-3/2}.$$

习 题 4.7

A 组

1. 指出下列微分方程的阶数:

(1) $x^3(y'')^3-2y'+y=0$;　　(2) $y''-2yy'+y=x$;

(3) $(2x-y)\mathrm{d}x+(x+y)\mathrm{d}y=0$;　　(4) $\frac{\mathrm{d}^2r}{\mathrm{d}\theta^2}+\omega r=\sin^2\theta$ (ω 为常数).

2. 验证函数 $y=\mathrm{e}^{Cx}$ 是微分方程 $xy'=y\ln y$ 的通解,并求满足初始条件 $y\Big|_{x=1}=\mathrm{e}$ 的特解.

3. 求下列微分方程的通解或满足初始条件的特解:

(1) $(1+x)\mathrm{d}y-y\mathrm{d}x=0$;　　(2) $xyy'=1-x^2$;

(3) $e^{x+y}dx+dy=0$;　　(4) $(1+x^2)y'=1+y^2, y\Big|_{x=0}=0$.

4. 求微分方程 $\frac{dy}{dx}=\alpha y(N-y)$ 的通解，其中 $\alpha>0$ 是常数，N 是常数，且 $N>y>0$.

5. 求下列微分方程的通解或在给定条件下的特解：

(1) $y'+2y=e^{-x}$;　　(2) $\frac{dy}{dx}+2xy=4x$;

(3) $\frac{dy}{dx}\cos x+y\sin x=1$;　　(4) $y'-y=\cos x, y\Big|_{x=0}=0$.

B　组

1. 设 y_1 是一阶非齐次线性方程 $y'+P(x)y=Q(x)$ 的解，y_2 是对应的一阶齐次线性方程 $y'+P(x)y=0$ 的解，证明：$y=Cy_2+y_1$（C 是任意常数）也是 $y'+P(x)y=Q(x)$ 的解.

2. 设 y_1 是微分方程 $y'+P(x)y=Q_1(x)$ 的一个解，y_2 是微分方程 $y'+P(x)y=Q_2(x)$ 的一个解，试证：$y=y_1+y_2$ 是微分方程 $y'+P(x)y=Q_1(x)+Q_2(x)$ 的解. 并用此法求微分方程 $y'+\frac{x}{1-x^2}y=\arcsin x+x$ 的通解.

3. 设一条曲线过点(0,2)，且其上任一点处的切线斜率是该点纵坐标的 3 倍，求此曲线方程.

4. 设某种液体的总量为 A，起化学反应的速度与该液体尚未起化学反应的存留量成正比，试求这种液体起化学反应的量 x 与时间 t 的函数关系.

5. 镭的衰变有如下的规律：镭的衰变速度与它的现存量 R 成正比. 由经验资料得知，镭经过 1600 年后，只剩下原始量 R_0 的一半. 试求镭的剩余量 R 与时间 t 的函数关系.

总习题四

1. 填空题：

(1) 函数 $y=\sqrt[3]{x^2}$ 单调增加的区间是________；

(2) 若函数 $y=a\ln x+bx^2+x$ 在 $x_1=1$ 和 $x_2=2$ 处均有极值，则 $a=$________，$b=$________；

(3) 曲线 $y=e^{-x^2}$ 拐点的个数为________；

(4) 由曲线 $y=x^2$ 与直线 $y=x$ 所围成的平面图形，其面积 $A=$________，其绕 x 轴旋转一周所成旋转体的体积 $V_x=$________；

(5) 微分方程 $y'=1$ 的通解是________，满足初始条件 $y\Big|_{x=0}=0$ 的特解是________；

(6) 微分方程 $y'=y$ 的通解是________，满足初始条件 $y\Big|_{x=1}=1$ 的特解是________；

(7) 微分方程 $y'+y=1$ 的通解是________，满足初始条件 $y\Big|_{x=0}=0$ 的特解是________.

2. 单项选择题：

(1) 设函数 $f(x)$ 在区间 $(a,b)(a>0)$ 上二阶可导，且 $xf''(x)-f'(x)>0$，则函数 $\frac{f'(x)}{x}$ 在 (a,b) 上(　　).

(A) 单调增加　　(B) 单调减少　　(C) 先增加，后减少　　(D) 先减少，后增加

(2) 设函数 $f(x)$在点 x_0 处可导,则 $f'(x_0)=0$ 是 $f(x)$在 $x=x_0$ 处取得极值的(　　).

(A) 必要条件但非充分条件　　(B) 充分条件但非必要条件

(C) 充分必要条件　　(D) 无关条件

(3) 函数(曲线)$y=\mathrm{e}^{-1/x}$在定义域内(　　).

(A) 有极值,也有拐点　　(B) 无极值,但有拐点

(C) 有极值,但无拐点　　(D) 无极值,也无拐点

(4) 设函数 $f(x)>0$,在区间$[a,b]$上连续,在(a,b)内二阶可导.若下述不等式成立:

$$(b-a)\frac{f(a)+f(b)}{2}<\int_a^b f(x)\mathrm{d}x<(b-a)f(b),$$

则用定积分的几何意义考虑,应有(　　).

(A) $f'(x)>0, f''(x)>0$　　(B) $f'(x)>0, f''(x)<0$

(C) $f'(x)<0, f''(x)>0$　　(D) $f'(x)<0, f''(x)<0$

(5) 微分方程 $y'-\frac{1}{x}=0$(　　).

(A) 不是可分离变量的微分方程　　(B) 不是一阶线性微分方程

(C) 是一阶齐次线性微分方程　　(D) 是一阶非齐次线性微分方程

(6) 下列微分方程中,不是一阶线性方程的是(　　).

(A) $y'=-\frac{y}{x}+y^2\ln x$　　(B) $(x+1)y'=-(y+2\mathrm{e}^{-x})$

(C) $x^2\mathrm{d}y+(y-2xy-2x^2)\mathrm{d}x=0$　　(D) $y'=\frac{1}{1-x^2}y-1-x$

3. 设函数 $y=\frac{x^3}{x^2-1}$,试讨论:

(1) 函数的定义域及间断点;　　(2) 其曲线的水平渐近线及垂直渐近线;

(3) 函数的单调区间及极值;　　(4) 其曲线的凹向区间及拐点.

4. 设有由抛物线 $y=2-x^2$,直线 $y=x$ 和 $x=0$ 在第一象限内围成的平面图形.

(1) 求该平面图形的面积;

(2) 求该平面图形分别绕 x 轴和 y 轴旋转一周所成旋转体的体积.

5. 求下列微分方程的通解或满足初始条件的特解:

(1) $\mathrm{d}x+xy\mathrm{d}y=y^2\mathrm{d}x+y\mathrm{d}y$;　　(2) $\frac{\mathrm{d}y}{\mathrm{d}x}+2xy=2x\mathrm{e}^{-x^2}$, $y\big|_{x=0}=0$.

第五章 无穷级数

无穷级数是表示函数、研究函数性质以及进行数值计算的有力工具.它在电学、力学等学科中有着广泛的应用.

本章先介绍数项级数的性质和判别其敛散性的方法,然后讨论幂级数的基本性质及将函数展开为幂级数,最后介绍傅里叶级数的基本知识.

§5.1 无穷级数的概念与性质

【本节学习目标】 理解无穷级数收敛与发散的定义;掌握无穷级数的基本性质.

一、无穷级数的概念与敛散性

对数列 $u_1, u_2, \cdots, u_n, \cdots$,把它的各项依次用加号连接的表示式

$$u_1 + u_2 + u_3 + \cdots + u_n + \cdots \quad 或 \quad \sum_{n=1}^{\infty} u_n \tag{1}$$

称为**无穷级数**,简称为**级数**. u_1 称为级数的第 1 项,u_2 称为级数的第 2 项,….通常 u_n 又称为级数的**一般项**或**通项**.(1)式是无穷多个**数**相加,也称为**数项级数**.

现在的问题是:这种加法是否有“和”?这个“和”的确切含义是什么?为了回答这个问题,我们以 $S_1, S_2, \cdots, S_n, \cdots$ 分别表示无穷级数(1)的前 1 项和,前 2 项和,…,前 n 项和,…,即

$$S_1 = u_1,\ S_2 = u_1 + u_2,\ \cdots,\ S_n = u_1 + u_2 + \cdots + u_n,\ \cdots,$$

这样就得到一个数列 $\{S_n\}$:

$$S_1,\ S_2,\ \cdots,\ S_n,\ \cdots.$$

按我们对极限概念的理解,不难想到,当 n 无限增大时,若上述数列有极限,自然,这个极限值就应该是无穷级数(1)的和.

级数(1)的前 n 项和 S_n,称为级数的**第 n 个部分和**,简称为**部分和**.

于是,级数(1)是否存在和就转化为由部分和组成的数列$\{S_n\}$的敛散性问题.

定义 5.1 若级数 $\sum\limits_{n=1}^{\infty}u_n$ 的部分和数列$\{S_n\}$当 $n\to\infty$ 时有极限 S,即

$$\lim_{n\to\infty}S_n=S,$$

则称该级数**收敛**,并称 S 为**级数的和**,记做

$$S=\sum_{n=1}^{\infty}u_n=u_1+u_2+\cdots+u_n+\cdots. \tag{2}$$

此时,也称级数 $\sum\limits_{n=1}^{\infty}u_n$ **收敛于** S. 若部分和数列$\{S_n\}$没有极限,则称该**级数发散**.

当级数(1)收敛时,其和 S 与部分和 S_n 的差

$$R_n=S-S_n=u_{n+1}+u_{n+2}+\cdots$$

称为该级数的**余项**. 显然,R_n 也是无穷级数.

例 1 等比数列 $a,aq,aq^2,\cdots,aq^{n-1},\cdots$ 各项依次用加号连接构成的级数 $\sum\limits_{n=1}^{\infty}aq^{n-1}$ 称为**等比级数**(或**几何级数**),其中 $a\neq0$, q 也称为级数的公比. 试讨论其敛散性.

解 (1) 当$|q|\neq1$时,等比级数的部分和为

$$S_n=a+aq+\cdots+aq^{n-1}=\frac{a-aq^n}{1-q}=\frac{a}{1-q}-\frac{aq^n}{1-q},$$

于是有

$$\lim_{n\to\infty}S_n=\lim_{n\to\infty}\left(\frac{a}{1-q}-\frac{aq^n}{1-q}\right)=\begin{cases}\dfrac{a}{1-q}, & |q|<1,\\ \infty, & |q|>1;\end{cases}$$

(2) 当 $q=1$ 时,$S_n=na\to\infty\ (n\to\infty)$;

(3) 当 $q=-1$ 时,$S_n=\begin{cases}a, & n\text{ 为奇数},\\ 0, & n\text{ 为偶数},\end{cases}$ 故 $\lim\limits_{n\to\infty}S_n$ 不存在.

综上,等比级数 $\sum\limits_{n=1}^{\infty}aq^{n-1}$,当$|q|<1$时,收敛,其和为 $\dfrac{a}{1-q}$;当$|q|\geqslant1$时,发散.

例 2 判别级数 $\sum\limits_{n=1}^{\infty}\dfrac{1}{n(n+1)}$ 的敛散性.

解 由于级数的一般项为

$$\frac{1}{n(n+1)}=\frac{1}{n}-\frac{1}{n+1}\quad(n=1,2,\cdots),$$

所以级数的部分和为

$$S_n=\frac{1}{1\cdot2}+\frac{1}{2\cdot3}+\cdots+\frac{1}{n(n+1)}$$

$$= \left(1-\frac{1}{2}\right)+\left(\frac{1}{2}-\frac{1}{3}\right)+\cdots+\left(\frac{1}{n}-\frac{1}{n+1}\right)$$
$$= 1-\frac{1}{n+1}.$$

而 $\lim\limits_{n\to\infty} S_n=\lim\limits_{n\to\infty}\left(1-\frac{1}{n+1}\right)=1$,故级数收敛,其和为1,即

$$\sum_{n=1}^{\infty}\frac{1}{n(n+1)}=1.$$

二、无穷级数的基本性质

性质1 若级数 $\sum\limits_{n=1}^{\infty}u_n$ 与 $\sum\limits_{n=1}^{\infty}v_n$ 分别**收敛于** S **与** σ,则级数 $\sum\limits_{n=1}^{\infty}(u_n\pm v_n)$ **收敛**,且其和为 $S\pm\sigma$.

性质2 设 a 为非零常数,则级数 $\sum\limits_{n=1}^{\infty}au_n$ 与 $\sum\limits_{n=1}^{\infty}u_n$ **同时收敛**或**同时发散**. 当同时收敛时,若 $\sum\limits_{n=1}^{\infty}u_n=\sigma$,则 $\sum\limits_{n=1}^{\infty}au_n=a\sum\limits_{n=1}^{\infty}u_n=a\sigma$.

性质3 增加、去掉或改变级数的有限项**不改变**级数的敛散性.

性质4(级数收敛的必要条件) 若级数 $\sum\limits_{n=1}^{\infty}u_n$ 收敛,则 $\lim\limits_{n\to\infty}u_n=0$.

由性质4知,若 $\lim\limits_{n\to\infty}u_n\neq0$,则可判定级数 $\sum\limits_{n=1}^{\infty}u_n$ 一定发散.

例3 判别级数 $\sum\limits_{n=1}^{\infty}\left(\frac{4}{3^n}+\frac{1}{9^n}\right)$ 的敛散性.

解 因 $\sum\limits_{n=1}^{\infty}\frac{1}{3^n}$ 和 $\sum\limits_{n=1}^{\infty}\frac{1}{9^n}$ 是等比级数,公比分别是 $q=\frac{1}{3}$ 和 $q=\frac{1}{9}$,故此两级数均收敛. 由性质2知,级数 $\sum\limits_{n=1}^{\infty}\frac{4}{3^n}$ 收敛. 再由性质1知,所给级数 $\sum\limits_{n=1}^{\infty}\left(\frac{4}{3^n}+\frac{1}{9^n}\right)$ 收敛.

例4 判别级数 $\sum\limits_{n=1}^{\infty}\frac{3n}{5n+4}$ 的敛散性.

解 级数的一般项为 $u_n=\frac{3n}{5n+4}$. 由于

$$\lim_{n\to\infty}u_n=\lim_{n\to\infty}\frac{3n}{5n+4}=\frac{3}{5}\neq0,$$

所以,由级数收敛的必要条件知,该级数发散.

习 题 5.1

A 组

1. 写出下列级数的一般项：

(1) $1+\frac{1}{3}+\frac{1}{5}+\frac{1}{7}+\cdots$；　　(2) $\frac{2}{1}-\frac{3}{2}+\frac{4}{3}-\frac{5}{4}+\cdots$.

2. 已知级数 $\sum_{n=1}^{\infty}(-1)^{n-1}\left(\frac{4}{5}\right)^n$，试写出 u_1,u_2,u_n 和 S_1,S_2,S_n.

3. 判别下列级数的敛散性.若收敛,求其和.

(1) $\frac{1}{1\cdot 6}+\frac{1}{6\cdot 11}+\frac{1}{11\cdot 16}+\cdots+\frac{1}{(5n-4)(5n+1)}+\cdots$；　　(2) $\sum_{n=1}^{\infty}\ln\frac{n+1}{n}$.

4. 设级数 $\sum_{n=1}^{\infty}u_n$ 和 $\sum_{n=1}^{\infty}v_n$ 都收敛,试说明下列级数是否收敛(其中 k 是常数,且 $k\neq 0$)：

(1) $\sum_{n=1}^{\infty}ku_n$；　　(2) $\sum_{n=1}^{\infty}(u_n-k)$；　　(3) $\sum_{n=10}^{\infty}(u_n+v_n)$；　　(4) $k+\sum_{n=1}^{\infty}u_n$.

5. 判别下列级数的敛散性：

(1) $\left(\frac{1}{2}+\frac{8}{9}\right)+\left(\frac{1}{4}+\frac{8^2}{9^2}\right)+\left(\frac{1}{8}+\frac{8^3}{9^3}\right)+\cdots$；　　(2) $0.001+\sqrt{0.001}+\sqrt[3]{0.001}+\cdots$.

B 组

1. 已知级数的部分和 $S_n=\frac{n+1}{n}$,试写出这个级数.

2. 判别下列级数的敛散性：

(1) $\cos\frac{\pi}{1}+\cos\frac{\pi}{2}+\cdots+\cos\frac{\pi}{n}+\cdots$；　　(2) $\sum_{n=1}^{\infty}\frac{1}{\sqrt[n]{2}}$.

3. 设一球的高度衰减系数为 r (从高 h 落下,弹起的高度仅为 hr,$0<r<1$).记初始高度为 h,以后弹跳无限次,证明：该球落下、弹起的总路程为 $s=h\frac{1+r}{1-r}$.

§5.2 数项级数敛散性的判别法

【本节学习目标】 掌握判别正项级数敛散性的比较判别法和比值判别法;掌握判别交错级数收敛的莱布尼茨定理;了解级数条件收敛与绝对收敛的意义.

一、正项级数敛散性的判别法

每一项都是**非负**的级数称为**正项级数**,即级数 $\sum_{n=1}^{\infty}u_n$ ($u_n\geqslant 0,n=1,2,\cdots$) 为正项级数.

1. 比较判别法

定理 5.1(比较判别法) 设 $\sum_{n=1}^{\infty}u_n$ 和 $\sum_{n=1}^{\infty}v_n$ 都是正项级数，且 $u_n \leqslant v_n (n=1,2,\cdots)$.

(1) 若级数 $\sum_{n=1}^{\infty}v_n$ **收敛**，则级数 $\sum_{n=1}^{\infty}u_n$ **收敛**；

(2) 若级数 $\sum_{n=1}^{\infty}u_n$ **发散**，则级数 $\sum_{n=1}^{\infty}v_n$ **发散**.

应用比较判别法判别给定级数**收敛**时，需要找一个一般项不小于给定级数的收敛级数来进行比较；判别给定级数**发散**时，则需要找一个一般项不大于给定级数的发散级数进行比较. 常用来进行比较的级数有前述的等比级数，还有下述的 p 级数和调和级数：

p 级数 $\sum_{n=1}^{\infty}\frac{1}{n^p}=1+\frac{1}{2^p}+\frac{1}{3^p}+\cdots+\frac{1}{n^p}+\cdots$ (p 为常数，且 $p>0$).

可以证明，p 级数当 $p\leqslant 1$ **时发散**，当 $p>1$ **时收敛**.

调和级数 $\sum_{n=1}^{\infty}\frac{1}{n}=1+\frac{1}{2}+\frac{1}{3}+\cdots+\frac{1}{n}+\cdots$.

调和级数是 p 级数当 $p=1$ 时的情况，它**发散**.

例 1 判别下列正项级数的敛散性：

(1) $\sum_{n=1}^{\infty}\frac{1}{n\sqrt{n+1}}$； (2) $\sum_{n=1}^{\infty}\sin\frac{\pi}{2^n}$； (3) $\sum_{n=1}^{\infty}\frac{\ln n}{\sqrt{n}}$.

解 (1) 因 p 级数 $\sum_{n=1}^{\infty}\frac{1}{n^{3/2}}$ 收敛$\left(p=\frac{3}{2}\right)$，而

$$\frac{1}{n\sqrt{n+1}}\leqslant\frac{1}{n^{3/2}} \quad (n=1,2,\cdots),$$

故由比较判别法知，所给级数收敛.

(2) 因等比级数 $\sum_{n=1}^{\infty}\frac{\pi}{2^n}$ 收敛，而

$$\sin\frac{\pi}{2^n}\leqslant\frac{\pi}{2^n} \quad (n=1,2,\cdots),$$

故由比较判别法知，所给级数收敛.

(3) 注意到当 $n\geqslant 3$ 时，$\ln n>1$，而

$$\frac{\ln n}{\sqrt{n}}\geqslant\frac{1}{\sqrt{n}} \quad (n=3,4,\cdots),$$

又 $\sum_{n=1}^{\infty}\frac{1}{\sqrt{n}}$ 是发散的 p 级数$\left(p=\frac{1}{2}\right)$，故由比较判别法知，所给级数发散.

在实际使用上，比较判别法的下述极限形式往往更为方便.

推论 设 $\sum_{n=1}^{\infty} u_n$ 与 $\sum_{n=1}^{\infty} v_n$ 都是正项级数，且

$$\lim_{n\to\infty}\frac{u_n}{v_n}=l.$$

(1) 若 $0<l<+\infty$，则级数 $\sum_{n=1}^{\infty} u_n$ 与 $\sum_{n=1}^{\infty} v_n$ **同时收敛或同时发散**；

(2) 若 $l=0$，且级数 $\sum_{n=1}^{\infty} v_n$ **收敛**，则级数 $\sum_{n=1}^{\infty} u_n$ **收敛**；

(3) 若 $l=+\infty$，且级数 $\sum_{n=1}^{\infty} v_n$ **发散**，则级数 $\sum_{n=1}^{\infty} u_n$ **发散**.

例 2 判别下列正项级数的敛散性：

(1) $\sum_{n=1}^{\infty}\tan\frac{1}{n}$；　　(2) $\sum_{n=1}^{\infty}\frac{3n-1}{n^3+2}$.

解 (1) 因 $\lim_{n\to\infty}\frac{\tan\frac{1}{n}}{\frac{1}{n}}=1$，而级数 $\sum_{n=1}^{\infty}\frac{1}{n}$ 发散，故所给级数发散.

(2) 因 $\lim_{n\to\infty}\frac{\frac{3n-1}{n^3+2}}{\frac{1}{n^2}}=3$，而级数 $\sum_{n=1}^{\infty}\frac{1}{n^2}$ 收敛，故所给级数收敛.

2. 比值判别法

定理 5.2(达朗贝尔(D'Alembert)比值判别法) 设 $\sum_{n=1}^{\infty} u_n$ 为正项级数，且

$$\lim_{n\to\infty}\frac{u_{n+1}}{u_n}=\rho.$$

(1) 当 $\rho<1$ 时，级数 $\sum_{n=1}^{\infty} u_n$ 收敛；

(2) 当 $\rho>1$ 时，级数 $\sum_{n=1}^{\infty} u_n$ 发散；

(3) 当 $\rho=1$ 时，级数 $\sum_{n=1}^{\infty} u_n$ 可能收敛，也可能发散.

例 3 判别下列正项级数的敛散性：

(1) $\sum_{n=1}^{\infty}\frac{2n-1}{2^n}$；　　(2) $\sum_{n=1}^{\infty} nx^{n-1}\ (x>0)$.

解 (1) 级数的一般项为 $u_n=\frac{2n-1}{2^n}$. 因

$$\lim_{n\to\infty}\frac{u_{n+1}}{u_n}=\lim_{n\to\infty}\frac{2(n+1)-1}{2^{n+1}}\cdot\frac{2^n}{2n-1}=\frac{1}{2}<1,$$

故由达朗贝尔比值判别法知，级数收敛.

(2) 级数的一般项为 $u_n=nx^{n-1}$. 因

$$\lim_{n\to\infty}\frac{u_{n+1}}{u_n}=\lim_{n\to\infty}\frac{(n+1)x^n}{nx^{n-1}}=x,$$

故由达朗贝尔比值判别法知，当 $0<x<1$ 时，级数收敛；当 $x>1$ 时，级数发散. 当 $x=1$ 时，所讨论的级数是 $\sum\limits_{n=1}^{\infty}n$，它显然也是发散的.

二、交错级数

1. 交错级数收敛的判别法

若级数的各项符号正负相间，即

$$\sum_{n=1}^{\infty}(-1)^{n-1}u_n=u_1-u_2+u_3-u_4+\cdots+(-1)^{n-1}u_n+\cdots,$$

其中 $u_n>0$ $(n=1,2,\cdots)$，则称此级数为**交错级数**.

定理 5.3(莱布尼茨定理) 若交错级数 $\sum\limits_{n=1}^{\infty}(-1)^{n-1}u_n(u_n>0,n=1,2,\cdots)$ 满足

(1) $u_n\geqslant u_{n+1}(n=1,2,\cdots)$；

(2) $\lim\limits_{n\to\infty}u_n=0$，

则该级数收敛，且其和 $S\leqslant u_1$.

容易验证下列交错级数都是收敛的：

$$\sum_{n=1}^{\infty}(-1)^{n-1}\frac{1}{n},\quad \sum_{n=1}^{\infty}\frac{(-1)^n}{\sqrt{n(n+3)}}.$$

2. 绝对收敛与条件收敛

定义 5.2 若级数 $\sum\limits_{n=1}^{\infty}u_n$ 收敛，但级数 $\sum\limits_{n=1}^{\infty}|u_n|$ 发散，则称级数 $\sum\limits_{n=1}^{\infty}u_n$ **条件收敛**；若级数 $\sum\limits_{n=1}^{\infty}|u_n|$ 收敛，则级数 $\sum\limits_{n=1}^{\infty}u_n$ 一定收敛，这时称级数 $\sum\limits_{n=1}^{\infty}u_n$ **绝对收敛**.

例 4 级数 $\sum\limits_{n=1}^{\infty}\frac{(-1)^n}{\sqrt{n(n+3)}}$ 是条件收敛的. 这是因为：$|u_n|=\frac{1}{\sqrt{n(n+3)}}$，又

$$\lim_{n\to\infty}\frac{\frac{1}{\sqrt{n(n+3)}}}{\frac{1}{n}}=\lim_{n\to\infty}\frac{n}{\sqrt{n(n+3)}}=1,$$

而 $\sum\limits_{n=1}^{\infty}\frac{1}{n}$ 发散,故由比值判别法知,$\sum\limits_{n=1}^{\infty}\frac{1}{\sqrt{n(n+3)}}$ 发散. 又交错级数 $\sum\limits_{n=1}^{\infty}\frac{(-1)^n}{\sqrt{n(n+3)}}$ 收敛,故它是条件收敛的.

例 5 级数 $\sum\limits_{n=1}^{\infty}\frac{\sin n}{n^2}$ 绝对收敛. 这是因为:

$$|u_n|=\left|\frac{\sin n}{n^2}\right|\leqslant\frac{1}{n^2}\quad(|\sin n|\leqslant 1),$$

而 $\sum\limits_{n=1}^{\infty}\frac{1}{n^2}$ 收敛,故级数 $\sum\limits_{n=1}^{\infty}\left|\frac{\sin n}{n^2}\right|$ 收敛,从而 $\sum\limits_{n=1}^{\infty}\frac{\sin n}{n^2}$ 绝对收敛.

习 题 5.2

A 组

1. 用比较判别法判别下列级数的敛散性:

(1) $\sum\limits_{n=1}^{\infty}\frac{1}{2n-1}$; (2) $\sum\limits_{n=1}^{\infty}\frac{1}{\sqrt{n^2+n}}$; (3) $\sum\limits_{n=1}^{\infty}\frac{1}{\sqrt{n^4+1}}$; (4) $\sum\limits_{n=1}^{\infty}\tan\frac{1}{n^2}$.

2. 用达朗贝尔比值判别法判别下列级数的敛散性:

(1) $\sum\limits_{n=1}^{\infty}\frac{2^n}{n^2}$; (2) $\sum\limits_{n=1}^{\infty}\frac{1}{n!}$; (3) $\sum\limits_{n=1}^{\infty}\frac{n}{3^{n-1}}$.

3. 判别下列级数的敛散性:

(1) $\sum\limits_{n=1}^{\infty}\frac{(-1)^n}{(2n)^2}$; (2) $\sum\limits_{n=1}^{\infty}\frac{(-1)^{n-1}n}{2n+1}$.

4. 下列级数哪些是绝对收敛、条件收敛或发散的?

(1) $\sum\limits_{n=1}^{\infty}\frac{\cos n\pi}{2^n}$; (2) $\sum\limits_{n=1}^{\infty}(-1)^n\sin\frac{2}{n}$; (3) $\sum\limits_{n=1}^{\infty}(-1)^{n-1}\frac{n}{n+1}$.

B 组

1. 判别下列级数的敛散性:

(1) $\sum\limits_{n=1}^{\infty}\frac{\sqrt{n}}{2n^2+n+2}$; (2) $\sum\limits_{n=1}^{\infty}\frac{1}{n(n+1)(n+2)}$.

2. 下列级数哪些是绝对收敛、条件收敛或发散的?

(1) $\sum\limits_{n=1}^{\infty}(-1)^{n-1}\frac{2n-1}{n^2}$; (2) $\sum\limits_{n=1}^{\infty}(-1)^{n+1}\frac{1}{n^p}$ $(p>0)$.

§5.3 幂 级 数

【本节学习目标】 掌握求幂级数收敛半径、收敛域的方法;了解幂级数的性质,会求幂级数的和函数.

前面我们讨论了以“**数**”为项的级数——数项级数. 现在来讨论每一项都是“**幂函数**”的级数——幂级数.

一、幂级数的收敛域

形如

$$\sum_{n=0}^{\infty} a_n (x-x_0)^n = a_0 + a_1(x-x_0) + \cdots + a_n(x-x_0)^n + \cdots \tag{1}$$

的级数称为**幂级数**,其中常数 $a_0, a_1, \cdots, a_n, \cdots$ 称为**幂级数的系数**. 我们着重讨论 $x_0=0$,即

$$\sum_{n=0}^{\infty} a_n x^n = a_0 + a_1 x + \cdots + a_n x^n + \cdots \tag{2}$$

的情形. 因为只要把幂级数(2)中的 x 换成 $x-x_0$ 就可得到幂级数(1).

在幂级数(2)中,x 每取定一个值 x_0,则它就成为一个数项级数

$$\sum_{n=0}^{\infty} a_n x_0^n = a_0 + a_1 x_0 + \cdots + a_n x_0^n + \cdots. \tag{3}$$

这样,幂级数就可理解为一簇数项级数. 由此,幂级数也有收敛与发散的问题,而且可用数项级数的知识来讨论它的敛散性问题.

在 $x=x_0$ 时,若级数(3)收敛,则称**幂级数**(2)**在点** x_0 **收敛**,x_0 称为幂级数(2)的**收敛点**;若级数(3)发散,则称**幂级数**(2)**在点** x_0 **发散**,x_0 称为幂级数(2)的**发散点**. 幂级数全体收敛点组成的集合称为该幂级数的**收敛域**.

幂级数(2)在收敛域 D 中每一点 x 与其所对应的数项级数的和 $S(x)$ 构成定义在 D 上的函数,称为幂级数(2)的**和函数**,并记做

$$a_0 + a_1 x + \cdots + a_n x^n + \cdots = S(x), \quad x \in D.$$

若以 $S_n(x)$ 记幂级数(2)的前 n 项和,即

$$S_n(x) = a_0 + a_1 x + \cdots + a_{n-1} x^{n-1},$$

显然,应有

$$\lim_{n\to\infty} S_n(x) = S(x), \quad x \in D.$$

若记 $R_n(x) = S(x) - S_n(x)$,则称 $R_n(x)$ 为幂级数(2)的**余项**. 对该幂级数收敛域 D 内的每一点 x,都有

$$\lim_{n\to\infty} R_n(x) = 0.$$

用正项级数比值判别法讨论幂级数的敛散性问题,有如下定理:

定理 5.4 若幂级数 $\sum_{n=0}^{\infty} a_n x^n$ 的系数满足 $\lim_{n\to\infty}\left|\frac{a_{n+1}}{a_n}\right| = \rho$,则

(1) 当 $\rho=0$ 时,该幂级数在 $(-\infty, +\infty)$ 内收敛;

(2) 当 $\rho=+\infty$ 时,该幂级数仅在 $x=0$ 处收敛;

(3) 当 $0<\rho<+\infty$ 时,该幂级数在区间 $\left(-\frac{1}{\rho},\frac{1}{\rho}\right)$ 内收敛,在区间 $\left(-\infty,-\frac{1}{\rho}\right)\cup\left(\frac{1}{\rho},+\infty\right)$ 内发散.

说明 在定理5.4的第(3)种情况中,当 $x=-\frac{1}{\rho}$ 或 $x=\frac{1}{\rho}$ 时,幂级数可能收敛,也可能发散,这可由数项级数来判别.

若记 $R=\frac{1}{\rho}(0<\rho<+\infty)$,通常称 R 为幂级数 $\sum\limits_{n=0}^{\infty}a_nx^n$ 的**收敛半径**,称区间 $(-R,R)$ 为该幂级数的**收敛区间**. 由上述讨论知,此时幂级数 $\sum\limits_{n=0}^{\infty}a_nx^n$ 的**收敛域也是一个区间**,它可能是开区间 $(-R,R)$,闭区间 $[-R,R]$ 或半开区间 $(-R,R]$,$[-R,R)$.

特殊情况,当 $\rho=+\infty$ 或 $\rho=0$ 时,可认为收敛半径 $R=0$ 或 $R=+\infty$,这时收敛域理解成 $\{0\}$ 或 $(-\infty,+\infty)$.

例1 求幂级数 $\sum\limits_{n=1}^{\infty}\frac{(-2)^n}{n}x^n$ 的收敛半径、收敛区间和收敛域.

解 由所给幂级数知 $a_n=\frac{(-2)^n}{n}$. 由于

$$\lim_{n\to\infty}\left|\frac{a_{n+1}}{a_n}\right|=\lim_{n\to\infty}\left|\frac{(-2)^{n+1}}{n+1}\cdot\frac{n}{(-2)^n}\right|=\lim_{n\to\infty}\frac{2n}{n+1}=2,$$

所以收敛半径为 $R=\frac{1}{2}$,收敛区间为 $\left(-\frac{1}{2},\frac{1}{2}\right)$. 再考查 $x=\pm\frac{1}{2}$ 时的情况:

当 $x=-\frac{1}{2}$ 时,幂级数化为数项级数 $\sum\limits_{n=1}^{\infty}\frac{1}{n}$,发散;

当 $x=\frac{1}{2}$ 时,幂级数化为数项级数 $\sum\limits_{n=1}^{\infty}(-1)^n\frac{1}{n}$,由莱布尼茨定理知其收敛.

综上所述,所给幂级数的收敛域为 $\left(-\frac{1}{2},\frac{1}{2}\right]$.

例2 求幂级数 $\sum\limits_{n=0}^{\infty}\frac{x^n}{n!}$ 的收敛半径和收敛域.

解 由所给幂级数知 $a_n=\frac{1}{n!}$. 由于

$$\lim_{n\to\infty}\left|\frac{a_{n+1}}{a_n}\right|=\lim_{n\to\infty}\frac{1}{(n+1)!}\cdot\frac{n!}{1}=\lim_{n\to\infty}\frac{1}{n+1}=0,$$

故收敛半径为 $R=+\infty$,收敛域为 $(-\infty,+\infty)$.

二、幂级数的性质

幂级数在收敛区间内有一些重要性质. 这里仅介绍最常用的性质.

性质 1　设幂级数 $\sum\limits_{n=0}^{\infty}a_nx^n$ 和 $\sum\limits_{n=0}^{\infty}b_nx^n$ 的收敛半径分别为 $R_1(>0)$ 和 $R_2(>0)$，令 $R=\min\{R_1,R_2\}$，则在区间 $(-R,R)$ 内，有

$$\sum_{n=0}^{\infty}a_nx^n \pm \sum_{n=0}^{\infty}b_nx^n = \sum_{n=0}^{\infty}(a_n \pm b_n)x^n.$$

性质 2　设幂级数 $\sum\limits_{n=0}^{\infty}a_nx^n$ 的收敛半径 $R>0$，且其和函数为 $S(x)$，则函数 $S(x)$ 在收敛区间 $(-R,R)$ 内可导，且可逐项求导数，即有

$$S'(x)=\left(\sum_{n=0}^{\infty}a_nx^n\right)'=\sum_{n=0}^{\infty}(a_nx^n)'=\sum_{n=1}^{\infty}na_nx^{n-1}.$$

幂级数 $\sum\limits_{n=1}^{\infty}na_nx^{n-1}$ 与 $\sum\limits_{n=0}^{\infty}a_nx^n$ 有相同的收敛半径.

性质 3　设幂级数 $\sum\limits_{n=0}^{\infty}a_nx^n$ 的收敛半径 $R>0$，且其和函数为 $S(x)$，则函数 $S(x)$ 在收敛区间 $(-R,R)$ 内可积，且可逐项求积分，即有

$$\int_0^x S(t)\,\mathrm{d}t=\int_0^x\left(\sum_{n=0}^{\infty}a_nt^n\right)\mathrm{d}t=\sum_{n=0}^{\infty}\int_0^x a_nt^n\,\mathrm{d}t=\sum_{n=0}^{\infty}\frac{a_n}{n+1}x^{n+1}.$$

幂级数 $\sum\limits_{n=0}^{\infty}\frac{a_n}{n+1}x^{n+1}$ 与 $\sum\limits_{n=0}^{\infty}a_nx^n$ 有相同的收敛半径.

例 3　求下列幂级数的和函数：

(1) $\sum\limits_{n=1}^{\infty}nx^{n-1}=1+2x+3x^2+\cdots+nx^{n-1}+\cdots$；

(2) $\sum\limits_{n=1}^{\infty}(-1)^{n-1}\frac{x^n}{n}=x-\frac{x^2}{2}+\frac{x^3}{3}-\cdots+(-1)^{n-1}\frac{x^n}{n}+\cdots$.

解　利用已知收敛的等比级数求所给幂级数的和函数.

(1) 注意到 $(x^n)'=nx^{n-1}$，且对于以 x 为公比的等比级数 $\sum\limits_{n=0}^{\infty}x^n$，在其收敛域 $(-1,1)$ 内有

$$1+x+x^2+\cdots+x^n+\cdots=\frac{1}{1-x},$$

于是，将上式逐项求导数，可得

$$(1+x+x^2+\cdots+x^n+\cdots)'=\left(\frac{1}{1-x}\right)'\quad(-1<x<1),$$

即

$$1+2x+3x^2+\cdots+nx^{n-1}+\cdots=\frac{1}{(1-x)^2}\quad(-1<x<1).$$

故所给幂级数在收敛域 $(-1,1)$ 内的和函数为 $\frac{1}{(1-x)^2}$.

(2) 由于$\int_0^x x^n \mathrm{d}x = \dfrac{x^{n+1}}{n+1}$，又对于以$-x$为公比的等比级数$\sum\limits_{n=0}^{\infty}(-1)^n x^n$，在其收敛域$(-1,1)$内有

$$1-x+x^2-\cdots+(-1)^n x^n+\cdots=\frac{1}{1+x},$$

于是，将上式逐项积分，可得

$$\int_0^x (1-x+x^2-\cdots+(-1)^n x^n+\cdots)\mathrm{d}x=\int_0^x \frac{1}{1+x}\mathrm{d}x \quad (-1<x<1),$$

即
$$x-\frac{x^2}{2}+\frac{x^3}{3}-\cdots+(-1)^n\frac{x^{n+1}}{n+1}+\cdots=\ln(1+x) \quad (-1<x<1). \tag{4}$$

由于幂级数逐项积分后收敛半径不变，故上述幂级数的收敛半径$R=1$. 可以验证(4)式对$x=1$时也成立，即所给幂级数的收敛域为$(-1,1]$. 故所给幂级数在收敛域$(-1,1]$内的和函数为$\ln(1+x)$.

习 题 5.3

A 组

1. 求幂级数$\sum\limits_{n=1}^{\infty}(-1)^{n-1}\dfrac{x^n}{n}$的收敛半径、收敛区间和收敛域.

2. 求下列幂级数的收敛半径和收敛域：

(1) $\sum\limits_{n=0}^{\infty} n!x^n$；　　(2) $\sum\limits_{n=1}^{\infty}\dfrac{x^n}{(2n)!}$；　　(3) $\sum\limits_{n=1}^{\infty}4^n x^n$.

B 组

1. 求幂级数$\sum\limits_{n=0}^{\infty}\dfrac{2^n}{n^2+1}x^n$的收敛半径和收敛域.

2. 求下列幂级数的收敛域，并求其和函数：

(1) $\sum\limits_{n=1}^{\infty}2nx^{2n-1}$；　　(2) $\sum\limits_{n=1}^{\infty}\dfrac{x^n}{n}$.

§5.4 函数的幂级数展开式

【本节学习目标】 了解函数的泰勒公式与泰勒级数；会用间接展开法将函数展开成麦克劳林级数.

由前一节看到，幂级数在收敛域内可以表示一个函数. 由于幂级数不仅形式简单，而且有很多优越的性质，这就使人们想到：能否把一个给定的函数$f(x)$表示为幂级数？若能，函数$f(x)$应满足什么条件呢？本节就要讨论这个问题.

一、泰勒级数

1. 泰勒公式

设函数 $f(x)$在 x_0 及其左、右邻近有**直至 $n+1$ 阶导数**,则可以证明,对在 x_0 左、右邻近的任意 x,有

$$f(x)=f(x_0)+f'(x_0)(x-x_0)+\frac{f''(x_0)}{2!}(x-x_0)^2+\cdots+\frac{f^{(n)}(x_0)}{n!}(x-x_0)^n+R_n(x),\tag{1}$$

其中
$$R_n(x)=\frac{f^{(n+1)}(\xi)}{(n+1)!}(x-x_0)^{n+1}\quad(\xi\text{ 介于 }x_0\text{ 与 }x\text{ 之间}).$$

(1)式称为函数 $f(x)$在点 x_0 的**泰勒(Taylor)公式**,$R_n(x)$称为**泰勒公式的余项**.若记

$$S_n(x)=\sum_{k=0}^{n}\frac{f^{(k)}(x_0)}{k!}(x-x_0)^k,$$

则称 $S_n(x)$为函数 $f(x)$的**泰勒多项式**.

由函数 $f(x)$的泰勒公式(1)看,在点 x_0 的附近,$f(x)$的值可用 $S_n(x)$来近似代替,并可通过余项 $R_n(x)$来估计误差.

当取 $x_0=0$ 时,泰勒公式(1)称为**麦克劳林(Maclaurin)公式**:

$$f(x)=f(0)+f'(0)x+\frac{f''(0)}{2!}x^2+\cdots+\frac{f^{(n)}(0)}{n!}x^n+\frac{f^{(n+1)}(\xi)}{(n+1)!}x^{n+1}\quad(\xi\text{ 介于 }0\text{ 与 }x\text{ 之间}).\tag{2}$$

若令 $\xi=\theta x\ (0<\theta<1)$,则(2)式中的余项又可写做

$$R_n(x)=\frac{f^{(n+1)}(\theta x)}{(n+1)!}x^{n+1}\quad(0<\theta<1).$$

例 1 求函数 $f(x)=\mathrm{e}^x$ 的麦克劳林公式.

解 由于

$$f^{(k)}(x)=\mathrm{e}^x,\quad f^{(k)}(0)=1\ (k=1,2,\cdots,n),\quad \text{且}\quad f^{(n+1)}(\theta x)=\mathrm{e}^{\theta x},$$

所以函数 $f(x)=\mathrm{e}^x$ 的麦克劳林公式为

$$\mathrm{e}^x=1+x+\frac{x^2}{2!}+\cdots+\frac{x^n}{n!}+\frac{\mathrm{e}^{\theta x}}{(n+1)!}x^{n+1}\quad(0<\theta<1).$$

若弃去余项,得近似公式

$$\mathrm{e}^x\approx 1+x+\frac{x^2}{2!}+\cdots+\frac{x^n}{n!}.$$

在上述近似公式中,取 $x=1$,得 e 的近似值:

$$\mathrm{e}\approx 1+1+\frac{1}{2!}+\cdots+\frac{1}{n!},$$

其误差为

$$R_n(1)=\frac{e^{\theta}}{(n+1)!}<\frac{3}{(n+1)!}.$$

当 $n=9$ 时，计算得 $e\approx 2.718281$，其误差为 $R_9(1)=\frac{3}{10!}<0.000001$.

2. 泰勒级数

若函数 $f(x)$ 在 x_0 及其左、右邻近有**任意阶导数**，对任意正整数 n，泰勒公式(1)都成立，且当 $n\to\infty$ 时，**余项** $R_n(x)\to 0$，则有

$$\begin{aligned}f(x)&=\sum_{n=0}^{\infty}\frac{f^{(n)}(x_0)}{n!}(x-x_0)^n\\&=f(x_0)+f'(x_0)(x-x_0)+\frac{f''(x_0)}{2!}(x-x_0)^2\\&\quad+\cdots+\frac{f^{(n)}(x_0)}{n!}(x-x_0)^n+\cdots.\end{aligned}\tag{3}$$

该式右端是 $x-x_0$ 的幂级数，称为函数 $f(x)$ 的**泰勒级数**.

当 $x_0=0$ 时，(3)式是

$$f(x)=\sum_{n=0}^{\infty}\frac{f^{(n)}(0)}{n!}x^n=f(0)+f'(0)x+\frac{f''(0)}{2!}x^2+\cdots+\frac{f^{(n)}(0)}{n!}x^n+\cdots.$$

该式右端是 x 的幂级数，称为函数 $f(x)$ 的**麦克劳林级数**.

二、函数展开成幂级数

将函数 $f(x)$ 展开成 x 的幂级数 $\sum\limits_{n=0}^{\infty}\frac{f^{(n)}(0)}{n!}x^n$，有**直接展开法**和**间接展开法**.

直接展开法 直接按公式 $a_n=\frac{f^{(n)}(0)}{n!}$ $(n=0,1,2,\cdots)$ 计算幂级数的系数，并以此求出幂级数的收敛半径 R. 当 $x\in(-R,R)$ 时，考查当 $n\to\infty$ 时，麦克劳林公式的余项 $R_n(x)$ 是否趋于零. 若 $R_n(x)$ 趋于零，就得到了函数 $f(x)$ 的幂级数展开式 $\sum\limits_{n=0}^{\infty}\frac{f^{(n)}(0)}{n!}x^n$.

间接展开法 通常是从已知函数的幂级数展开式出发，通过变量代换、四则运算，或逐项求导数、逐项求积分等办法求出其幂级数展开式. 这里我们给出**常用函数的麦克劳林级数**：

(1) $e^x=1+x+\frac{x^2}{2!}+\frac{x^3}{3!}+\cdots+\frac{x^n}{n!}+\cdots=\sum\limits_{n=0}^{\infty}\frac{1}{n!}x^n$ $(-\infty<x<+\infty)$；

(2) $\sin x=x-\frac{x^3}{3!}+\frac{x^5}{5!}-\cdots+(-1)^n\frac{x^{2n+1}}{(2n+1)!}+\cdots=\sum\limits_{n=0}^{\infty}\frac{(-1)^n}{(2n+1)!}x^{2n+1}$ $(-\infty<x<+\infty)$；

(3) $\cos x=1-\frac{x^2}{2!}+\frac{x^4}{4!}-\cdots+(-1)^n\frac{x^{2n}}{(2n)!}+\cdots=\sum\limits_{n=0}^{\infty}\frac{(-1)^n}{(2n)!}x^{2n}$ $(-\infty<x<+\infty)$；

(4) $\ln(1+x)=x-\frac{x^2}{2}+\frac{x^3}{3}-\cdots+(-1)^n\frac{x^{n+1}}{n+1}+\cdots=\sum\limits_{n=0}^{\infty}\frac{(-1)^n}{n+1}x^{n+1}$ $(-1<x\leqslant 1)$；

(5) $\dfrac{1}{1-x}=1+x+x^2+\cdots+x^n+\cdots=\sum\limits_{n=0}^{\infty}x^n\ (-1<x<1)$;

(6) $\dfrac{1}{1+x}=1-x+x^2-x^3+\cdots+(-1)^nx^n+\cdots=\sum\limits_{n=0}^{\infty}(-1)^nx^n\ (-1<x<1)$.

读者只要能利用上述展开式,用间接展开法求一些较为简单函数的麦克劳林级数即可.

例 2　将函数 $f(x)=\mathrm{e}^{-x^2}$ 展开成 x 的幂级数.

解　已知

$$\mathrm{e}^x=1+x+\frac{x^2}{2!}+\frac{x^3}{3!}+\cdots+\frac{x^n}{n!}+\cdots\quad(-\infty<x<+\infty),$$

将该展开式中的 x 换成 $-x^2$,得 e^{-x^2} 的幂级数展开式

$$\begin{aligned}\mathrm{e}^{-x^2}&=1-x^2+\frac{(-x^2)^2}{2!}+\frac{(-x^2)^3}{3!}+\cdots+\frac{(-x^2)^n}{n!}+\cdots\\&=1-x^2+\frac{x^4}{2!}-\frac{x^6}{3!}+\cdots+\frac{(-1)^n}{n!}x^{2n}+\cdots\quad(-\infty<x<+\infty).\end{aligned}$$

例 3　将函数 $f(x)=\ln(a+x)\,(a>0)$ 展开成 x 的幂级数.

解　因 $f(x)=\ln(a+x)=\ln a+\ln\left(1+\dfrac{x}{a}\right)$,且已知

$$\ln(1+x)=x-\frac{x^2}{2}+\frac{x^3}{3}-\cdots+(-1)^n\frac{x^{n+1}}{n+1}+\cdots\quad(-1<x\leqslant 1),$$

将该式中的 x 换成 $\dfrac{x}{a}$,得 $\ln(a+x)$ 的幂级数展开式

$$\begin{aligned}\ln(a+x)&=\ln a+\ln\left(1+\frac{x}{a}\right)\\&=\ln a+\frac{x}{a}-\frac{1}{2}\left(\frac{x}{a}\right)^2+\frac{1}{3}\left(\frac{x}{a}\right)^3-\cdots+\frac{(-1)^n}{n+1}\left(\frac{x}{a}\right)^{n+1}+\cdots\\&\qquad(-a<x\leqslant a).\end{aligned}$$

因 $\ln(1+x)$ 展开式的收敛域是 $-1<x\leqslant 1$,从而由 $-1<\dfrac{x}{a}\leqslant 1$ 可得 $\ln(a+x)$ 展开式的收敛域是 $-a<x\leqslant a$.

例 4　由 $\sin x$ 的麦克劳林级数求 $f(x)=\cos x$ 的麦克劳林级数.

解　因 $\cos x=(\sin x)'$,又由于

$$\sin x=x-\frac{x^3}{3!}+\frac{x^5}{5!}-\cdots+(-1)^n\frac{x^{2n+1}}{(2n+1)!}+\cdots\quad(-\infty<x<+\infty),$$

等式两端求导数,得 $\cos x$ 的麦克劳林级数:

$$\cos x=1-\frac{x^2}{2!}+\frac{x^4}{4!}-\cdots+(-1)^n\frac{x^{2n}}{(2n)!}+\cdots\quad(-\infty<x<+\infty).$$

例 5　将函数 $f(x)=\arctan x$ 展开成麦克劳林级数.

解 注意到 $\arctan x=\int_0^x \frac{1}{1+t^2}dt$. 将函数 $\frac{1}{1+x}$ 的麦克劳林级数中的 x 换成 x^2，得

$$\frac{1}{1+x^2}=1-x^2+x^4-x^6+\cdots+(-1)^n x^{2n}+\cdots \quad (-1<x<1).$$

上式两端从 0 到 x 积分，得

$$\int_0^x \frac{1}{1+x^2}dx=\int_0^x (1-x^2+x^4-x^6+\cdots+(-1)^n x^{2n}+\cdots)dx,$$

即

$$\arctan x=x-\frac{1}{3}x^3+\frac{1}{5}x^5-\cdots+(-1)^n\frac{1}{2n+1}x^{2n+1}+\cdots.$$

由于幂级数逐项积分后收敛半径不变，故上式的幂级数的收敛半径为 $R=1$. 当 $x=-1$ 时，是级数 $\sum_{n=0}^{\infty}\frac{(-1)^{n+1}}{2n+1}$，当 $x=1$ 时，是级数 $\sum_{n=0}^{\infty}\frac{(-1)^n}{2n+1}$，均是收敛的交错级数，故上式的收敛域是[$-1$,1]. 于是

$$\arctan x=\sum_{n=0}^{\infty}(-1)^n\frac{x^{2n+1}}{2n+1} \quad (-1\leqslant x\leqslant 1).$$

习 题 5.4

A 组

1. 用间接展开法求下列函数的麦克劳林级数，并确定其收敛域：

(1) $f(x)=a^x$； (2) $f(x)=\sin\frac{x}{2}$； (3) $f(x)=\frac{1}{a-x}$ $(a\neq 0)$.

2. 用间接展开法求函数 $f(x)=\frac{1}{2}(e^{-x}+e^x)$ 的麦克劳林级数.

3. 定积分 $\int_0^1\left[1-\frac{x}{1!}+\frac{x^2}{2!}-\frac{x^3}{3!}+\cdots+(-1)^n\frac{x^n}{n!}+\cdots\right]e^{2x}dx=$ ________.

B 组

1. 将函数 $f(x)=\sin^2 x$ 展开成麦克劳林级数.

2. 将函数 $f(x)=\ln\frac{1+x}{1-x}$ 展开成麦克劳林级数，并用此式的前 4 项计算 ln2 的近似值.

§5.5 傅里叶级数

【本节学习目标】 会求以 2π 为周期及以 $2l$ 为周期的函数的傅里叶级数.

形如

$$\frac{a_0}{2}+\sum_{n=1}^{\infty}(a_n\cos nx+b_n\sin nx)$$

的级数称为**傅里叶(Fourier)级数**或**三角级数**.傅里叶级数除第1项外,其余各项都是正弦函数或余弦函数.该级数在电学、信息科学、数据处理等方面应用十分广泛,它是表示函数和研究函数的有效工具.

对傅里叶级数,我们要讨论两个问题:

(1) 一个函数 $f(x)$具备什么条件可以展开成傅里叶级数?

(2) 若函数 $f(x)$可以展开成傅里叶级数时,其系数 $a_0, a_n, b_n (n=1,2,\cdots)$怎样确定?

一、三角函数系的正交性

函数序列

$$1,\ \cos x,\ \sin x,\ \cos 2x,\ \sin 2x,\ \cdots,\ \cos nx,\ \sin nx,\ \cdots$$

称为**三角函数系**.三角函数系中任意两个不同函数的乘积在区间$[-\pi,\pi]$上的积分都为零,即

$$\left.\begin{array}{l}\displaystyle\int_{-\pi}^{\pi} 1\cdot\cos nx\,\mathrm{d}x = 0,\\ \displaystyle\int_{-\pi}^{\pi} 1\cdot\sin nx\,\mathrm{d}x = 0\end{array}\right. \quad (n=1,2,\cdots);$$

$$\left.\begin{array}{l}\displaystyle\int_{-\pi}^{\pi} \cos mx\cos nx\,\mathrm{d}x = 0,\\ \displaystyle\int_{-\pi}^{\pi} \sin mx\sin nx\,\mathrm{d}x = 0\end{array}\right. \quad (m,n=1,2,\cdots;m\neq n);$$

$$\int_{-\pi}^{\pi} \sin mx\cos nx\,\mathrm{d}x = 0 \quad (m,n=1,2,\cdots).$$

这个性质,称为上述三角函数系在区间$[-\pi,\pi]$上的**正交性**.

上述三角函数系中任何一个函数的平方在区间$[-\pi,\pi]$上的积分都不等于零:

$$\int_{-\pi}^{\pi} 1^2\,\mathrm{d}x = 2\pi,\quad \int_{-\pi}^{\pi}\cos^2 nx\,\mathrm{d}x = \int_{-\pi}^{\pi}\sin^2 nx\,\mathrm{d}x = \pi \quad (n=1,2,\cdots).$$

读者可以通过计算来验证这些等式.

二、以 2π 为周期的函数的傅里叶级数

现在讨论我们前面提出的两个问题.先讨论第二个问题,即确定傅里叶级数的系数 a_0, $a_n, b_n (n=1,2,\cdots)$.

1. 傅里叶系数

设 $f(x)$是以 2π 为周期的函数.假定函数 $f(x)$在区间 $[-\pi,\pi]$ 上可积,且可以展开成傅里叶级数:

$$f(x) = \frac{a_0}{2} + \sum_{n=1}^{\infty}(a_n\cos nx + b_n\sin nx), \tag{1}$$

并且该级数在区间[$-\pi,\pi$]上可以逐项积分. 下面利用三角函数系的正交性来确定傅里叶级数(1)中的系数 $a_0,a_n,b_n(n-1,2,\cdots)$.

先确定 a_0. 对(1)式两端在区间[$-\pi,\pi$]上积分,并由三角函数系的正交交性,得

$$\int_{-\pi}^{\pi} f(x)\mathrm{d}x = \frac{a_0}{2}\int_{-\pi}^{\pi}\mathrm{d}x + \sum_{n=1}^{\infty}\left(a_n\int_{-\pi}^{\pi}\cos nx\,\mathrm{d}x + b_n\int_{-\pi}^{\pi}\sin nx\,\mathrm{d}x\right)$$
$$= \frac{a_0}{2}\cdot 2\pi + 0,$$

从而有
$$a_0 = \frac{1}{\pi}\int_{-\pi}^{\pi} f(x)\mathrm{d}x.$$

再确定 a_n. 为此,以 $\cos kx$ (k 为正整数)乘(1)式的两端,并在区间[$-\pi,\pi$]上积分:

$$\int_{-\pi}^{\pi} f(x)\cos kx\,\mathrm{d}x = \frac{a_0}{2}\int_{-\pi}^{\pi}\cos kx\,\mathrm{d}x + \sum_{n=1}^{\infty}\left(a_n\int_{-\pi}^{\pi}\cos nx\cos kx\,\mathrm{d}x + b_n\int_{-\pi}^{\pi}\sin nx\cos kx\,\mathrm{d}x\right).$$

由三角函数系的正交性知,上式右端唯有当 $k=n$ 时有

$$a_n\int_{-\pi}^{\pi}\cos nx\cos kx\,\mathrm{d}x = a_n\int_{-\pi}^{\pi}\cos^2 nx\,\mathrm{d}x = a_n\pi,$$

其他各项积分都等于零,于是得

$$\int_{-\pi}^{\pi} f(x)\cos nx\,\mathrm{d}x = a_n\pi \quad (n = 1,2,\cdots),$$

即

$$a_n = \frac{1}{\pi}\int_{-\pi}^{\pi} f(x)\cos nx\,\mathrm{d}x \quad (n = 1,2,\cdots).$$

为了确定 b_n,以 $\sin kx$ 乘(1)式两端,并在区间[$-\pi,\pi$]上积分,可得

$$\int_{-\pi}^{\pi} f(x)\sin nx\,\mathrm{d}x = b_n\int_{-\pi}^{\pi}\sin^2 nx\,\mathrm{d}x = b_n\pi \quad (n = 1,2,\cdots),$$

即

$$b_n = \frac{1}{\pi}\int_{-\pi}^{\pi} f(x)\sin nx\,\mathrm{d}x \quad (n = 1,2,\cdots).$$

注意到在计算 a_n 的公式中,当 $n=0$ 时就是计算 a_0 的公式,于是得计算 a_n 和 b_n 的公式

$$\begin{cases} a_n = \dfrac{1}{\pi}\displaystyle\int_{-\pi}^{\pi} f(x)\cos nx\,\mathrm{d}x \quad (n = 0,1,2,\cdots), \\ b_n = \dfrac{1}{\pi}\displaystyle\int_{-\pi}^{\pi} f(x)\sin nx\,\mathrm{d}x \quad (n = 1,2,\cdots). \end{cases} \tag{2}$$

由公式(2)所确定的 a_n,b_n 称为函数 $f(x)$ 的**傅里叶系数**. 以函数 $f(x)$ 的傅里叶系数为系数的级数

$$\frac{a_0}{2} + \sum_{n=1}^{\infty}(a_n\cos nx + b_n\sin nx)$$

称为函数 $f(x)$ 的**傅里叶级数**.

2. 傅里叶级数的收敛定理

现在讨论前面提出的第一个问题：函数 $f(x)$ 具备什么条件可以展开成傅里叶级数？我们有下面的收敛定理：

定理 5.5(狄里克雷(Dirichlet)定理) 设函数 $f(x)$ 是以 2π 为周期的周期函数，且在一个周期区间 $[-\pi,\pi]$ 上满足

(1) 连续或只有有限个第一类间断点；

(2) 至多有有限个极值点，

则函数 $f(x)$ 的傅里叶级数在整个数轴上收敛，并且

$$\frac{a_0}{2}+\sum_{n=1}^{\infty}(a_n\cos nx+b_n\sin nx)$$

$$=\begin{cases} f(x), & x \text{ 是 } f(x) \text{ 的连续点}, \\ \dfrac{f(x-0)+f(x+0)}{2}, & x \text{ 是 } f(x) \text{ 的第一类间断点}, \\ \dfrac{f(-\pi+0)+f(\pi-0)}{2}, & x=\pm\pi. \end{cases}$$

该定理指出：函数 $f(x)$ 的傅里叶级数，在其连续点 x 处，收敛于 $f(x)$ 在 x 处的值；在其第一类间断点处，收敛于 $f(x)$ 在 x 处的左、右极限的算术平均值 $\dfrac{f(x-0)+f(x+0)}{2}$；在 $x=\pm\pi$ 处，收敛于 $\dfrac{f(-\pi+0)+f(\pi-0)}{2}$.

例 1 设函数 $f(x)$ 以 2π 为周期，且它在 $[-\pi,\pi)$ 上的表达式为

$$f(x)=\begin{cases} 0, & -\pi\leqslant x<0, \\ x, & 0\leqslant x<\pi, \end{cases}$$

试将其展开成傅里叶级数.

解 函数的图形如图 5-1 所示. 因函数 $f(x)$ 满足狄里克雷定理的条件，所以 $f(x)$ 可以展开成傅里叶级数.

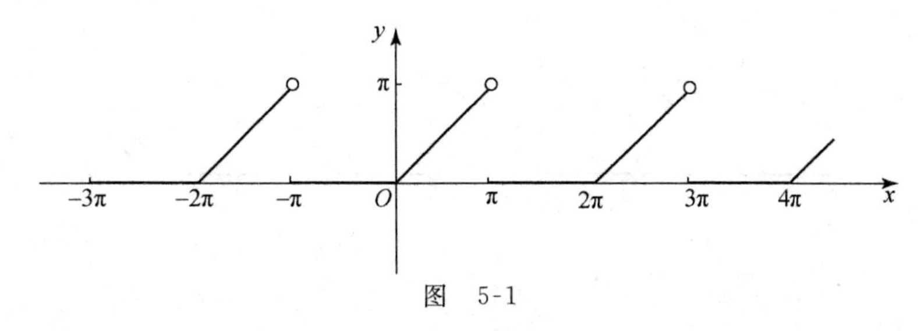

图 5-1

用公式(2)计算傅里叶系数：

$$a_0 = \frac{1}{\pi}\int_{-\pi}^{\pi} f(x)\mathrm{d}x = \frac{1}{\pi}\int_0^{\pi} x\mathrm{d}x = \frac{\pi}{2};$$

当 $n \geqslant 1$ 时,

$$a_n = \frac{1}{\pi}\int_{-\pi}^{\pi} f(x)\cos nx\,\mathrm{d}x = \frac{1}{\pi}\int_0^{\pi} x\cos nx\,\mathrm{d}x = \frac{1}{n\pi}x\sin nx\Big|_0^{\pi} - \frac{1}{n\pi}\int_0^{\pi}\sin nx\,\mathrm{d}x$$

$$= \frac{1}{n^2\pi}\cos nx\Big|_0^{\pi} = \frac{1}{n^2\pi}(\cos n\pi - 1) = \begin{cases} -\dfrac{2}{n^2\pi}, & \text{当 } n \text{ 为奇数时}, \\ 0, & \text{当 } n \text{ 为偶数时}, \end{cases}$$

$$b_n = \frac{1}{\pi}\int_{-\pi}^{\pi} f(x)\sin nx\,\mathrm{d}x = \frac{1}{\pi}\int_0^{\pi} x\sin nx\,\mathrm{d}x = -\frac{1}{n\pi}x\cos nx\Big|_0^{\pi} + \frac{1}{n\pi}\int_0^{\pi}\cos nx\,\mathrm{d}x$$

$$= \frac{(-1)^{n+1}}{n} + \frac{1}{n^2\pi}\sin nx\Big|_0^{\pi} = \frac{(-1)^{n+1}}{n}.$$

于是,函数 $f(x)$ 的傅里叶级数为

$$\frac{\pi}{4} - \left(\frac{2}{\pi}\cos x - \sin x\right) - \frac{1}{2}\sin 2x - \left(\frac{2}{9\pi}\cos 3x - \frac{1}{3}\sin 3x\right) - \frac{1}{4}\sin 4x - \cdots.$$

由于 $x=(2k+1)\pi\ (k=0,\pm1,\pm2,\cdots)$ 是函数 $f(x)$ 的第一类间断点,所以,在其定义域 $(-\infty,+\infty)$ 内,当 $x \neq (2k+1)\pi\ (k=0,\pm1,\ \pm2,\ \cdots)$ 时,函数 $f(x)$ 连续,其傅里叶级数收敛于 $f(x)$,从而有

$$f(x) = \frac{\pi}{4} - \left(\frac{2}{\pi}\cos x - \sin x\right) - \frac{1}{2}\sin 2x - \left(\frac{2}{9\pi}\cos 3x - \frac{1}{3}\sin 3x\right) - \frac{1}{4}\sin 4x - \cdots.$$

当 $x = \pm\pi$ 时,$f(x)$ 的傅里叶级数收敛于

$$\frac{f(-\pi+0) + f(\pi-0)}{2} = \frac{0+\pi}{2} = \frac{\pi}{2}.$$

显然,当 $x=(2k+1)\pi\ (k=0,\pm1,\pm2,\cdots)$ 时,函数 $f(x)$ 的傅里叶级数均收敛于 $\frac{\pi}{2}$.

函数 $f(x)$ 的傅里叶级数的和函数图形如图 5-2 所示. 注意,该图与图 5-1 在 $x=(2k+1)\pi\ (k=0,\pm1,\pm2,\cdots)$ 处是不同的.

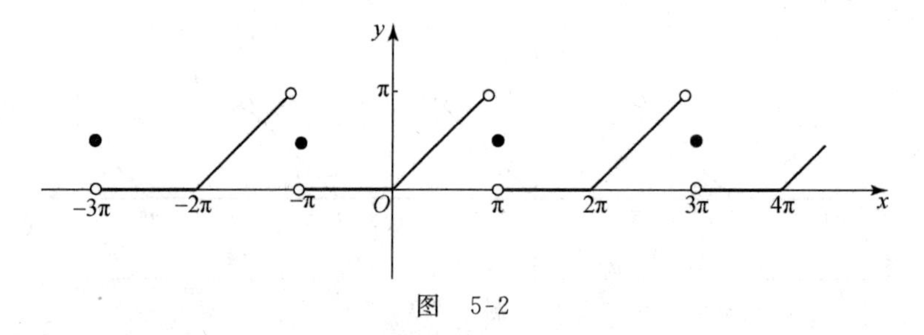

图 5-2

这里顺便指出,当函数 $f(x)$ 只在区间 $[-\pi,\pi]$ 上有定义时,同样可按上述方法将 $f(x)$ 在区间 $[-\pi,\pi]$ 上展开成傅里叶级数. 这时,可将 $f(x)$ 理解为定义在 $(-\infty,+\infty)$ 上的以 2π

为周期的函数.实际上,在区间$[-\pi,\pi]$以外的部分,是按函数$f(x)$在$[-\pi,\pi]$上的对应关系作周期延拓,使周期延拓后所得到的函数$F(x)$在区间$[-\pi,\pi]$上等于$f(x)$.这样,按上述方法得到的傅里叶级数是函数$F(x)$的展开式,而这个展开式在区间$[-\pi,\pi]$上是函数$f(x)$的傅里叶级数.

三、奇函数与偶函数的傅里叶级数

若函数$f(x)$是以2π为周期的奇函数,则在区间$[-\pi,\pi]$上,$f(x)\cos nx$是奇函数,$f(x)\sin nx$是偶函数.由于在$[-\pi,\pi]$上奇函数的定积分等于0,偶函数的定积分等于这个函数在$[0,\pi]$上定积分的两倍,故当$f(x)$是奇函数时,它的傅里叶系数为

$$a_n=\frac{1}{\pi}\int_{-\pi}^{\pi}f(x)\cos nx\,\mathrm{d}x=0\quad(n=0,1,2,\cdots),$$

$$b_n=\frac{1}{\pi}\int_{-\pi}^{\pi}f(x)\sin nx\,\mathrm{d}x=\frac{2}{\pi}\int_{0}^{\pi}f(x)\sin nx\,\mathrm{d}x\quad(n=1,2,\cdots).\tag{3}$$

于是,奇函数$f(x)$的傅里叶级数只含有正弦函数的项

$$\sum_{n=1}^{\infty}b_n\sin nx,$$

其中$b_n(n=1,2,\cdots)$由(3)式计算.此时的傅里叶级数称为**正弦级数**.

若$f(x)$是以2π为周期的偶函数,同理可推得函数$f(x)$的傅里叶系数为

$$a_n=\frac{2}{\pi}\int_{0}^{\pi}f(x)\cos nx\,\mathrm{d}x\quad(n=0,1,2,\cdots),\tag{4}$$

$$b_n=\frac{1}{\pi}\int_{-\pi}^{\pi}f(x)\sin nx\,\mathrm{d}x=0\quad(n=1,2,\cdots),$$

所以偶函数$f(x)$的傅里叶级数只含有余弦函数的项

$$\frac{a_0}{2}+\sum_{n=1}^{\infty}a_n\cos nx,$$

其中$a_n(n=0,1,2,\cdots)$由(4)式计算.这时,傅里叶级数称为**余弦级数**.

例2 设函数$f(x)$是以2π为周期的周期函数,且它在$[-\pi,\pi)$上的表示式为

$$f(x)=\begin{cases}-1, & -\pi<x<0,\\ 0, & x=0,x=-\pi,\\ 1, & 0<x<\pi,\end{cases}$$

试将函数$f(x)$展开成傅里叶级数.

解 函数$f(x)$的图形如图5-3所示.由于$f(x)$是奇函数,且满足狄里克雷定理的条件,所以可展开成正弦级数.因

$$a_n=0\quad(n=0,1,2,\cdots),$$

$$b_n=\frac{2}{\pi}\int_{0}^{\pi}f(x)\sin nx\,\mathrm{d}x=\frac{2}{\pi}\int_{0}^{\pi}\sin nx\,\mathrm{d}x=\frac{2}{n\pi}(-\cos nx)\Big|_{0}^{\pi}$$

$$= \frac{2}{n\pi}[1-(-1)^n] = \begin{cases} \frac{4}{n\pi}, & n \text{ 为奇数}, \\ 0, & n \text{ 为偶数} \end{cases} \quad (n=1,2,\cdots),$$

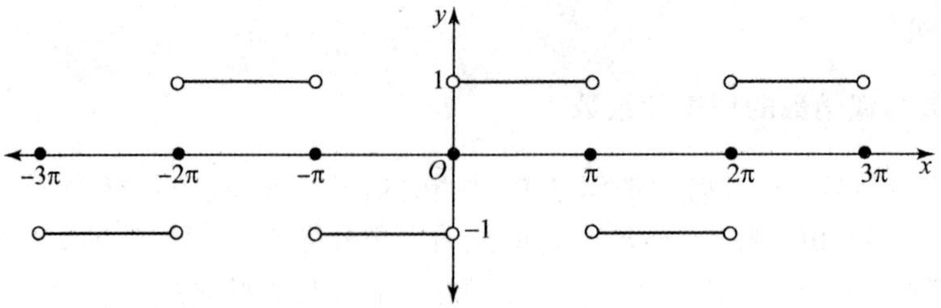

图 5-3

于是得正弦级数

$$\sum_{n=1}^{\infty} b_n \sin nx = \frac{4}{\pi}\sum_{k=1}^{\infty}\frac{1}{2k-1}\sin(2k-1)x = \frac{4}{\pi}\left(\sin x + \frac{1}{3}\sin 3x + \frac{1}{5}\sin 5x + \cdots\right).$$

在$(-\infty,+\infty)$内,$x=k\pi\ (k=0,\pm1,\pm2,\cdots)$是函数$f(x)$的第一类间断点,除此之外,函数$f(x)$均连续,所以上面所得到的傅里叶级数的收敛情况如下:

当$x\neq k\pi\ (k=0,\pm1,\pm2,\cdots)$时,收敛于$f(x)$;

当$x=0$时,收敛于$\dfrac{f(0-0)+f(0+0)}{2}=\dfrac{-1+1}{2}=0=f(0)$;

当$x=\pm\pi$时,收敛于$\dfrac{f(-\pi+0)+f(\pi-0)}{2}=\dfrac{-1+1}{2}=0=f(\pm\pi)$.

因此,在$(-\infty,+\infty)$内有

$$f(x) = \frac{4}{\pi}\left(\sin x + \frac{1}{3}\sin 3x + \frac{1}{5}\sin 5x + \cdots\right).$$

图 5-4 表示的是函数$f(x)$的傅里叶级数的部分和(取 1 项,取 2 项,取 3 项,取 4 项)在区间$(-\pi,\pi)$内逐渐接近函数$f(x)$的情形. 显然,部分和取的项数越多,近似程度越好.

例 3 在区间$[-\pi,\pi]$上,试将函数$f(x)=2x^2$展开为傅里叶级数.

解 因函数$f(x)$在$[-\pi,\pi]$上连续且为偶函数,所以$f(x)$可以展开为余弦级数. 由于

$$b_n = 0 \quad (n=1,2,\cdots),$$

$$a_0 = \frac{2}{\pi}\int_0^{\pi} f(x)\,dx = \frac{2}{\pi}\int_0^{\pi} 2x^2\,dx = \frac{4}{3}\pi^2,$$

$$a_n = \frac{2}{\pi}\int_0^{\pi} f(x)\cos nx\,dx = \frac{2}{\pi}\int_0^{\pi} 2x^2\cos nx\,dx$$

$$= \frac{4}{\pi}\left(\frac{x^2\sin nx}{n} + \frac{2x\cos nx}{n^2} - \frac{2\sin nx}{n^3}\right)\Big|_0^{\pi}$$

$$= \frac{8\cos n\pi}{n^2} = \frac{(-1)^n 8}{n^2} \quad (n=1,2,\cdots),$$

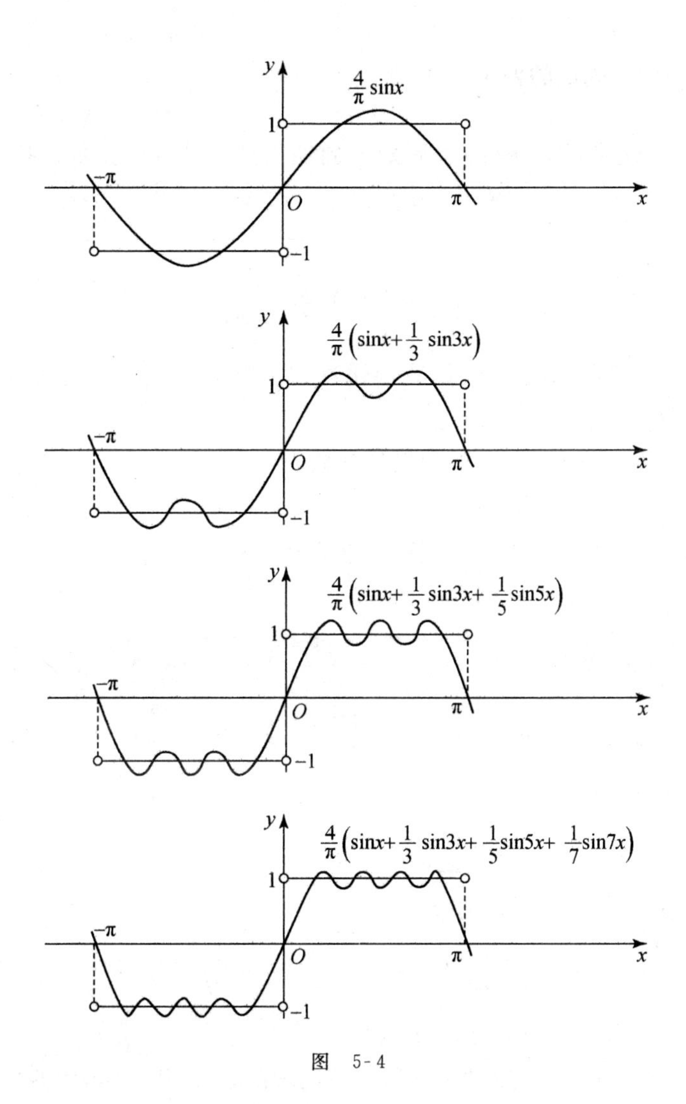

图 5-4

于是 $f(x)=2x^2$ 的傅里叶级数为

$$\frac{2\pi^2}{3}+8\sum_{n=1}^{\infty}\frac{(-1)^n}{n^2}\cos nx=\frac{2\pi^2}{3}+8\left(-\cos x+\frac{1}{4}\cos 2x-\frac{1}{9}\cos 3x+\cdots\right).$$

由于 $f(x)=2x^2$ 在区间$[-\pi,\pi]$上是连续函数且在两端点处函数值相等，所以，在$[-\pi,\pi]$上，$f(x)$的傅里叶级数收敛于 $f(x)$，即在$[-\pi,\pi]$上有

$$2x^2=\frac{2\pi^2}{3}-8\left(\cos x-\frac{1}{4}\cos 2x+\frac{1}{9}\cos 3x-\cdots\right).$$

四、以 $2l$ 为周期的函数的傅里叶级数

设 $f(x)$是以 $2l$ (l 是任意正数)为周期的周期函数. 只需作变量代换 $x=\frac{l}{\pi}t$,就可将 $f(x)$化为以 2π 为周期的函数. 事实上,令 $x=\frac{l}{\pi}t$,当$-l\leqslant x\leqslant l$ 时,就有$-\pi\leqslant t\leqslant\pi$,且

$$f(x)=f\left(\frac{l}{\pi}t\right)\xlongequal{\text{记为}}g(t),$$

则 $g(t)$就是以 2π 为周期的函数. 这样,我们通过求函数 $g(t)$的傅里叶级数,就可得到函数 $f(x)$ 的傅里叶级数.

由于函数 $g(t)$以 2π 为周期,它的傅里叶系数为

$$\begin{cases} a_0=\frac{1}{\pi}\int_{-\pi}^{\pi}g(t)\mathrm{d}t\xlongequal{\text{令}x=\frac{l}{\pi}t}\frac{1}{l}\int_{-l}^{l}f(x)\mathrm{d}x, \\ a_n=\frac{1}{\pi}\int_{-\pi}^{\pi}g(t)\cos nt\,\mathrm{d}t\xlongequal{\text{令}x=\frac{l}{\pi}t}\frac{1}{l}\int_{-l}^{l}f(x)\cos\frac{n\pi}{l}x\,\mathrm{d}x\quad(n=1,2,\cdots), \\ b_n=\frac{1}{\pi}\int_{-\pi}^{\pi}g(t)\sin nt\,\mathrm{d}t\xlongequal{\text{令}x=\frac{l}{\pi}t}\frac{1}{l}\int_{-l}^{l}f(x)\sin\frac{n\pi}{l}x\,\mathrm{d}x\quad(n=1,2,\cdots), \end{cases}\tag{5}$$

因此 $g(t)$的傅里叶级数为

$$\frac{a_0}{2}+\sum_{n=1}^{\infty}(a_n\cos nt+b_n\sin nt).$$

将 t 用 x 表示,便得到函数 $f(x)$的傅里叶级数

$$\frac{a_0}{2}+\sum_{n=1}^{\infty}\left(a_n\cos\frac{n\pi}{l}x+b_n\sin\frac{n\pi}{l}x\right),\tag{6}$$

其中系数 $a_0,a_n,b_n(n=1,2,\cdots)$由公式(5)确定.

若函数 $f(x)$在区间$[-l,l]$上满足狄里克雷定理的条件,则 $f(x)$的傅里叶级数(6)的收敛情况是:

在 $f(x)$的连续点 x 处,收敛于 $f(x)$;

在 $f(x)$的第一类间断点 x 处,收敛于 $\frac{1}{2}[f(x-0)+f(x+0)]$;

在 $x=\pm l$ 处,收敛于 $\frac{1}{2}[f(-l+0)+f(l-0)]$.

例 4 设 $f(x)$是以 2 为周期的周期函数,且在区间$[-1,1)$上的表示式为

$$f(x)=\begin{cases}1, & -1\leqslant x<0, \\ 2, & 0\leqslant x<1,\end{cases}$$

试将其展开成傅里叶级数.

解 函数 $f(x)$满足狄里克雷定理的条件,可以展开成傅里叶级数.由公式(5)计算傅里叶系数,其中 $l=1$:

$$a_0=\int_{-1}^{1}f(x)\mathrm{d}x=\int_{-1}^{0}\mathrm{d}x+\int_{0}^{1}2\mathrm{d}x=3,$$

$$\begin{aligned}a_n&=\int_{-1}^{1}f(x)\cos n\pi x\mathrm{d}x=\int_{-1}^{0}\cos n\pi x\mathrm{d}x+\int_{0}^{1}2\cos n\pi x\mathrm{d}x\\&=\frac{1}{n\pi}\sin n\pi x\Big|_{-1}^{0}+\frac{2}{n\pi}\sin n\pi x\Big|_{0}^{1}=0\quad(n=1,2,\cdots),\end{aligned}$$

$$\begin{aligned}b_n&=\int_{-1}^{1}f(x)\sin n\pi x\mathrm{d}x=\int_{-1}^{0}\sin n\pi x\mathrm{d}x+\int_{0}^{1}2\sin n\pi x\mathrm{d}x\\&=-\frac{1}{n\pi}\cos n\pi x\Big|_{-1}^{0}-\frac{2}{n\pi}\cos n\pi x\Big|_{0}^{1}=\frac{1}{n\pi}[1-(-1)^n]\\&=\begin{cases}\dfrac{2}{n\pi}, & n\text{ 为奇数},\\ 0, & n\text{ 为偶数}\end{cases}\quad(n=1,2,\cdots).\end{aligned}$$

于是,由(6)式得函数 $f(x)$的傅里叶级数为

$$\frac{3}{2}+\frac{2}{\pi}\left(\sin\pi x+\frac{1}{3}\sin3\pi x+\frac{1}{5}\sin5\pi x+\cdots\right).$$

由于 $x=k\ (k=0,\pm1,\pm2,\cdots)$是函数 $f(x)$的第一类间断点,这时上述级数收敛于 $\frac{1+2}{2}=\frac{3}{2}$;当 $x\neq k\ (k=0,\pm1,\pm2,\cdots)$时,有

$$f(x)=\frac{3}{2}+\frac{2}{\pi}\sum_{n=1}^{\infty}\frac{1}{2n-1}\sin(2n-1)\pi x.$$

习 题 5.5

A 组

1. 将下列周期为 2π 的函数 $f(x)$展开成傅里叶级数,其中给出了 $f(x)$在区间$[-\pi,\pi)$上的表示式:

(1) $f(x)=\begin{cases}-\pi, & -\pi\leqslant x<0,\\ x, & 0\leqslant x<\pi;\end{cases}$　　(2) $f(x)=\begin{cases}-\pi/4, & -\pi\leqslant x<0,\\ \pi/4, & 0\leqslant x<\pi.\end{cases}$

2. 求下列函数在区间$[-\pi,\pi]$上的傅里叶级数,并写出其和函数:

(1) $f(x)=|x|,\ -\pi\leqslant x\leqslant\pi$;　　(2) $f(x)=x^2,\ -\pi\leqslant x\leqslant\pi$.

3. 将函数 $f(x)=\frac{\pi-x}{2}$ 在区间$[0,\pi]$上展开成正弦级数.

4. 将函数 $f(x)=\frac{\pi}{2}-x$ 在区间$[0,\pi]$上展开成余弦级数.

5. 设 $f(x)$是周期为 4 的函数,且它在区间$[-2,2)$上的表示式为

$$f(x)=\begin{cases}0, & -2\leqslant x<0,\\ E, & 0\leqslant x<2\end{cases}\quad(\text{常数 } E\neq 0),$$

试将 $f(x)$ 展开成傅里叶级数.

B　组

1. 将下列周期为 2π 的函数 $f(x)$ 展开成傅里叶级数,其中给出了 $f(x)$ 在区间 $[-\pi,\pi)$ 上的表示式:

(1) $f(x)=\begin{cases}\pi+x, & -\pi\leqslant x<0,\\ \pi-x, & 0\leqslant x<\pi;\end{cases}$　　(2) $f(x)=x,\ -\pi\leqslant x<\pi$.

2. 求下列函数在区间 $[-\pi,\pi]$ 上的傅里叶级数,并写出其和函数:

(1) $f(x)=\begin{cases}-2, & -\pi\leqslant x<0,\\ 1, & 0\leqslant x\leqslant\pi;\end{cases}$　　(2) $f(x)=\begin{cases}e^x, & -\pi\leqslant x<0,\\ 1, & 0\leqslant x\leqslant\pi.\end{cases}$

3. 将函数 $f(x)=\dfrac{x}{2}$ 在区间 $[0,2]$ 上展开成:

(1) 余弦级数;　　(2) 正弦级数.

总习题五

1. 填空题:

(1) $\dfrac{1}{2}+\dfrac{1}{4}+\dfrac{1}{8}+\cdots+\dfrac{1}{2^n}+\cdots=$________;

(2) 若级数 $\sum\limits_{n=1}^{\infty}nx^{n-1}\ (x>0)$ 收敛,则 x 的取值范围是________;

(3) 幂级数 $\sum\limits_{n=0}^{\infty}\dfrac{x^n}{n!}$ 的收敛半径 $R=$________;

(4) $\displaystyle\int_0^x\left[1-\frac{x^2}{3!}+\frac{x^4}{5!}-\cdots+(-1)^n\frac{x^{2n}}{(2n+1)!}+\cdots\right]x\,dx=$________;

(5) 设 m 和 n 均为正整数,且 $m\neq n$,则 $\displaystyle\int_{-\pi}^{\pi}\cos mx\cos nx\,dx=$________, $\displaystyle\int_{-\pi}^{\pi}\sin mx\sin nx\,dx=$________, $\displaystyle\int_{-\pi}^{\pi}\sin mx\cos nx\,dx=$________.

2. 单项选择题:

(1) $\lim\limits_{n\to\infty}u_n=0$ 是级数 $\sum\limits_{n=1}^{\infty}u_n$ 收敛的(　　);

(A) 充分条件,但不是必要条件　　(B) 必要条件,但不是充分条件

(C) 充分必要条件　　(D) 既不是必要条件,也不是充分条件

(2) 下列级数中收敛的是(　　);

(A) $\sum\limits_{n=1}^{\infty}\dfrac{1}{2n+1}$　　(B) $\sum\limits_{n=1}^{\infty}\dfrac{1}{\sqrt{n^2+1}}$　　(C) $\sum\limits_{n=1}^{\infty}\dfrac{1}{\sqrt{n^3+1}}$　　(D) $\sum\limits_{n=1}^{\infty}\cos\dfrac{n\pi}{2}$

(3) 级数 $\sum\limits_{n=1}^{\infty}\dfrac{(-1)^n n}{3^n}$(　　);

(A) 条件收敛　　(B) 绝对收敛

(C) 发散　　(D) 敛散性不能确定

(4) 当 $x\in(-\infty,+\infty)$ 时，$1-3x+\frac{3^2}{2!}x^2-\frac{3^3}{3!}x^3+\cdots+(-1)^n\frac{3^n}{n!}x^n+\cdots=(\quad)$.

(A) e^{-x^3}　　(B) e^{x^3}　　(C) e^{-3x}　　(D) e^{3x}

3. 判定下列级数的敛散性：

(1) $\sum_{n=1}^{\infty}\sqrt{\frac{n}{n+1}}$；　(2) $\sum_{n=1}^{\infty}\left(\frac{8^n}{9^n}+\frac{1}{10n}\right)$；　(3) $\sum_{n=1}^{\infty}\frac{n}{4n^3-2}$；　(4) $\sum_{n=1}^{\infty}\frac{n^3}{3^n}$.

4. 判定下列级数是绝对收敛、条件收敛，还是发散：

(1) $\sum_{n=1}^{\infty}\frac{(-1)^{n+1}}{\ln(n+1)}$；　(2) $\sum_{n=1}^{\infty}(-1)^{\frac{n(n-1)}{2}}\frac{1}{n}\sin\frac{1}{n}$.

5. 求下列幂级数的收敛域：

(1) $\sum_{n=1}^{\infty}\frac{x^{n-1}}{3^{n-1}n}$；　(2) $\sum_{n=1}^{\infty}\frac{(x+1)^n}{n}$.

6. 将函数 $f(x)=\ln(1+x-2x^2)$ 展开成 x 的幂级数，并求收敛域.

7. 设函数 $f(x)$ 以 2π 为周期，且在 $[-\pi,\pi)$ 上的表达式为

$$f(x)=\begin{cases}ax, & -\pi\leqslant x<0,\\ 1, & x=0,\\ bx, & 0<x<\pi\end{cases}\quad (a,b\text{ 为非零常数}),$$

试将其展开成傅里叶级数.

第六章 行列式

本章介绍行列式的概念、性质和计算方法以及求解线性方程组的克拉默法则.

§6.1 二阶、三阶行列式

【本节学习目标】 掌握计算二阶、三阶行列式的对角线法则和拉普拉斯展开式;掌握行列式的性质.

一、二阶、三阶行列式的定义

由 2×2 个数 $a_{ij}(i,j=1,2)$ 排成 2 行 2 列的记号 $\begin{vmatrix} a_{11} & a_{12} \\ a_{21} & a_{22} \end{vmatrix}$ 称为**二阶行列式**,它表示由两项组成的代数和: $a_{11}a_{22}-a_{12}a_{21}$,即

$$\begin{vmatrix} a_{11} & a_{12} \\ a_{21} & a_{22} \end{vmatrix} = a_{11}a_{22}-a_{12}a_{21},$$

其中每个数 a_{ij} 称为**二阶行列式的元**. 元 a_{ij} 的第一个下标 i 表示它所在的行,第二个下标 j 表示它所在的列.

若把 a_{11},a_{22} 称为二阶行列式的主对角线元,a_{12},a_{21} 称为副对角线元,则二阶行列式等于主对角线元的乘积与副对角线元的乘积之差. 按这种规定计算二阶行列式,称为**对角线法则**.

例如,二阶行列式(行列式通常记做 D)

$$D=\begin{vmatrix} 3 & 5 \\ -4 & 2 \end{vmatrix} = 3\times 2-5\times(-4)=26.$$

由 3×3 个数 $a_{ij}(i,j=1,2,3)$ 排成 3 行 3 列的记号

$$\begin{vmatrix} a_{11} & a_{12} & a_{13} \\ a_{21} & a_{22} & a_{23} \\ a_{31} & a_{32} & a_{33} \end{vmatrix}$$

称为**三阶行列式**,它表示由 6 项组成的代数和,即

$$\begin{vmatrix} a_{11} & a_{12} & a_{13} \\ a_{21} & a_{22} & a_{23} \\ a_{31} & a_{32} & a_{33} \end{vmatrix} = a_{11}a_{22}a_{33} + a_{12}a_{23}a_{31} + a_{13}a_{21}a_{32} - a_{11}a_{23}a_{32} - a_{12}a_{21}a_{33} - a_{13}a_{22}a_{31}.$$

三阶行列式所表示的代数和,可用图 6-1 来记忆. 图中沿各实线相连的三个数乘积取正号,沿各虚线相连的三个数乘积取负号,它们的代数和就是三阶行列式表示的数. 按这种规定计算三阶行列式,也称为**对角线法则**.

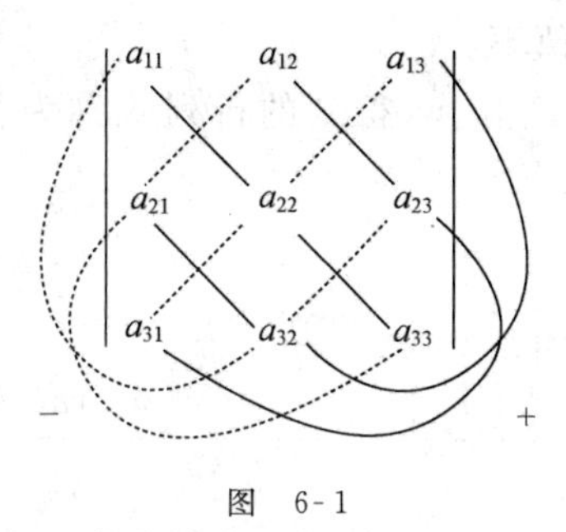

图 6-1

例 1 三阶行列式

$$\begin{aligned} D = &\begin{vmatrix} 1 & 2 & 3 \\ -1 & 3 & 4 \\ 2 & 5 & 2 \end{vmatrix} \\ &= 1\times 3\times 2 + 2\times 4\times 2 + 3\times(-1)\times 5 \\ &\quad - 1\times 4\times 5 - 2\times(-1)\times 2 - 3\times 3\times 2 \\ &= 6 + 16 - 15 - 20 + 4 - 18 = -27. \end{aligned}$$

例 2 由三阶行列式的定义有

$$\begin{aligned} D = &\begin{vmatrix} a_{11} & a_{12} & a_{13} \\ 0 & a_{22} & a_{23} \\ 0 & 0 & a_{33} \end{vmatrix} \\ &= a_{11}a_{22}a_{33} + a_{12}a_{23}\cdot 0 + a_{13}\cdot 0\cdot 0 - a_{11}a_{23}\cdot 0 - a_{12}\cdot 0\cdot a_{33} - a_{13}a_{22}\cdot 0 \\ &= a_{11}a_{22}a_{33}. \end{aligned}$$

例 2 中的行列式称为**上三角形行列式**.

类似地,**下三角形行列式**

$$D = \begin{vmatrix} a_{11} & 0 & 0 \\ a_{21} & a_{22} & 0 \\ a_{31} & a_{32} & a_{33} \end{vmatrix} = a_{11}a_{22}a_{33};$$

对角形行列式

$$D=\begin{vmatrix} a_{11} & 0 & 0 \\ 0 & a_{22} & 0 \\ 0 & 0 & a_{33} \end{vmatrix}=a_{11}a_{22}a_{33}.$$

二、行列式的性质

容易证明二阶、三阶行列式具有以下性质:

性质 1 将行列式转置,其值不变.

将行列式 D 的行与相应的列互换,得到的行列式称为行列式 D 的**转置行列式**,记做 D^{T},即若

$$D=\begin{vmatrix} a_{11} & a_{12} & a_{13} \\ a_{21} & a_{22} & a_{23} \\ a_{31} & a_{32} & a_{33} \end{vmatrix},\quad 则\quad D^{\mathrm{T}}=\begin{vmatrix} a_{11} & a_{21} & a_{31} \\ a_{12} & a_{22} & a_{32} \\ a_{13} & a_{23} & a_{33} \end{vmatrix}.$$

按性质 1 所述,有 $D=D^{\mathrm{T}}$.

该性质说明,对行列式的"行"成立的性质,对其"列"也成立.

性质 2 交换行列式的两行(列),行列式改变符号.

以下,我们把交换行列式的第 i 行(列)与第 j 行(列)记做 $r_i \leftrightarrow r_j(c_i \leftrightarrow c_j)$.

例如,已知 $D=\begin{vmatrix} 1 & 0 & -1 \\ 1 & 2 & 0 \\ -1 & 3 & 2 \end{vmatrix}=-1$,容易验证将 D 的第 1 行与第 3 行交换后得

$$D_1=\begin{vmatrix} -1 & 3 & 2 \\ 1 & 2 & 0 \\ 1 & 0 & -1 \end{vmatrix}=1.$$

推论 若行列式有两行(列)的对应元相同,则此行列式等于零.

事实上,若行列式 D 有两行的对应元相同,交换该两行后,仍为 D. 按性质 2,应有 $D=-D$,于是 $D=0$.

性质 3 把行列式的某一行(列)的每个元同乘以数 k,等于数 k 乘以该行列式,即

$$\begin{vmatrix} a_{11} & a_{12} & a_{13} \\ ka_{21} & ka_{22} & ka_{23} \\ a_{31} & a_{32} & a_{33} \end{vmatrix}=k\begin{vmatrix} a_{11} & a_{12} & a_{13} \\ a_{21} & a_{22} & a_{23} \\ a_{31} & a_{32} & a_{33} \end{vmatrix}.$$

性质 3 也可表述为:行列式某一行(列)的公因子,可以提到行列式外.

推论 1 若行列式中有一行(列)的元全为零,则此行列式为零.

推论 2 若行列式有两行(列)的对应元成比例,则此行列式等于零.

例如,下面行列式 D 的第 1 行与第 3 行的对应元成比例,则由性质 3 及性质 2 的推论有

$$D=\begin{vmatrix}2&3&1\\4&-2&9\\6&9&3\end{vmatrix}=3\begin{vmatrix}2&3&1\\4&-2&9\\2&3&1\end{vmatrix}=3\times 0=0.$$

性质 4　若行列式中某一行(列)的所有元都是两个数的和,则此行列式等于两个行列式的和:这两个行列式的这一行(列)的元分别为对应的两个加数之一,其余各行(列)的元与原行列式相同.

例如,有

$$\begin{vmatrix}a_{11}&a_{12}&a_{13}\\a_{21}+b_{21}&a_{22}+b_{22}&a_{23}+b_{23}\\a_{31}&a_{32}&a_{33}\end{vmatrix}=\begin{vmatrix}a_{11}&a_{12}&a_{13}\\a_{21}&a_{22}&a_{23}\\a_{31}&a_{32}&a_{33}\end{vmatrix}+\begin{vmatrix}a_{11}&a_{12}&a_{13}\\b_{21}&b_{22}&b_{23}\\a_{31}&a_{32}&a_{33}\end{vmatrix}.$$

例 3　计算行列式 $D=\begin{vmatrix}517&17&5\\85&-15&1\\306&6&3\end{vmatrix}$.

解　将第 1 列的元分成两个数的和,由性质 3 的推论 2 和性质 2 的推论有

$$D=\begin{vmatrix}500+17&17&5\\100-15&-15&1\\300+6&6&3\end{vmatrix}=\begin{vmatrix}500&17&5\\100&-15&1\\300&6&3\end{vmatrix}+\begin{vmatrix}17&17&5\\-15&-15&1\\6&6&3\end{vmatrix}$$
$$=0+0=0.$$

性质 5　将行列式某一行(列)的所有元同乘以数 k,加到另一行(列)的对应元上,行列式的值不变.

以下,我们把行列式的第 i 行(列)乘以数 k 加到第 j 行(列)上记做 $kr_i+r_j(kc_i+c_j)$.

例 4　计算下列行列式:

(1) $D=\begin{vmatrix}2&1&2\\-4&2&1\\2&3&5\end{vmatrix}$;　　(2) $D=\begin{vmatrix}a&b&b\\b&a&b\\b&b&a\end{vmatrix}$.

解　(1) 将 D 化成上三角形行列式,得

$$D\xlongequal[-r_1+r_3]{2r_1+r_2}\begin{vmatrix}2&1&2\\0&4&5\\0&2&3\end{vmatrix}\xlongequal{-\frac{1}{2}r_2+r_3}\begin{vmatrix}2&1&2\\0&4&5\\0&0&\frac{1}{2}\end{vmatrix}=2\times 4\times\frac{1}{2}=4.$$

(2) 注意到每一行所有元之和相等,将第 2,3 列都加到第 1 列上,有

$$D=\begin{vmatrix} a+2b & b & b \\ a+2b & a & b \\ a+2b & b & a \end{vmatrix}=(a+2b)\begin{vmatrix} 1 & b & b \\ 1 & a & b \\ 1 & b & a \end{vmatrix}$$

$$\xlongequal[-r_1+r_3]{-r_1+r_2}(a+2b)\begin{vmatrix} 1 & b & b \\ 0 & a-b & 0 \\ 0 & 0 & a-b \end{vmatrix}=(a+2b)(a-b)^2.$$

三、行列式按行(列)展开

为了介绍行列式的展开,先给出余子式和代数余子式的概念.

对于三阶行列式

$$D=\begin{vmatrix} a_{11} & a_{12} & a_{13} \\ a_{21} & a_{22} & a_{23} \\ a_{31} & a_{32} & a_{33} \end{vmatrix},$$

划去元 $a_{ij}(i,j=1,2,3)$ 所在的第 i 行和第 j 列的元,由余下的元按原来的顺序排成的二阶行列式记做 M_{ij},称为**元 a_{ij} 的余子式**. 如元 a_{11},a_{21},a_{33} 的余子式分别为

$$M_{11}=\begin{vmatrix} a_{22} & a_{23} \\ a_{32} & a_{33} \end{vmatrix},\quad M_{21}=\begin{vmatrix} a_{12} & a_{13} \\ a_{32} & a_{33} \end{vmatrix},\quad M_{33}=\begin{vmatrix} a_{11} & a_{12} \\ a_{21} & a_{22} \end{vmatrix}.$$

若记 $A_{ij}=(-1)^{i+j}M_{ij}$,则称 A_{ij} 为**元 a_{ij} 的代数余子式**. 如元 a_{11},a_{12} 的代数余子式分别为

$$A_{11}=(-1)^{1+1}M_{11}=M_{11},\quad A_{12}=(-1)^{1+2}M_{12}=-M_{12}.$$

定理 6.1(拉普拉斯(Laplace)定理) 三阶行列式 D 的值等于它的任意一行(列)的元与其对应的代数余子式的乘积之和,即

$$\begin{aligned} D&=a_{11}A_{11}+a_{12}A_{12}+a_{13}A_{13}=a_{21}A_{21}+a_{22}A_{22}+a_{23}A_{23} \\ &=a_{31}A_{31}+a_{32}A_{32}+a_{33}A_{33} \end{aligned} \tag{1}$$

或

$$\begin{aligned} D&=a_{11}A_{11}+a_{21}A_{21}+a_{31}A_{31}=a_{12}A_{12}+a_{22}A_{22}+a_{32}A_{32} \\ &=a_{13}A_{13}+a_{23}A_{23}+a_{33}A_{33}, \end{aligned} \tag{2}$$

简写做

$$D=\sum_{j=1}^{3}a_{ij}A_{ij}\quad(i=1,2,3)$$

或

$$D=\sum_{i=1}^{3}a_{ij}A_{ij}\quad(j=1,2,3).$$

证 只需证明(1)式中的第一式,其余证法相同. 由三阶行列式的定义有

$$D=\begin{vmatrix} a_{11} & a_{12} & a_{13} \\ a_{21} & a_{22} & a_{23} \\ a_{31} & a_{32} & a_{33} \end{vmatrix}$$

$$= a_{11}a_{22}a_{33}+a_{12}a_{23}a_{31}+a_{13}a_{21}a_{32}-a_{11}a_{23}a_{32}-a_{12}a_{21}a_{33}-a_{13}a_{22}a_{31}$$

$$= a_{11}(a_{22}a_{33}-a_{23}a_{32})+a_{12}(a_{23}a_{31}-a_{21}a_{33})+a_{13}(a_{21}a_{32}-a_{22}a_{31})$$

$$= a_{11}\begin{vmatrix} a_{22} & a_{23} \\ a_{32} & a_{33} \end{vmatrix}-a_{12}\begin{vmatrix} a_{21} & a_{23} \\ a_{31} & a_{33} \end{vmatrix}+a_{13}\begin{vmatrix} a_{21} & a_{22} \\ a_{31} & a_{32} \end{vmatrix}$$

$$= a_{11}A_{11}+a_{12}A_{12}+a_{13}A_{13}.$$

定理 6.1 表明,可以通过计算 3 个二阶行列式来计算三阶行列式. (1)式或(2)式称为**拉普拉斯展开式**.

对于数 a,若定义一阶行列式 $|a|=a$,并按上述方法定义二阶行列式中元的代数余子式,则拉普拉斯定理对于二阶行列式也成立.

例 5 分别将行列式 $D=\begin{vmatrix} 2 & 3 & -1 \\ 1 & -4 & 1 \\ 5 & -2 & 3 \end{vmatrix}$ 按第 1 行和第 3 列展开计算其值.

解 按第 1 行展开:

$$D=2(-1)^{1+1}\begin{vmatrix} -4 & 1 \\ -2 & 3 \end{vmatrix}+3(-1)^{1+2}\begin{vmatrix} 1 & 1 \\ 5 & 3 \end{vmatrix}+(-1)(-1)^{1+3}\begin{vmatrix} 1 & -4 \\ 5 & -2 \end{vmatrix}$$

$$=2(-12+2)-3(3-5)-(-2+20)=-32.$$

按第 3 列展开:

$$D=(-1)(-1)^{1+3}\begin{vmatrix} 1 & -4 \\ 5 & -2 \end{vmatrix}+1(-1)^{2+3}\begin{vmatrix} 2 & 3 \\ 5 & -2 \end{vmatrix}+3(-1)^{3+3}\begin{vmatrix} 2 & 3 \\ 1 & -4 \end{vmatrix}$$

$$=-(-2+20)-(-4-15)+3(-8-3)=-32.$$

从上例可以看到行列式按不同的行或列展开计算的结果相同.

若将行列式的拉普拉斯展开式与行列式的性质相结合,计算行列式就更为简捷.一般是先利用行列式的性质将行列式的某行(列)的元尽可能化为零,然后将行列式按这行(列)展开计算.

例 6 计算行列式 $D=\begin{vmatrix} 1 & 1 & 2 \\ 3 & -1 & -1 \\ 2 & 3 & -1 \end{vmatrix}$.

解 $D\xlongequal[-2r_1+r_3]{-3r_1+r_2}\begin{vmatrix} 1 & 1 & 2 \\ 0 & -4 & -7 \\ 0 & 1 & -5 \end{vmatrix}\xlongequal{\text{按第 1 列展开}}(-1)^{1+1}\begin{vmatrix} -4 & -7 \\ 1 & -5 \end{vmatrix}=27.$

推论 三阶行列式 D 的某一行(列)的元与另一行(列)对应元的代数余子式乘积之和等于零，即

$$\sum_{k=1}^{3} a_{ik}A_{jk} = a_{i1}A_{j1} + a_{i2}A_{j2} + a_{i3}A_{j3} = 0 \quad (i \neq j);$$

$$\sum_{k=1}^{3} a_{ki}A_{kj} = a_{1i}A_{1j} + a_{2i}A_{2j} + a_{3i}A_{3j} = 0 \quad (i \neq j).$$

习 题 6.1

A 组

1. 用对角线法则计算下列行列式：

(1) $\begin{vmatrix} 8 & 3 \\ -3 & -2 \end{vmatrix}$； (2) $\begin{vmatrix} \cos\alpha & -\sin\alpha \\ \sin\alpha & \cos\alpha \end{vmatrix}$； (3) $\begin{vmatrix} 1 & 1 & -1 \\ 1 & 0 & 1 \\ -1 & 1 & -2 \end{vmatrix}$；

(4) $\begin{vmatrix} 2 & -3 & 3 \\ 1 & 2 & 7 \\ 4 & 0 & -5 \end{vmatrix}$； (5) $\begin{vmatrix} 0 & -a & b \\ a & 0 & -c \\ -b & c & 0 \end{vmatrix}$； (6) $\begin{vmatrix} b & -a & 0 \\ 0 & 2c & 3b \\ c & 0 & a \end{vmatrix}$.

2. 计算下列行列式：

(1) $\begin{vmatrix} 2 & 0 & 1 \\ 402 & 197 & 100 \\ 4 & 2 & 1 \end{vmatrix}$； (2) $\begin{vmatrix} a-2a_1 & 3a & 6a_1 \\ 2b+5b_1 & 6b & -15b_1 \\ 4c-6c_1 & 12c & 18c_1 \end{vmatrix}$； (3) $\begin{vmatrix} ax & a^2+x^2 & 1 \\ ay & a^2+y^2 & 1 \\ az & a^2+z^2 & 1 \end{vmatrix}$.

3. 用拉普拉斯展开式计算下列行列式：

(1) $\begin{vmatrix} a & b \\ c & d \end{vmatrix}$； (2) $\begin{vmatrix} x+1 & 2 & 1 \\ 0 & 3 & 2 \\ 1 & 3 & x \end{vmatrix}$； (3) $\begin{vmatrix} 2 & 3 & 4 \\ 5 & -2 & 1 \\ 1 & 2 & 3 \end{vmatrix}$.

B 组

1. 设行列式

$$D = \begin{vmatrix} 1 & 3 & -14 \\ -2 & 5 & 7 \\ 6 & -1 & -7 \end{vmatrix}, \quad D_1 = \begin{vmatrix} 1 & -2 & 6 \\ 3 & 5 & -1 \\ -14 & 7 & -7 \end{vmatrix}, \quad D_2 = \begin{vmatrix} -1 & 3 & 14 \\ 2 & 5 & -7 \\ -6 & -1 & 7 \end{vmatrix},$$

$$D_3 = \begin{vmatrix} 7 & 3 & -2 \\ -14 & 5 & 1 \\ 42 & -1 & -1 \end{vmatrix}, \quad D_4 = \begin{vmatrix} 4 & 3 & -14 \\ 3 & 5 & 7 \\ 5 & -1 & -7 \end{vmatrix},$$

问：$D=D_1, D=D_2, D=D_3, D=D_4$ 对否？为什么？

2. 证明下列各式：

(1) $\begin{vmatrix} 1 & a & a^2 \\ 1 & b & b^2 \\ 1 & c & c^2 \end{vmatrix} = (a-b)(b-c)(c-a)$；

(2) $\begin{vmatrix} a+b+2c & a & b \\ c & b+c+2a & b \\ c & a & c+a+2b \end{vmatrix} = 2(a+b+c)^3$.

§6.2 n阶行列式

【本节学习目标】 了解n阶行列式的定义；会计算四阶或更高阶的行列式.

有了拉普拉斯定理，就可以给出n阶行列式的定义.为此，我们先说明两点：

首先，求三阶行列式的值可以通过拉普拉斯展开式化为计算二阶行列式来实现.

其次，对于三阶行列式的余子式和代数余子式的概念可以推广至任意阶行列式，且行列式某一元的代数余子式总比原行列式降低一阶.

这样，我们就可以用三阶行列式按拉普拉斯展开式的方法定义四阶行列式；同样，有了四阶行列式就可以定义五阶行列式.依此类推，假定我们已有了$n-1$阶行列式，下面给出n阶行列式的定义.

定义 由$n\times n$个数$a_{ij}(i,j=1,2,\cdots,n)$排成n行n列的记号

$$D=\begin{vmatrix} a_{11} & a_{12} & \cdots & a_{1n} \\ a_{21} & a_{22} & \cdots & a_{2n} \\ \vdots & \vdots & & \vdots \\ a_{n1} & a_{n2} & \cdots & a_{nn} \end{vmatrix}$$

称为n**阶行列式**，它表示一个代数和，其值**规定**如下：

若按第i $(i=1,2,\cdots,n)$行展开，则

$$D=a_{i1}A_{i1}+a_{i2}A_{i2}+\cdots+a_{in}A_{in}=\sum_{j=1}^{n}a_{ij}A_{ij}；$$

若按第j $(j=1,2,\cdots,n)$列展开，则

$$D=a_{1j}A_{1j}+a_{2j}A_{2j}+\cdots+a_{nj}A_{nj}=\sum_{i=1}^{n}a_{ij}A_{ij},$$

其中A_{ij}是元$a_{ij}(i,j=1,2,\cdots,n)$的代数余子式.

于是，n阶行列式的值就可以通过计算$n-1$阶行列式来得到.

在此，还需指出，前述二阶、三阶行列式的所有性质，对n阶行列式也适用.

例 1 计算下列行列式：

(1) $D=\begin{vmatrix}3 & -1 & 1 & 0\\5 & 1 & 3 & -1\\2 & -1 & 0 & 1\\0 & -5 & 3 & 1\end{vmatrix}$； (2) $D=\begin{vmatrix}1 & -1 & 1 & -2\\2 & 0 & -1 & 4\\3 & 2 & 1 & 0\\-1 & 2 & -1 & 2\end{vmatrix}$.

解 (1) 若按第 2 行展开，需计算 4 个三阶行列式；若按其余 3 行展开，因各行中均有一个元为零，只需计算 3 个三阶行列式. 由此，若将某一行中的元尽可能多地化为零，则计算将得到简化：

$$D\xlongequal[c_2+c_4]{2c_2+c_1}\begin{vmatrix}1 & -1 & 1 & -1\\7 & 1 & 3 & 0\\0 & -1 & 0 & 0\\-10 & -5 & 3 & -4\end{vmatrix}\xlongequal[\text{展开}]{\text{按第 3 行}}(-1)A_{32}$$

$$=(-1)\times(-1)^{3+2}\begin{vmatrix}1 & 1 & -1\\7 & 3 & 0\\-10 & 3 & -4\end{vmatrix}\xlongequal{-4r_1+r_3}\begin{vmatrix}1 & 1 & -1\\7 & 3 & 0\\-14 & -1 & 0\end{vmatrix}$$

$$\xlongequal[\text{展开}]{\text{按第 3 列}}(-1)\times(-1)^{1+3}\begin{vmatrix}7 & 3\\-14 & -1\end{vmatrix}=-(-7+42)=-35.$$

(2) 对三阶行列式的上三角形行列式、下三角形行列式和对角形行列式的计算方法，显然对 n 阶行列式也适用. 这里将行列式 D 化为上三角形行列式：

$$D\xlongequal[r_1+r_4]{\substack{-2r_1+r_2\\-3r_1+r_3}}\begin{vmatrix}1 & -1 & 1 & -2\\0 & 2 & -3 & 8\\0 & 5 & -2 & 6\\0 & 1 & 0 & 0\end{vmatrix}\xlongequal{r_2\leftrightarrow r_4}-\begin{vmatrix}1 & -1 & 1 & -2\\0 & 1 & 0 & 0\\0 & 5 & -2 & 6\\0 & 2 & -3 & 8\end{vmatrix}$$

$$\xlongequal[-2r_2+r_4]{-5r_2+r_3}-\begin{vmatrix}1 & -1 & 1 & -2\\0 & 1 & 0 & 0\\0 & 0 & -2 & 6\\0 & 0 & -3 & 8\end{vmatrix}\xlongequal{-\frac{3}{2}r_3+r_4}-\begin{vmatrix}1 & -1 & 1 & -2\\0 & 1 & 0 & 0\\0 & 0 & -2 & 6\\0 & 0 & 0 & -1\end{vmatrix}$$

$$=-[1\times1\times(-2)\times(-1)]=-2.$$

例 2 解方程 $\begin{vmatrix}1 & 1 & 1 & 1\\1 & 1-x & 1 & 1\\1 & 1 & 2-x & 1\\1 & 1 & 1 & 3-x\end{vmatrix}=0.$

解 1 将方程左端的四阶行列式的第 1 列乘以(−1)加到其余各列上，有

$$\begin{vmatrix} 1 & 0 & 0 & 0 \\ 1 & -x & 0 & 0 \\ 1 & 0 & 1-x & 0 \\ 1 & 0 & 0 & 2-x \end{vmatrix} = 0,$$

即 $-x(1-x)(2-x)=0$,故所给方程的根为 $x_1=0, x_2=1, x_3=2$.

解 2 令方程左端的四阶行列式为 $f(x)$. 由行列式性质 2 的推论知,当 $x=0$ 时,因行列式的第 1 行与第 2 行相同,有 $f(0)=0$;当 $x=1$ 时,因行列式的第 1 行与第 3 行相同,有 $f(1)=0$;当 $x=2$ 时,类似的理由,有 $f(2)=0$. 故原方程有根 $x_1=0, x_2=1, x_3=2$.

习 题 6.2

A 组

1. 用拉普拉斯展开式计算下列行列式:

(1) $D=\begin{vmatrix} 7 & 1 & 0 & 5 \\ 2 & 3 & 1 & 0 \\ 1 & 0 & 0 & 2 \\ 8 & 4 & 3 & 5 \end{vmatrix}$; (2) $\begin{vmatrix} -2 & 3 & 2 & 4 \\ 1 & -2 & 3 & 2 \\ 3 & 2 & 3 & 4 \\ 0 & 4 & -2 & 5 \end{vmatrix}$; (3) $\begin{vmatrix} 1 & 3 & -1 & -3 \\ 3 & 1 & -2 & 7 \\ 0 & 1 & 0 & -2 \\ -4 & -1 & 5 & 1 \end{vmatrix}$.

2. 用化成上三角形行列式的方法计算下列行列式:

(1) $\begin{vmatrix} 3 & 1 & 1 & 1 \\ 1 & 3 & 1 & 1 \\ 1 & 1 & 3 & 1 \\ 1 & 1 & 1 & 3 \end{vmatrix}$; (2) $D=\begin{vmatrix} -2 & 1 & 3 & 1 \\ 1 & 0 & -1 & 2 \\ 0 & 1 & 0 & -1 \\ 1 & 3 & 4 & -2 \end{vmatrix}$; (3) $D=\begin{vmatrix} 1 & 2 & 0 & 1 \\ 1 & 3 & 5 & 0 \\ 0 & 1 & 5 & 6 \\ 1 & 2 & 3 & 4 \end{vmatrix}$.

B 组

1. 解下列方程:

(1) $\begin{vmatrix} 1+x & 2 & 3 \\ 1 & 2+x & 3 \\ 1 & 2 & 3+x \end{vmatrix}=0$; (2) $\begin{vmatrix} 0 & 1 & x & 1 \\ 1 & 0 & 1 & x \\ x & 1 & 0 & 1 \\ 1 & x & 1 & 0 \end{vmatrix}=0$.

2. 证明下列各式:

(1) $\begin{vmatrix} a_{11} & 0 & 0 & a_{14} \\ 0 & a_{22} & a_{23} & 0 \\ 0 & a_{32} & a_{33} & 0 \\ a_{41} & 0 & 0 & a_{44} \end{vmatrix} = a_{11}a_{22}a_{33}a_{44} - a_{11}a_{23}a_{32}a_{44} + a_{14}a_{23}a_{32}a_{41} - a_{14}a_{22}a_{33}a_{41}$;

(2) $\begin{vmatrix} a_{11} & a_{12} & 0 & 0 \\ a_{21} & a_{22} & 0 & 0 \\ c_{11} & c_{12} & b_{11} & b_{12} \\ c_{21} & c_{22} & b_{21} & b_{22} \end{vmatrix} = \begin{vmatrix} a_{11} & a_{12} \\ a_{21} & a_{22} \end{vmatrix} \cdot \begin{vmatrix} b_{11} & b_{12} \\ b_{21} & b_{22} \end{vmatrix}$.

§6.3 克拉默法则

【本节学习目标】 掌握克拉默法则,会将该法则应用于解线性方程组.

含有 n 个未知量和 n 个方程的线性方程组的一般形式是

$$\begin{cases} a_{11}x_1+a_{12}x_2+\cdots+a_{1n}x_n=b_1, \\ a_{21}x_1+a_{22}x_2+\cdots+a_{2n}x_n=b_2, \\ \cdots\cdots\cdots\cdots\cdots\cdots\cdots\cdots \\ a_{n1}x_1+a_{n2}x_2+\cdots+a_{nn}x_n=b_n. \end{cases} \tag{1}$$

本节讨论用行列式求解这种方程组的方法.

在线性方程组(1)中,$x_1,x_2,\cdots,x_n$ 是未知量,$b_1,b_2,\cdots,b_n$ 是常数项,$a_{ij}(i,j=1,2,\cdots,n)$ 是方程组的系数.将由系数构成的行列式记做 D,即

$$D=\begin{vmatrix} a_{11} & a_{12} & \cdots & a_{1n} \\ a_{21} & a_{22} & \cdots & a_{2n} \\ \vdots & \vdots & & \vdots \\ a_{n1} & a_{n2} & \cdots & a_{nn} \end{vmatrix},$$

称为线性方程组(1)的**系数行列式**.

用常数项 $b_1,b_2,\cdots,b_n$ 代换 D 中第 j 列的元,而其余各列不变所得到的行列式记做 D_j,即

$$D_j=\begin{vmatrix} a_{11} & \cdots & a_{1\,j-1} & b_1 & a_{1\,j+1} & \cdots & a_{1n} \\ a_{21} & \cdots & a_{2\,j-1} & b_2 & a_{2\,j+1} & \cdots & a_{2n} \\ \vdots & & \vdots & \vdots & \vdots & & \vdots \\ a_{n1} & \cdots & a_{n\,j-1} & b_n & a_{n\,j+1} & \cdots & a_{nn} \end{vmatrix} \quad (j=1,2,\cdots,n).$$

定理 6.2(克拉默(Cramer)法则) 若线性方程组(1)的系数行列式 $D\neq 0$,则方程组(1)有唯一解,且解为

$$x_1=\frac{D_1}{D},\quad x_2=\frac{D_2}{D},\quad \cdots,\quad x_n=\frac{D_n}{D},$$

简记做

$$x_j=\frac{D_j}{D}\quad (j=1,2,\cdots,n).$$

例 解线性方程组

$$\begin{cases} 2x_1-x_2-x_3=4, \\ 3x_1+4x_2-2x_3=11, \\ 3x_1-2x_2+4x_3=11. \end{cases}$$

解 由于线性方程组的系数行列式为

$$D=\begin{vmatrix}2 & -1 & -1\\ 3 & 4 & -2\\ 3 & -2 & 4\end{vmatrix}=60\neq 0,$$

所以由克拉默法则知,该方程组有唯一解.又由于

$$D_1=\begin{vmatrix}4 & -1 & -1\\ 11 & 4 & -2\\ 11 & -2 & 4\end{vmatrix}=180,\quad D_2=\begin{vmatrix}2 & 4 & -1\\ 3 & 11 & -2\\ 3 & 11 & 4\end{vmatrix}=60,$$

$$D_3=\begin{vmatrix}2 & -1 & 4\\ 3 & 4 & 11\\ 3 & -2 & 11\end{vmatrix}=60,$$

故该方程组的解是

$$x_1=\frac{D_1}{D}=3,\quad x_2=\frac{D_2}{D}=1,\quad x_3=\frac{D_3}{D}=1.$$

习 题 6.3

A 组

用克拉默法则解下列线性方程组:

1. $\begin{cases}2x_1+4x_2=1,\\ x_1+3x_2=2.\end{cases}$

2. $\begin{cases}4x_1-3x_2+2x_3=-4,\\ 6x_1-2x_2+3x_3=-1,\\ 5x_1-3x_2+2x_3=-3.\end{cases}$

3. $\begin{cases}2x_1+x_2-5x_3+x_4=8,\\ x_1-3x_2-6x_4=9,\\ 2x_2-x_3+2x_4=-5,\\ x_1+4x_2-7x_3+6x_4=0.\end{cases}$

4. $\begin{cases}bx-ay+2ab=0,\\ -2cy+3bz-bc=0,\\ cx+az=0\end{cases}$ $(abc\neq 0)$.

B 组

1. 用克拉默法则解线性方程组

$$\begin{cases}x+y+z=1,\\ ax+by+cz=d,\\ a^2x+b^2y+c^2z=d^2.\end{cases}$$

2. 设方程组 $\begin{cases}ay+bx+c=0,\\ cx+az-b=0,\\ bz+cy-a=0\end{cases}$ 有唯一解,求证 $abc\neq 0$,并求其解.

总习题六

1. 填空题：

(1) $\begin{vmatrix} a & b & c \\ c & a & b \\ b & c & a \end{vmatrix}=$________；　(2) $\begin{vmatrix} 0 & -a & b \\ a & 0 & -c \\ -b & c & 0 \end{vmatrix}=$________；

(3) $\begin{vmatrix} a & 3 & 0 & 5 \\ 0 & b & 0 & 2 \\ 1 & 2 & c & 3 \\ 0 & 0 & 0 & d \end{vmatrix}=$________；

(4) 若 $\begin{vmatrix} x^2 & 4 & 9 \\ x & 2 & 3 \\ 1 & 1 & 1 \end{vmatrix}=0$，则 $x_1=$________，$x_2=$________.

2. 计算下列行列式：

(1) $\begin{vmatrix} 1+a_1 & 2+a_1 & 3+a_1 \\ 1+a_2 & 2+a_2 & 3+a_2 \\ 1+a_3 & 2+a_3 & 3+a_3 \end{vmatrix}$；(2) $\begin{vmatrix} a-3 & -1 & 0 & 1 \\ -1 & a-3 & 1 & 0 \\ 0 & 1 & a-3 & -1 \\ 1 & 0 & -1 & a-3 \end{vmatrix}$；(3) $\begin{vmatrix} 1 & 2 & -1 & 3 \\ 2 & -1 & 3 & -2 \\ 0 & 3 & -1 & 1 \\ 1 & -1 & 1 & 4 \end{vmatrix}$.

3. λ 取何值时，线性方程组 $\begin{cases} x_1+x_2-x_3=1, \\ 2x_1+3x_2+\lambda x_3=3, \\ x_1+\lambda x_2+3x_3=2 \end{cases}$ 有唯一解？

4. 解线性方程组

$$\begin{cases} x_1-2x_2+3x_3-4x_4=4, \\ \qquad x_2-x_3+x_4=-3, \\ x_1+3x_2\qquad+x_4=1, \\ \quad -7x_2+3x_3+x_4=-3. \end{cases}$$

第七章

矩阵与线性方程组

矩阵与线性方程组是线性代数最基础的知识.本章先介绍矩阵的概念及其运算,然后介绍用矩阵的初等行变换求解线性方程组.

§7.1 矩阵的概念

【本节学习目标】 理解矩阵的概念.

用表格表示一些数据及其关系,既直观又简捷.请看下面的例题.

例 某集团公司下属 3 个工厂都生产甲、乙、丙、丁 4 种产品,2013 年的年产量(单位: t)如表 7-1 所示.

表 7-1

工厂 \ 年产量 \ 产品	甲	乙	丙	丁
1	28	30	26	35
2	47	35	40	52
3	42	46	53	61

若把表 7-1 中的数据不改变在表中的位置,并且用方括号(或圆括号)括起,则得到一个由 3 行 4 列数构成的矩形表

$$\begin{bmatrix} 28 & 30 & 26 & 35 \\ 47 & 35 & 40 & 52 \\ 42 & 46 & 53 & 61 \end{bmatrix}.$$

该表中的数描述了 3 个工厂 2013 年生产不同产品的吨数.例如,表中的第 2 行第 3 列的数 40,表示第 2 个工厂生产产品丙的吨数.

上述这种矩形表称为矩阵.

定义 7.1 由 $m\times n$ 个数 a_{ij} $(i=1,2,\cdots,m;\ j=1,2,\cdots,n)$ 排成 m 行 n 列的矩形数表

$$\begin{bmatrix} a_{11} & a_{12} & \cdots & a_{1n} \\ a_{21} & a_{22} & \cdots & a_{2n} \\ \vdots & \vdots & & \vdots \\ a_{m1} & a_{m2} & \cdots & a_{mn} \end{bmatrix}$$

称为 $m\times n$ **矩阵**,其中的每一个数 a_{ij} 称为**矩阵的元**,元 a_{ij} 的第一个下标 i 表明它所在的行,第二个下标 j 表明它所在的列(本书矩阵的元 a_{ij} 均为实数).

通常用大写黑斜体字母 $\boldsymbol{A},\boldsymbol{B},\cdots$ 表示矩阵;矩阵也可用其元表示为(a_{ij}),(b_{ij}),$\cdots$.有时为了强调矩阵的行数和列数,也将矩阵写成 $\boldsymbol{A}_{m\times n}$或$(a_{ij})_{m\times n}$.

如前例所得到的矩形数表就是一个 3×4 矩阵,可记做 $\boldsymbol{A}_{3\times 4}$或$(a_{ij})_{3\times 4}$,即

$$\boldsymbol{A}_{3\times 4}=\begin{bmatrix} 28 & 30 & 26 & 35 \\ 47 & 35 & 40 & 52 \\ 42 & 46 & 53 & 61 \end{bmatrix},$$

只有一行的矩阵称为**行矩阵**,记做 $\boldsymbol{A}_{1\times n}=(a_{11} \quad a_{12} \quad \cdots \quad a_{1n})$.

只有一列的矩阵称为**列矩阵**,记做

$$\boldsymbol{A}_{m\times 1}=\begin{bmatrix} a_{11} \\ a_{21} \\ \vdots \\ a_{m1} \end{bmatrix}.$$

当矩阵 $\boldsymbol{A}_{m\times n}$的行数和列数相等,即 $m=n$ 时,称之为 n **阶矩阵**或 n **阶方阵**,记做 $\boldsymbol{A}_n$,即

$$\boldsymbol{A}_n=\begin{bmatrix} a_{11} & a_{12} & \cdots & a_{1n} \\ a_{21} & a_{22} & \cdots & a_{2n} \\ \vdots & \vdots & & \vdots \\ a_{n1} & a_{n2} & \cdots & a_{nn} \end{bmatrix}.$$

当 $n=1$ 时,即**一阶矩阵**就是一个数 a_{11},这时不再添加括号.

在 n 阶方阵中,从左上角到右下角的 n 个元 $a_{11},a_{22},\cdots,a_{nn}$ 称为该方阵的**主对角线元**.

主对角线元全都为 1,其余元都为 0 的 n 阶方阵称为 n **阶单位矩阵**,记做 $\boldsymbol{E}_n$ 或 $\boldsymbol{E}$,即

$$\boldsymbol{E}_n=\begin{bmatrix} 1 & 0 & \cdots & 0 \\ 0 & 1 & \cdots & 0 \\ \vdots & \vdots & & \vdots \\ 0 & 0 & \cdots & 1 \end{bmatrix}.$$

所有元都为 0 的矩阵,称为**零矩阵**,记做 $\boldsymbol{O}_{m\times n}$或 $\boldsymbol{O}$. 例如,2×3 零矩阵为

$$\boldsymbol{O}_{2\times 3}=\begin{bmatrix} 0 & 0 & 0 \\ 0 & 0 & 0 \end{bmatrix}.$$

对于两个矩阵 $\boldsymbol{A}=(a_{ij})_{m\times n}$,$\boldsymbol{B}=(b_{ij})_{s\times t}$,若 $m=s,n=t$,且对应位置上的元分别相等,即对于任意 i,j $(i=1,2,\cdots,m;j=1,2,\cdots,n)$ 都有 $a_{ij}=b_{ij}$,则称**矩阵 A 和矩阵 B 相等**,记做 $\boldsymbol{A}=\boldsymbol{B}$. 例如,已知矩阵

$$\boldsymbol{A}=\begin{bmatrix}3 & 8 & -3\\4 & 1 & 6\end{bmatrix},\quad \boldsymbol{B}=\begin{bmatrix}a & b & c\\d & e & f\end{bmatrix}.$$

若 $\boldsymbol{A}=\boldsymbol{B}$,则由矩阵相等的定义可知 $a=3,b=8,c=-3,d=4,e=1,f=6$.

习 题 7.1

A 组

1. 回答下列问题:

(1) 零矩阵是否一定是方阵?　　(2) 单位矩阵是否一定是方阵?

2. 下列矩阵哪些是零矩阵、单位矩阵、行矩阵、列矩阵、方阵?

(1) $(0\quad 0\quad 0)$;　　(2) $\begin{bmatrix}0 & 1 & 0\\0 & 0 & 1\end{bmatrix}$;　　(3) $\begin{bmatrix}1 & 0\\0 & 1\end{bmatrix}$;

(4) $\begin{bmatrix}1 & 0 & 0 & 0\\0 & 1 & 0 & 0\\1 & 0 & 1 & 0\end{bmatrix}$;　　(5) $\begin{bmatrix}1\\2\\3\end{bmatrix}$;　　(6) $\begin{bmatrix}2 & 0 & 0\\0 & 2 & 0\\0 & 0 & 2\end{bmatrix}$.

3. 写出矩阵 $\boldsymbol{A}=(a_{ij})_{3\times 4}$,使其满足 $a_{ij}=i+j$ $(i=1,2,3;j=1,2,3,4)$.

4. 已知矩阵 $\boldsymbol{A}=\begin{bmatrix}a-b & 4b+c\\3a-2d & 2c+3d\end{bmatrix}$. 若 $\boldsymbol{A}=\boldsymbol{E}$,求 a,b,c,d 的值.

5. 已知矩阵 $\boldsymbol{A}=\begin{bmatrix}2a-b & 4\\-2 & b+c\end{bmatrix}$,$\boldsymbol{B}=\begin{bmatrix}5 & 3a-d\\7c+d & 0\end{bmatrix}$,且 $\boldsymbol{A}=\boldsymbol{B}$,求 a,b,c,d 的值.

B 组

已知矩阵 $\boldsymbol{A}=(a_{ij})_{2\times 3}=\begin{bmatrix}3 & 5 & -1\\4 & 6 & 8\end{bmatrix}$,$\boldsymbol{B}=(b_{ij})_{2\times 3}=\begin{bmatrix}-3 & 6 & 4\\7 & -3 & 2\end{bmatrix}$.

1. 写出矩阵 $\boldsymbol{C}=(c_{ij})_{2\times 3}$,其中 $c_{ij}=a_{ij}+b_{ij}$ $(i=1,2;j=1,2,3)$.
2. 写出矩阵 $\boldsymbol{C}=(c_{ij})_{2\times 3}$,其中 $c_{ij}=3a_{ij}$ $(i=1,2;j=1,2,3)$.
3. 写出矩阵 $\boldsymbol{C}=(c_{ij})_{3\times 2}$,其中 $c_{ij}=a_{ji}$ $(i=1,2,3;j=1,2)$.

§7.2 矩阵的运算

【本节学习目标】 掌握矩阵的加法、数乘矩阵、矩阵的乘法、方阵的幂和矩阵转置的运算.

类似于数的运算,可以以矩阵为运算对象定义矩阵的运算. 这里介绍矩阵的加法、数乘矩阵、矩阵的乘法、方阵的幂和矩阵转置等运算.

一、矩阵的加法

例 1 某集团公司下属 3 个工厂都生产甲、乙、丙、丁 4 种产品，2012 年和 2013 年的年产量(单位：t)分别用矩阵 $\boldsymbol{A}$ 和矩阵 $\boldsymbol{B}$ 表示：

$$\boldsymbol{A}=\begin{bmatrix}26&29&26&31\\43&32&37&49\\41&42&50&60\end{bmatrix},\quad \boldsymbol{B}=\begin{bmatrix}28&30&26&35\\47&35&40&52\\42&46&53&61\end{bmatrix}.$$

试用矩阵 $\boldsymbol{C}$ 表示这两年 3 个工厂生产 4 种产品的产量和.

解 矩阵 $\boldsymbol{A}$ 和 $\boldsymbol{B}$ 都是 3×4 矩阵，若分别以 a_{ij} 和 b_{ij} $(i=1,2,3;j=1,2,3,4)$ 记矩阵 $\boldsymbol{A}$ 和 $\boldsymbol{B}$ 中的元，则 $a_{32}=42,b_{32}=46$ 分别表示第 3 个工厂 2012 年和 2013 年生产产品乙的年产量. 由此

$$a_{32}+b_{32}\quad \text{即}\quad 42+46$$

就是第 3 个工厂这两年生产产品乙的年产量和. 于是，将矩阵 $\boldsymbol{A}$ 与 $\boldsymbol{B}$ 对应位置的元相加，即用矩阵

$$\boldsymbol{C}=\begin{bmatrix}26+28&29+30&26+26&31+35\\43+47&32+35&37+40&49+52\\41+42&42+46&50+53&60+61\end{bmatrix}$$

可表示这两年 3 个工厂生产 4 种产品的产量和. 这样，就由矩阵 $\boldsymbol{A}$ 与矩阵 $\boldsymbol{B}$ 得到了矩阵 $\boldsymbol{C}$，这是矩阵的一种运算. 这种运算就是**矩阵的加法**.

定义 7.2 设有两个 $m\times n$ 矩阵

$$\boldsymbol{A}=(a_{ij})_{m\times n}=\begin{bmatrix}a_{11}&a_{12}&\cdots&a_{1n}\\a_{21}&a_{22}&\cdots&a_{2n}\\\vdots&\vdots&&\vdots\\a_{m1}&a_{m2}&\cdots&a_{mn}\end{bmatrix},\quad \boldsymbol{B}=(b_{ij})_{m\times n}=\begin{bmatrix}b_{11}&b_{12}&\cdots&b_{1n}\\b_{21}&b_{22}&\cdots&b_{2n}\\\vdots&\vdots&&\vdots\\b_{m1}&b_{m2}&\cdots&b_{mn}\end{bmatrix},$$

将它们的对应元相加所得到的 $m\times n$ 矩阵，称为**矩阵 $\boldsymbol{A}$ 与矩阵 $\boldsymbol{B}$ 的和**，记做 $\boldsymbol{A}+\boldsymbol{B}$，即

$$\boldsymbol{A}+\boldsymbol{B}=\begin{bmatrix}a_{11}+b_{11}&a_{12}+b_{12}&\cdots&a_{1n}+b_{1n}\\a_{21}+b_{21}&a_{22}+b_{22}&\cdots&a_{2n}+b_{2n}\\\vdots&\vdots&&\vdots\\a_{m1}+b_{m1}&a_{m2}+b_{m2}&\cdots&a_{mn}+b_{mn}\end{bmatrix},$$

或简记做

$$\boldsymbol{A}+\boldsymbol{B}=(a_{ij})_{m\times n}+(b_{ij})_{m\times n}=(a_{ij}+b_{ij})_{m\times n}.$$

例 2 设矩阵 $\boldsymbol{A}_{2\times3}=\begin{bmatrix}3&2&-1\\0&1&5\end{bmatrix}$，$\boldsymbol{B}_{2\times3}=\begin{bmatrix}-1&3&2\\5&-3&4\end{bmatrix}$，则

$$A+B=\begin{bmatrix}3+(-1) & 2+3 & -1+2\\ 0+5 & 1+(-3) & 5+4\end{bmatrix}=\begin{bmatrix}2 & 5 & 1\\ 5 & -2 & 9\end{bmatrix}.$$

由矩阵加法的定义知,只有当矩阵 $\boldsymbol{A}$ 与 $\boldsymbol{B}$ 的行数和列数分别相同时,方可相加.

容易验证,矩阵的加法满足以下**运算规律**(假设运算可以进行):

(1) **交换律** $\boldsymbol{A}+\boldsymbol{B}=\boldsymbol{B}+\boldsymbol{A}$;

(2) **结合律** $(\boldsymbol{A}+\boldsymbol{B})+\boldsymbol{C}=\boldsymbol{A}+(\boldsymbol{B}+\boldsymbol{C})$;

(3) $\boldsymbol{A}+\boldsymbol{O}=\boldsymbol{A}$.

对于矩阵 $\boldsymbol{A}=(a_{ij})_{m\times n}$,我们称矩阵 $(-a_{ij})_{m\times n}$ 为**矩阵 A 的负矩阵**,记做 $-\boldsymbol{A}$,即若

$$\boldsymbol{A}=\begin{bmatrix}a_{11} & a_{12} & \cdots & a_{1n}\\ a_{21} & a_{22} & \cdots & a_{2n}\\ \vdots & \vdots & & \vdots\\ a_{m1} & a_{m2} & \cdots & a_{mn}\end{bmatrix},\quad 则\quad -\boldsymbol{A}=\begin{bmatrix}-a_{11} & -a_{12} & \cdots & -a_{1n}\\ -a_{21} & -a_{22} & \cdots & -a_{2n}\\ \vdots & \vdots & & \vdots\\ -a_{m1} & -a_{m2} & \cdots & -a_{mn}\end{bmatrix}.$$

由矩阵的加法与负矩阵可以定义**矩阵的减法**:设矩阵 $\boldsymbol{A}=(a_{ij})_{m\times n}$,$\boldsymbol{B}=(b_{ij})_{m\times n}$,矩阵 $\boldsymbol{A}$ 减去矩阵 $\boldsymbol{B}$,记做 $\boldsymbol{A}-\boldsymbol{B}$,定义为矩阵 $\boldsymbol{A}$ 与 $-\boldsymbol{B}$ 相加,即

$$\boldsymbol{A}-\boldsymbol{B}=\boldsymbol{A}+(-\boldsymbol{B})=(a_{ij})_{m\times n}+(-b_{ij})_{m\times n}=(a_{ij}-b_{ij})_{m\times n}.$$

显然 $\boldsymbol{A}+(-\boldsymbol{A})=\boldsymbol{O}$.

例 3 设矩阵 $\boldsymbol{A}=\begin{bmatrix}3 & 5\\ -4 & 2\end{bmatrix}$,$\boldsymbol{B}=\begin{bmatrix}6 & -3\\ 4 & 8\end{bmatrix}$,求满足矩阵方程 $\boldsymbol{A}+\boldsymbol{X}=\boldsymbol{B}$ 的矩阵 $\boldsymbol{X}$.

解 由 $\boldsymbol{A}+\boldsymbol{X}=\boldsymbol{B}$ 得 $\boldsymbol{X}=\boldsymbol{B}-\boldsymbol{A}$,于是

$$\boldsymbol{X}=\begin{bmatrix}6-3 & -3-5\\ 4-(-4) & 8-2\end{bmatrix}=\begin{bmatrix}3 & -8\\ 8 & 6\end{bmatrix}.$$

二、数乘矩阵

例 4 例 1 中的集团公司制定规划,到 2020 年要使下属的 3 个工厂生产 4 种产品的年产量是 2012 年年产量的 3 倍. 试用矩阵 $\boldsymbol{C}=(c_{ij})_{3\times 4}$ 表示 2020 年的规划产量.

解 在例 1 中,矩阵 $\boldsymbol{A}=(a_{ij})_{3\times 4}$ 表示 2012 年 3 个工厂生产 4 种产品的年产量,其中 $a_{23}=37$ 表示第 2 个工厂生产丙种产品的年产量. 显然,$3a_{23}=3\times 37$ 即可表示 2020 年第 2 个工厂生产丙种产品的年产量,即有 $c_{23}=3a_{23}$,于是

$$\boldsymbol{C}=(c_{ij})_{3\times 4}=(3a_{ij})_{3\times 4}=\begin{bmatrix}3\times 26 & 3\times 29 & 3\times 26 & 3\times 31\\ 3\times 43 & 3\times 32 & 3\times 37 & 3\times 49\\ 3\times 41 & 3\times 42 & 3\times 50 & 3\times 60\end{bmatrix}$$

即可表示 2020 年的规划产量.

在例 4 中,由矩阵 $\boldsymbol{A}$ 得到矩阵 $\boldsymbol{C}$ 的运算就是**数乘矩阵**运算.

定义 7.3　设矩阵 $\boldsymbol{A}=(a_{ij})_{m\times n}$，$k$ 为一个数. 用 k 乘以 $\boldsymbol{A}$ 中每一个元所得到的矩阵，称为**数 k 与矩阵 $\boldsymbol{A}$ 的乘积**，记做 $k\boldsymbol{A}$，即

$$k\boldsymbol{A}=(ka_{ij})_{m\times n}=\begin{bmatrix} ka_{11} & ka_{12} & \cdots & ka_{1n} \\ ka_{21} & ka_{22} & \cdots & ka_{2n} \\ \vdots & \vdots & & \vdots \\ ka_{m1} & ka_{m2} & \cdots & ka_{mn} \end{bmatrix}.$$

设 k 和 l 是数，$\boldsymbol{A}$ 和 $\boldsymbol{B}$ 均是 $m\times n$ 矩阵. 可以验证，数乘矩阵满足以下**运算规律**：

(1) $k(\boldsymbol{A}+\boldsymbol{B})=k\boldsymbol{A}+k\boldsymbol{B}$；

(2) $(k+l)\boldsymbol{A}=k\boldsymbol{A}+l\boldsymbol{A}$；

(3) $k(l\boldsymbol{A})=l(k\boldsymbol{A})=(kl)\boldsymbol{A}$；

(4) $1\boldsymbol{A}=\boldsymbol{A}$，$0\boldsymbol{A}=\boldsymbol{O}$.

例 5　设矩阵 $\boldsymbol{A}=\begin{bmatrix} 1 & 3 & 5 \\ -2 & 6 & -4 \end{bmatrix}$，$\boldsymbol{B}=\begin{bmatrix} 4 & 8 & -3 \\ 5 & -1 & 2 \end{bmatrix}$，且 $\boldsymbol{A}+2\boldsymbol{X}=\boldsymbol{B}$，求矩阵 $\boldsymbol{X}$.

解　由 $\boldsymbol{A}+2\boldsymbol{X}=\boldsymbol{B}$ 得

$$\boldsymbol{X}=\frac{1}{2}(\boldsymbol{B}-\boldsymbol{A})=\frac{1}{2}\begin{bmatrix} 4-1 & 8-3 & -3-5 \\ 5-(-2) & -1-6 & 2-(-4) \end{bmatrix}$$

$$=\frac{1}{2}\begin{bmatrix} 3 & 5 & -8 \\ 7 & -7 & 6 \end{bmatrix}=\begin{bmatrix} \frac{3}{2} & \frac{5}{2} & -4 \\ \frac{7}{2} & -\frac{7}{2} & 3 \end{bmatrix}.$$

数 k 与单位矩阵 $\boldsymbol{E}_n$ 的乘积

$$k\boldsymbol{E}_n=k\begin{bmatrix} 1 & 0 & \cdots & 0 \\ 0 & 1 & \cdots & 0 \\ \vdots & \vdots & & \vdots \\ 0 & 0 & \cdots & 1 \end{bmatrix}=\begin{bmatrix} k & 0 & \cdots & 0 \\ 0 & k & \cdots & 0 \\ \vdots & \vdots & & \vdots \\ 0 & 0 & \cdots & k \end{bmatrix}$$

称为 **n 阶数量矩阵**.

三、矩阵的乘法

1. 矩阵的乘法的定义

例 6　已知矩阵

$$\boldsymbol{A}=(a_{ij})_{4\times 2}=\begin{bmatrix} 4 & 2 \\ -2 & 4 \\ 1 & 3 \\ 1 & -5 \end{bmatrix},\quad \boldsymbol{B}=(b_{ij})_{2\times 3}=\begin{bmatrix} 5 & 1 & 0 \\ 2 & 4 & 5 \end{bmatrix}.$$

矩阵 $\boldsymbol{A}$ 与 $\boldsymbol{B}$ 相乘记做 $\boldsymbol{AB}$，其中 $\boldsymbol{A}$ 在左，$\boldsymbol{B}$ 在右. 以矩阵 $\boldsymbol{C}$ 表示 $\boldsymbol{AB}$. 下面分析并给出得到 $\boldsymbol{C}=(c_{ij})$ 的运算.

首先，看到左矩阵 $\boldsymbol{A}$ 的列数(2 列)与右矩阵 $\boldsymbol{B}$ 的行数(2 行)相等，即 $\boldsymbol{A}$ 的每一行的元的个数与 $\boldsymbol{B}$ 的每一列元的个数相等.

其次，由矩阵 $\boldsymbol{A}$ 与 $\boldsymbol{B}$ 的元构成矩阵 $\boldsymbol{C}$ 的元 c_{ij}，规定 c_{ij} 是 $\boldsymbol{A}$ 的第 $i(i=1,2,3,4)$ 行与 $\boldsymbol{B}$ 的第 $j(j=1,2,3)$ 列的对应元乘积之和. 如 c_{23} 是由 $\boldsymbol{A}$ 的第 2 行与 $\boldsymbol{B}$ 的第 3 列的对应元乘积之和：

$$c_{23}=a_{21}b_{13}+a_{22}b_{23}=-2\times 0+4\times 5=20.$$

由于 $\boldsymbol{A}$ 有 4 行，$\boldsymbol{B}$ 有 3 列，这样就有矩阵

$$\boldsymbol{C}=(c_{ij})_{4\times 3}=\begin{bmatrix} c_{11} & c_{12} & c_{13} \\ c_{21} & c_{22} & c_{23} \\ c_{31} & c_{32} & c_{33} \\ c_{41} & c_{42} & c_{43} \end{bmatrix};$$

$$=\begin{bmatrix} 4\times 5+2\times 2 & 4\times 1+2\times 4 & 4\times 0+2\times 5 \\ -2\times 5+4\times 2 & -2\times 1+4\times 4 & -2\times 0+4\times 5 \\ 1\times 5+3\times 2 & 1\times 1+3\times 4 & 1\times 0+3\times 5 \\ 1\times 5+(-5)\times 2 & 1\times 1+(-5)\times 4 & 1\times 0+(-5)\times 5 \end{bmatrix}$$

$$=\begin{bmatrix} 24 & 12 & 10 \\ -2 & 14 & 20 \\ 11 & 13 & 15 \\ -5 & -19 & -25 \end{bmatrix}.$$

最后，还看到矩阵 $\boldsymbol{C}$ 是 4×3 矩阵. $\boldsymbol{C}$ 的行数恰等于 $\boldsymbol{A}$ 的行数 4，列数恰等于 $\boldsymbol{B}$ 的列数 3.

以上给出了矩阵乘法的**要点**：其一是怎样的两个矩阵可以相乘；其二是两个矩阵相乘时是如何进行运算的；其三是两个矩阵相乘应得到什么样的矩阵.

定义 7.4 设 $\boldsymbol{A}$ 是 $m\times s$ 矩阵，$\boldsymbol{B}$ 是 $s\times n$ 矩阵，即

$$\boldsymbol{A}=(a_{ij})_{m\times s}=\begin{bmatrix} a_{11} & a_{12} & \cdots & a_{1s} \\ a_{21} & a_{22} & \cdots & a_{2s} \\ \vdots & \vdots & & \vdots \\ a_{m1} & a_{m2} & \cdots & a_{ms} \end{bmatrix},\quad \boldsymbol{B}=(b_{ij})_{s\times n}=\begin{bmatrix} b_{11} & b_{12} & \cdots & b_{1n} \\ b_{21} & b_{22} & \cdots & b_{2n} \\ \vdots & \vdots & & \vdots \\ b_{s1} & b_{s2} & \cdots & b_{sn} \end{bmatrix},$$

矩阵 $\boldsymbol{A}$ 与矩阵 $\boldsymbol{B}$ 的乘积，记做 $\boldsymbol{AB}$. 若令 $\boldsymbol{AB}=\boldsymbol{C}=(c_{ij})$，则定义 $\boldsymbol{C}$ 是 $m\times n$ 矩阵：

$$\boldsymbol{C}=(c_{ij})_{m\times n}=\begin{bmatrix} c_{11} & c_{12} & \cdots & c_{1n} \\ c_{21} & c_{22} & \cdots & c_{2n} \\ \vdots & \vdots & & \vdots \\ c_{m1} & c_{m2} & \cdots & c_{mn} \end{bmatrix},$$

其中元 c_{ij} 是矩阵 $\boldsymbol{A}$ 的第 i 行与矩阵 $\boldsymbol{B}$ 的第 j 列对应元乘积之和,即

$$\begin{aligned} c_{ij} &= a_{i1}b_{1j} + a_{i2}b_{2j} + \cdots + a_{is}b_{sj} \\ &= \sum_{k=1}^{s} a_{ik}b_{kj} \quad (i = 1,2,\cdots,m;\ j = 1,2,\cdots,n). \end{aligned}$$

例 7 设矩阵 $\boldsymbol{A}=\begin{bmatrix}-2 & 4\\ 1 & -2\end{bmatrix}$, $\boldsymbol{B}=\begin{bmatrix}2 & 4\\ 3 & 6\end{bmatrix}$,求 $\boldsymbol{AB}$, $\boldsymbol{BA}$.

解 $$\boldsymbol{AB}=\begin{bmatrix}-2 & 4\\ 1 & -2\end{bmatrix}\begin{bmatrix}2 & 4\\ 3 & 6\end{bmatrix}=\begin{bmatrix}-2\times2+4\times3 & -2\times4+4\times6\\ 1\times2+(-2)\times3 & 1\times4+(-2)\times6\end{bmatrix}=\begin{bmatrix}8 & 16\\ -4 & -8\end{bmatrix},$$

$$\boldsymbol{BA}=\begin{bmatrix}2 & 4\\ 3 & 6\end{bmatrix}\begin{bmatrix}-2 & 4\\ 1 & -2\end{bmatrix}=\begin{bmatrix}2\times(-2)+4\times1 & 2\times4+4\times(-2)\\ 3\times(-2)+6\times1 & 3\times4+6\times(-2)\end{bmatrix}=\begin{bmatrix}0 & 0\\ 0 & 0\end{bmatrix}.$$

例 8 设矩阵 $\boldsymbol{A}=(1\quad 2\quad 3)$, $\boldsymbol{B}=\begin{bmatrix}1\\ 2\\ 3\end{bmatrix}$,求 $\boldsymbol{AB}$, $\boldsymbol{BA}$.

解 $\boldsymbol{AB}=(1\quad 2\quad 3)\begin{bmatrix}1\\ 2\\ 3\end{bmatrix}=14$, $\boldsymbol{BA}=\begin{bmatrix}1\\ 2\\ 3\end{bmatrix}(1\quad 2\quad 3)=\begin{bmatrix}1 & 2 & 3\\ 2 & 4 & 6\\ 3 & 6 & 9\end{bmatrix}$.

例 9 设矩阵 $\boldsymbol{A}=\begin{bmatrix}3 & 1\\ 4 & 6\end{bmatrix}$, $\boldsymbol{B}=\begin{bmatrix}2 & 1\\ 4 & 6\end{bmatrix}$, $\boldsymbol{C}=\begin{bmatrix}0 & 0\\ 1 & 1\end{bmatrix}$,求 $\boldsymbol{AC}$, $\boldsymbol{BC}$.

解 $\boldsymbol{AC}=\begin{bmatrix}3 & 1\\ 4 & 6\end{bmatrix}\begin{bmatrix}0 & 0\\ 1 & 1\end{bmatrix}=\begin{bmatrix}1 & 1\\ 6 & 6\end{bmatrix}$, $\boldsymbol{BC}=\begin{bmatrix}2 & 1\\ 4 & 6\end{bmatrix}\begin{bmatrix}0 & 0\\ 1 & 1\end{bmatrix}=\begin{bmatrix}1 & 1\\ 6 & 6\end{bmatrix}$.

对于矩阵的乘法,需**说明以下几点**:

(1) **矩阵的乘法不满足交换律**,即在一般情况下,$\boldsymbol{AB}\neq\boldsymbol{BA}$. 常见的情况有

① $\boldsymbol{AB}$ 可运算,而 $\boldsymbol{BA}$ 不能运算,如例 6.

② 若 $\boldsymbol{A}$ 是 $m\times n$ 矩阵,$\boldsymbol{B}$ 是 $n\times m$ 矩阵,这时 $\boldsymbol{AB}$, $\boldsymbol{BA}$ 都可进行运算,但 $\boldsymbol{AB}$ 是 m 阶方阵,而 $\boldsymbol{BA}$ 是 n 阶方阵,如例 8.

③ 若 $\boldsymbol{A}$, $\boldsymbol{B}$ 都是 n 阶方阵,则 $\boldsymbol{AB}$, $\boldsymbol{BA}$ 都可运算,且都是 n 阶方阵,但也未必相等,如例 7.

矩阵的乘法不满足交换律是指一般情况,但对特殊矩阵也可有 $\boldsymbol{AB}=\boldsymbol{BA}$. 例如,若

$$\boldsymbol{A}=\begin{bmatrix}2 & 0\\ 0 & 2\end{bmatrix},\quad \boldsymbol{B}=\begin{bmatrix}0 & 1\\ 1 & 0\end{bmatrix},\quad 则\quad \boldsymbol{AB}=\boldsymbol{BA}=\begin{bmatrix}0 & 2\\ 2 & 0\end{bmatrix}.$$

若矩阵 $\boldsymbol{A}$ 与 $\boldsymbol{B}$ 满足 $\boldsymbol{AB}=\boldsymbol{BA}$,则称 **$\boldsymbol{A}$ 与 $\boldsymbol{B}$ 是可交换的**.

(2) **矩阵的乘法不满足消去律**,即当 $\boldsymbol{AC}=\boldsymbol{BC}$ 时,一般推不出 $\boldsymbol{A}=\boldsymbol{B}$,亦即一般不能在等式两端消去同一个矩阵,如例 9.

(3) **两个非零矩阵的乘积可能是零矩阵**,如例 7 中的 $\boldsymbol{BA}$,因而当 $\boldsymbol{AB}=\boldsymbol{O}$ 时,一般不能推出 $\boldsymbol{A}=\boldsymbol{O}$ 或 $\boldsymbol{B}=\boldsymbol{O}$.

可以证明,矩阵的乘法满足以下**运算规律**(假设运算可以进行):

(1) **结合律** $\boldsymbol{A}(\boldsymbol{BC})=(\boldsymbol{AB})\boldsymbol{C}$;

(2) **分配律** $\boldsymbol{A}(\boldsymbol{B}+\boldsymbol{C})=\boldsymbol{AB}+\boldsymbol{AC}$, $(\boldsymbol{A}+\boldsymbol{B})\boldsymbol{C}=\boldsymbol{AC}+\boldsymbol{BC}$;

(3) $k(\boldsymbol{AB})=(k\boldsymbol{A})\boldsymbol{B}=\boldsymbol{A}(k\boldsymbol{B})$ (k 为数);

(4) $\boldsymbol{E}_m\boldsymbol{A}_{m\times n}=\boldsymbol{A}_{m\times n}$, $\boldsymbol{A}_{m\times n}\boldsymbol{E}_n=\boldsymbol{A}_{m\times n}$.

例 10 解矩阵方程 $\begin{bmatrix} 2 & 1 \\ 2 & 2 \end{bmatrix}\boldsymbol{X}=\begin{bmatrix} 1 & 2 \\ -1 & 4 \end{bmatrix}$.

解 该题要求未知矩阵 $\boldsymbol{X}$. 按矩阵的乘法,$\boldsymbol{X}$ 应是 2×2 矩阵. 设 $\boldsymbol{X}=\begin{bmatrix} x_{11} & x_{12} \\ x_{21} & x_{22} \end{bmatrix}$,依题意有

$$\begin{bmatrix} 2 & 1 \\ 1 & 2 \end{bmatrix}\begin{bmatrix} x_{11} & x_{12} \\ x_{21} & x_{22} \end{bmatrix}=\begin{bmatrix} 1 & 2 \\ -1 & 4 \end{bmatrix},$$

即

$$\begin{bmatrix} 2x_{11}+x_{21} & 2x_{12}+x_{22} \\ x_{11}+2x_{21} & x_{12}+2x_{22} \end{bmatrix}=\begin{bmatrix} 1 & 2 \\ -1 & 4 \end{bmatrix}.$$

由矩阵相等的定义得方程组

$$\begin{cases} 2x_{11}+x_{21}=1, \\ x_{11}+2x_{21}=-1; \end{cases} \quad \begin{cases} 2x_{12}+x_{22}=2, \\ x_{12}+2x_{22}=4. \end{cases}$$

可以解得 $x_{11}=1, x_{21}=-1; x_{12}=0, x_{22}=2$. 于是 $\boldsymbol{X}=\begin{bmatrix} 1 & 0 \\ -1 & 2 \end{bmatrix}$.

例 11 用矩阵形式表示线性方程组

$$\begin{cases} 2x_1-x_2-x_3=4, \\ 3x_1+4x_2-2x_3=11, \\ 3x_1-2x_2+4x_3=11. \end{cases}$$

解 由矩阵相等的定义知,该线性方程组可写成

$$\begin{bmatrix} 2x_1-x_2-x_3 \\ 3x_1+4x_2-2x_3 \\ 3x_1-2x_2+4x_3 \end{bmatrix}=\begin{bmatrix} 4 \\ 11 \\ 11 \end{bmatrix},$$

而由矩阵的乘法的定义有

$$\begin{bmatrix} 2 & -1 & -1 \\ 3 & 4 & -2 \\ 3 & -2 & 4 \end{bmatrix} \begin{bmatrix} x_1 \\ x_2 \\ x_3 \end{bmatrix} = \begin{bmatrix} 2x_1 - x_2 - x_3 \\ 3x_1 + 4x_2 - 2x_3 \\ 3x_1 - 2x_2 + 4x_3 \end{bmatrix},$$

于是线性方程组可表示为如下矩阵形式：

$$\begin{bmatrix} 2 & -1 & -1 \\ 3 & 4 & -2 \\ 3 & -2 & 4 \end{bmatrix} \begin{bmatrix} x_1 \\ x_2 \\ x_3 \end{bmatrix} = \begin{bmatrix} 4 \\ 11 \\ 11 \end{bmatrix}.$$

若记

$$\boldsymbol{A} = \begin{bmatrix} 2 & -1 & -1 \\ 3 & 4 & -2 \\ 3 & -2 & 4 \end{bmatrix}, \quad \boldsymbol{X} = \begin{bmatrix} x_1 \\ x_2 \\ x_3 \end{bmatrix}, \quad \boldsymbol{B} = \begin{bmatrix} 4 \\ 11 \\ 11 \end{bmatrix},$$

则线性方程组又可写成如下矩阵形式：

$$\boldsymbol{AX} = \boldsymbol{B}.$$

一般地，含 n 个未知量，m 个方程的线性方程组

$$\begin{cases} a_{11}x_1 + a_{12}x_2 + \cdots + a_{1n}x_n = b_1, \\ a_{21}x_1 + a_{22}x_2 + \cdots + a_{2n}x_n = b_2, \\ \cdots\cdots\cdots\cdots\cdots\cdots\cdots\cdots\cdots\cdots \\ a_{m1}x_1 + a_{m2}x_2 + \cdots + a_{mn}x_n = b_m \end{cases} \tag{1}$$

可写成矩阵形式

$$\boldsymbol{AX} = \boldsymbol{B},$$

其中

$$\boldsymbol{A} = \begin{bmatrix} a_{11} & a_{12} & \cdots & a_{1n} \\ a_{21} & a_{22} & \cdots & a_{2n} \\ \vdots & \vdots & & \vdots \\ a_{m1} & a_{m2} & \cdots & a_{mn} \end{bmatrix}, \quad \boldsymbol{X} = \begin{bmatrix} x_1 \\ x_2 \\ \vdots \\ x_n \end{bmatrix}, \quad \boldsymbol{B} = \begin{bmatrix} b_1 \\ b_2 \\ \vdots \\ b_m \end{bmatrix}.$$

称 $\boldsymbol{A}$ 为线性方程组(1)的**系数矩阵**，称 $\boldsymbol{X}$ 为线性方程组(1)的**未知量矩阵**，称 $\boldsymbol{B}$ 为线性方程组(1)的**常数项矩阵**. 以后，还要用到如下矩阵：

$$\widetilde{\boldsymbol{A}} = \begin{bmatrix} a_{11} & a_{12} & \cdots & a_{1n} & b_1 \\ a_{21} & a_{22} & \cdots & a_{2n} & b_2 \\ \vdots & \vdots & & \vdots & \vdots \\ a_{m1} & a_{m2} & \cdots & a_{mn} & b_m \end{bmatrix},$$

称其为线性方程组(1)的**增广矩阵**.

2. 方阵的幂

对于**方阵 A** 及**正整数 k**,**定义**

$$A^k = \underbrace{AA\cdots A}_{k个},$$

称之为**方阵 A 的 k 次幂**. 规定 $A^0=E$.

设 k,l 为任意自然数,则有

$$A^kA^l=A^{k+l},\quad (A^k)^l=A^{kl}.$$

例 12 设矩阵 $A=\begin{bmatrix}1 & 2\\ 3 & 4\end{bmatrix}$,$B=\begin{bmatrix}1 & -1\\ 2 & 4\end{bmatrix}$,求 A^2-B^2,$(A+B)(A-B)$.

解 因 $A^2=\begin{bmatrix}1 & 2\\ 3 & 4\end{bmatrix}\begin{bmatrix}1 & 2\\ 3 & 4\end{bmatrix}=\begin{bmatrix}7 & 10\\ 15 & 22\end{bmatrix}$, $B^2=\begin{bmatrix}1 & -1\\ 2 & 4\end{bmatrix}\begin{bmatrix}1 & -1\\ 2 & 4\end{bmatrix}=\begin{bmatrix}-1 & -5\\ 10 & 14\end{bmatrix}$,故

$$A^2-B^2=\begin{bmatrix}7 & 10\\ 15 & 22\end{bmatrix}-\begin{bmatrix}-1 & -5\\ 10 & 14\end{bmatrix}=\begin{bmatrix}8 & 15\\ 5 & 8\end{bmatrix}.$$

因 $A+B=\begin{bmatrix}2 & 1\\ 5 & 8\end{bmatrix}$, $A-B=\begin{bmatrix}0 & 3\\ 1 & 0\end{bmatrix}$,故

$$(A+B)(A-B)=\begin{bmatrix}2 & 1\\ 5 & 8\end{bmatrix}\begin{bmatrix}0 & 3\\ 1 & 0\end{bmatrix}=\begin{bmatrix}1 & 6\\ 8 & 15\end{bmatrix}.$$

显然,$A^2-B^2\neq(A+B)(A-B)$,这是因为矩阵乘法不满足交换律的缘故:因 $AB\neq BA$,故

$$(A+B)(A-B)=A^2+BA-AB-B^2\neq A^2-B^2.$$

四、矩阵的转置

定义 7.5 将 $m\times n$ 矩阵 A 的行与列互换得到的 $n\times m$ 矩阵,称为**矩阵 A 的转置矩阵**,记做 A^{T},即若

$$A=\begin{bmatrix}a_{11} & a_{12} & \cdots & a_{1n}\\ a_{21} & a_{22} & \cdots & a_{2n}\\ \vdots & \vdots & & \vdots\\ a_{m1} & a_{m2} & \cdots & a_{mn}\end{bmatrix},\quad 则\quad A^{\mathrm{T}}=\begin{bmatrix}a_{11} & a_{21} & \cdots & a_{m1}\\ a_{12} & a_{22} & \cdots & a_{m2}\\ \vdots & \vdots & & \vdots\\ a_{1n} & a_{2n} & \cdots & a_{mn}\end{bmatrix}.$$

例如,若 $A=\begin{bmatrix}1 & 3\\ 4 & -2\\ 6 & 0\end{bmatrix}_{3\times 2}$,则 $A^{\mathrm{T}}=\begin{bmatrix}1 & 4 & 6\\ 3 & -2 & 0\end{bmatrix}_{2\times 3}$.

矩阵的转置满足以下**运算规律**:

(1) $(A^{\mathrm{T}})^{\mathrm{T}}=A$;

(2) $(A+B)^{\mathrm{T}}=A^{\mathrm{T}}+B^{\mathrm{T}}$;

(3) $(kA)^{\mathrm{T}}=kA^{\mathrm{T}}$ (k 为数);

(4) $(\boldsymbol{AB})^{\mathrm{T}}=\boldsymbol{B}^{\mathrm{T}}\boldsymbol{A}^{\mathrm{T}}$.

例 13 设矩阵 $\boldsymbol{A}=\begin{bmatrix}1 & -1 & 3\\1 & -2 & 1\end{bmatrix}$, $\boldsymbol{B}=\begin{bmatrix}-1 & 1\\3 & 0\\2 & 2\end{bmatrix}$, 求 $(\boldsymbol{AB})^{\mathrm{T}}$, $\boldsymbol{B}^{\mathrm{T}}\boldsymbol{A}^{\mathrm{T}}$.

解 因 $\boldsymbol{AB}=\begin{bmatrix}1 & -1 & 3\\1 & -2 & 1\end{bmatrix}\begin{bmatrix}-1 & 1\\3 & 0\\2 & 2\end{bmatrix}=\begin{bmatrix}2 & 7\\-5 & 3\end{bmatrix}$,故

$$(\boldsymbol{AB})^{\mathrm{T}}=\begin{bmatrix}2 & 7\\-5 & 3\end{bmatrix}^{\mathrm{T}}=\begin{bmatrix}2 & -5\\7 & 3\end{bmatrix}.$$

由运算规律(4)有

$$\boldsymbol{B}^{\mathrm{T}}\boldsymbol{A}^{\mathrm{T}}=(\boldsymbol{AB})^{\mathrm{T}}=\begin{bmatrix}2 & -5\\7 & 3\end{bmatrix}.$$

事实上,有

$$\boldsymbol{B}^{\mathrm{T}}\boldsymbol{A}^{\mathrm{T}}=\begin{bmatrix}-1 & 1\\3 & 0\\2 & 2\end{bmatrix}^{\mathrm{T}}\begin{bmatrix}1 & -1 & 3\\1 & -2 & 1\end{bmatrix}^{\mathrm{T}}=\begin{bmatrix}-1 & 3 & 2\\1 & 0 & 2\end{bmatrix}\begin{bmatrix}1 & 1\\-1 & -2\\3 & 1\end{bmatrix}=\begin{bmatrix}2 & -5\\7 & 3\end{bmatrix},$$

确有 $(\boldsymbol{AB})^{\mathrm{T}}=\boldsymbol{B}^{\mathrm{T}}\boldsymbol{A}^{\mathrm{T}}$.

若 n 阶方阵与它的转置相等,即 $\boldsymbol{A}^{\mathrm{T}}=\boldsymbol{A}$,则称 $\boldsymbol{A}$ 为**对称矩阵**. 例如,矩阵

$$\boldsymbol{A}=\begin{bmatrix}3 & -2 & 6\\-2 & 1 & 4\\6 & 4 & 0\end{bmatrix}$$

满足 $\boldsymbol{A}^{\mathrm{T}}=\boldsymbol{A}$,它是对称矩阵. 对称矩阵一定是方阵,且对任意 i,j 有

$$a_{ij}=a_{ji}\quad(i,j=1,2,\cdots,n).$$

例 14 设 n 阶方阵 $\boldsymbol{A}$ 与 $\boldsymbol{B}$ 都是对称矩阵,证明: $\boldsymbol{A}+\boldsymbol{B}$ 也是对称矩阵.

证 依题设,有 $\boldsymbol{A}^{\mathrm{T}}=\boldsymbol{A}$, $\boldsymbol{B}^{\mathrm{T}}=\boldsymbol{B}$,于是

$$(\boldsymbol{A}+\boldsymbol{B})^{\mathrm{T}}=\boldsymbol{A}^{\mathrm{T}}+\boldsymbol{B}^{\mathrm{T}}=\boldsymbol{A}+\boldsymbol{B},$$

即 $\boldsymbol{A}+\boldsymbol{B}$ 为对称矩阵.

习 题 7.2

A 组

1. 填空题:

(1) 设有矩阵 $\boldsymbol{A}_{4\times3}$, $\boldsymbol{B}_{m\times n}$, $\boldsymbol{E}_k$, $\boldsymbol{C}_{5\times2}$.

① 当 $m=$________, $n=$________时, $\boldsymbol{A}+\boldsymbol{B}$ 有意义, $\boldsymbol{A}+\boldsymbol{B}$ 的行数是________,列数是________;

② 当 $m=$________, $n=$________时, $\boldsymbol{AB}$ 有意义, $\boldsymbol{AB}$ 的行数是________,列数是________;

③ 当 $m=$________, $n=$________时, $\boldsymbol{BA}$ 有意义, $\boldsymbol{BA}$ 的行数是________,列数是________;

④ 当 $k=$________时, $\boldsymbol{E}_k\boldsymbol{A}$ 有意义, $\boldsymbol{E}_k\boldsymbol{A}$ 的行数是________,列数是________;

⑤ 当 $k=$________时, $\boldsymbol{AE}_k$ 有意义, $\boldsymbol{AE}_k$ 的行数是________,列数是________;

⑥ 当 $m=$________, $n=$________时, $\boldsymbol{ABC}$ 有意义, $\boldsymbol{ABC}$ 的行数是________,列数是________;

⑦ 当 $m=$________, $n=$________时, $\boldsymbol{B}^{\mathrm{T}}\boldsymbol{A}$ 有意义, $(\boldsymbol{B}^{\mathrm{T}}\boldsymbol{A})^{\mathrm{T}}$ 的行数是________,列数是________;

⑧ $(\boldsymbol{A}^{\mathrm{T}})^{\mathrm{T}}$ 的行数是________,列数是________.

(2) 设 $\boldsymbol{A}$ 是 n 阶方阵,当 $\boldsymbol{A}=$________时, $\boldsymbol{A}$ 是对称矩阵.

(3) 若 $\boldsymbol{A}^{\mathrm{T}}+\boldsymbol{B}^{\mathrm{T}}=\begin{bmatrix}3 & -5 & 2\\ 1 & 6 & 4\end{bmatrix}$,则 $(\boldsymbol{B}+\boldsymbol{A})^{\mathrm{T}}=$________.

(4) 若 $\boldsymbol{B}^{\mathrm{T}}\boldsymbol{A}^{\mathrm{T}}=\begin{bmatrix}6 & 4\\ -1 & 3\\ 5 & -2\end{bmatrix}$,则 $(\boldsymbol{AB})^{\mathrm{T}}=$________.

2. 设矩阵 $\boldsymbol{A}=\begin{bmatrix}2 & 0 & -1\\ 3 & 1 & -2\end{bmatrix}$, $\boldsymbol{B}=\begin{bmatrix}-1 & 1 & 2\\ -2 & 1 & 5\end{bmatrix}$,求 $2\boldsymbol{A}+\boldsymbol{B}$, $\boldsymbol{A}-3\boldsymbol{B}$.

3. 设矩阵 $\boldsymbol{A}=\begin{bmatrix}2 & 1 & 2 & 1\\ 1 & 2 & 1 & 2\\ 4 & 3 & 2 & 1\end{bmatrix}$, $\boldsymbol{B}=\begin{bmatrix}1 & 2 & 3 & 4\\ 1 & -2 & 1 & -2\\ -1 & 0 & -1 & 0\end{bmatrix}$,求 $\boldsymbol{X}$,使 $2(\boldsymbol{A}-\boldsymbol{X})+(2\boldsymbol{B}-\boldsymbol{X})=\boldsymbol{O}$.

4. 计算下列矩阵的乘积:

(1) $\begin{bmatrix}0 & 1\\ 1 & 0\end{bmatrix}\begin{bmatrix}1 & 2\\ 3 & 4\end{bmatrix}$; (2) $\begin{bmatrix}1 & 0\\ 2 & 3\\ 4 & 5\end{bmatrix}\begin{bmatrix}2 & 1\\ 4 & 3\end{bmatrix}$; (3) $\begin{bmatrix}1 & 0 & 3\\ 2 & 1 & 0\end{bmatrix}\begin{bmatrix}4 & 1\\ -1 & 1\\ 2 & 0\end{bmatrix}$;

(4) $(-1\ \ 4\ \ 2)\begin{bmatrix}3\\ 5\\ 6\end{bmatrix}$; (5) $\begin{bmatrix}a_1 & a_2 & a_3\\ b_1 & b_2 & b_3\\ c_1 & c_2 & c_3\end{bmatrix}\begin{bmatrix}1\\ 2\\ 3\end{bmatrix}$; (6) $(1\ \ 1\ \ 1)\begin{bmatrix}a_1 & a_2 & a_3\\ b_1 & b_2 & b_3\\ c_1 & c_2 & c_3\end{bmatrix}$.

5. 设矩阵 $\boldsymbol{A}=\begin{bmatrix}2 & 1\\ -4 & -2\end{bmatrix}$, $\boldsymbol{B}=\begin{bmatrix}3 & -1\\ -6 & 2\end{bmatrix}$.

(1) 计算 $\boldsymbol{AB}$, $\boldsymbol{BA}$, $\boldsymbol{A}^2$; (2) 分析(1)的计算结果,说明其意义.

6. 计算下列方阵的幂:

(1) $\begin{bmatrix}1 & -1\\ 2 & 0\end{bmatrix}^3$; (2) $\begin{bmatrix}1 & 0 & 0\\ 0 & -2 & 0\\ 0 & 0 & 3\end{bmatrix}^3$; (3) $\begin{bmatrix}\lambda & 1\\ 0 & \lambda\end{bmatrix}^n$.

7. 设矩阵 $\boldsymbol{A}=\begin{bmatrix}1 & -1 & 2\\ 0 & 1 & 3\end{bmatrix}$, $\boldsymbol{B}=\begin{bmatrix}0 & 1\\ 2 & 2\\ 1 & -1\end{bmatrix}$,计算 $(\boldsymbol{AB})^{\mathrm{T}}$, $\boldsymbol{B}^{\mathrm{T}}\boldsymbol{A}^{\mathrm{T}}$.

8. 已知甲、乙、丙、丁 4 名学生的 3 门课程 A,B,C 的期中和期末考试成绩分别如表 7-2 和表 7-3 所示. 若期中和期末考试成绩的权重分别为 0.3 和 0.7,试用矩阵运算计算并表示该 4 名学生的 3 门课程本学期的总成绩.

表 7-2

学生＼课程	A	B	C
甲	90	87	88
乙	85	89	88
丙	92	91	86
丁	80	83	81

表 7-3

学生＼课程	A	B	C
甲	85	88	90
乙	93	89	91
丙	89	78	82
丁	78	81	85

B 组

1. 设 m 次多项式 $f(x)=a_0x^m+a_1x^{m-1}+\cdots+a_m$,定义 $f(\boldsymbol{A})=a_0\boldsymbol{A}^m+a_1\boldsymbol{A}^{m-1}+\cdots+a_m\boldsymbol{E}$,称 $f(\boldsymbol{A})$为矩阵 $\boldsymbol{A}$ 的 m 次多项式.令

$$\boldsymbol{A}=\begin{bmatrix}-1 & 0\\ 0 & 3\end{bmatrix},\quad f(x)=x^2-2x-3,$$

计算 $f(\boldsymbol{A})$.

2. 设矩阵 $\boldsymbol{A}=\begin{bmatrix}2 & -1\\ 3 & -2\end{bmatrix}$,计算 $\boldsymbol{A}^n$.

3. 若矩阵 $\boldsymbol{A}$ 与 $\boldsymbol{B}$ 可交换,试证:

(1) $(\boldsymbol{A}+\boldsymbol{B})^2=\boldsymbol{A}^2+2\boldsymbol{AB}+\boldsymbol{B}^2$; (2) $\boldsymbol{A}^3-\boldsymbol{B}^3=(\boldsymbol{A}+\boldsymbol{B})(\boldsymbol{A}^2-\boldsymbol{AB}+\boldsymbol{B}^2)$.

4. 设 $\boldsymbol{A}=-\boldsymbol{A}^{\mathrm{T}}$,$\boldsymbol{B}=\boldsymbol{B}^{\mathrm{T}}$,试证:$\boldsymbol{AB}-\boldsymbol{BA}=(\boldsymbol{AB}-\boldsymbol{BA})^{\mathrm{T}}$.

§7.3 矩阵的初等行变换与矩阵的秩

【本节学习目标】 理解矩阵的初等行变换、矩阵的秩的概念;熟练掌握用初等行变换将矩阵化为阶梯形矩阵和简化阶梯形矩阵.

一、矩阵的初等行变换

矩阵的下列变换称为矩阵的**初等行变换**:

(1) 交换矩阵的第 i 行与第 j 行的位置,记做 $r_i\leftrightarrow r_j$;

(2) 用非零数 k 乘以矩阵第 i 行,记做 kr_i;

(3) 把矩阵第 i 行的 k 倍加到第 j 行上,记做 kr_i+r_j.

例 1 设矩阵 $\boldsymbol{A}=\begin{bmatrix}3 & 4 & -2\\ -1 & 2 & 4\\ 5 & -6 & 8\\ 7 & 1 & -3\end{bmatrix}$,对矩阵 $\boldsymbol{A}$ 施行下列初等行变换:

(1) 交换 $\boldsymbol{A}$ 的第 1 行与第 3 行;

(2) 用数 3 乘以 $\boldsymbol{A}$ 的第 2 行;

(3) 将 $\boldsymbol{A}$ 第 2 行的 4 倍加到第 4 行上.

解 (1) $\boldsymbol{A}=\begin{bmatrix}3&4&-2\\-1&2&4\\5&-6&8\\7&1&-3\end{bmatrix}\xrightarrow{r_1\leftrightarrow r_3}\begin{bmatrix}5&-6&8\\-1&2&4\\3&4&-2\\7&1&-3\end{bmatrix}$.

(2) $\boldsymbol{A}=\begin{bmatrix}3&4&-2\\-1&2&4\\5&-6&8\\7&1&-3\end{bmatrix}\xrightarrow{3r_2}\begin{bmatrix}3&4&-2\\3\times(-1)&3\times2&3\times4\\5&-6&8\\7&1&-3\end{bmatrix}=\begin{bmatrix}3&4&-2\\-3&6&12\\5&-6&8\\7&1&-3\end{bmatrix}$.

(3) $\boldsymbol{A}=\begin{bmatrix}3&4&-2\\-1&2&4\\5&-6&8\\7&1&-3\end{bmatrix}\xrightarrow{4r_2+r_4}\begin{bmatrix}3&4&-2\\-1&2&4\\5&-6&8\\4\times(-1)+7&4\times2+1&4\times4+(-3)\end{bmatrix}$

$=\begin{bmatrix}3&4&-2\\-1&2&4\\5&-6&8\\3&9&13\end{bmatrix}$.

二、阶梯形矩阵及简化阶梯形矩阵

满足下列两个条件的非零矩阵称为**阶梯形矩阵**:

(1) 若有零行(元全为零的行),一定在矩阵的最下方;

(2) 各非零行的第一个非零元所在列中,该元下方的元都为零.

例如,下列矩阵都是阶梯形矩阵:

$$\boldsymbol{A}=\begin{bmatrix}3&0&4&5\\0&-2&1&6\\0&0&0&0\end{bmatrix},\quad \boldsymbol{B}=\begin{bmatrix}1&3&0\\0&-2&4\\0&0&-3\end{bmatrix},\quad \boldsymbol{C}=\begin{bmatrix}4&0&0&0\\0&3&-2&1\\0&0&6&0\\0&0&0&7\end{bmatrix}.$$

例 2 用初等行变换将矩阵 $\boldsymbol{A}=\begin{bmatrix}3&-1&-3&2\\1&-2&-1&1\\2&1&-2&3\end{bmatrix}$ 化为阶梯形矩阵.

解 $$A \xrightarrow{r_1 \leftrightarrow r_2} \begin{bmatrix} 1 & -2 & -1 & 1 \\ 3 & -1 & -3 & 2 \\ 2 & 1 & -2 & 3 \end{bmatrix} \xrightarrow[-2r_1+r_3]{-3r_1+r_2} \begin{bmatrix} 1 & -2 & -1 & 1 \\ 0 & 5 & 0 & -1 \\ 0 & 5 & 0 & 1 \end{bmatrix}$$

$$\xrightarrow{-r_2+r_3} \begin{bmatrix} 1 & -2 & -1 & 1 \\ 0 & 5 & 0 & -1 \\ 0 & 0 & 0 & 2 \end{bmatrix}^{①}.$$

对阶梯形矩阵,可以用初等行变换将其进一步化简,得到简化阶梯形矩阵.

满足下列两个条件的阶梯形矩阵称为**简化阶梯形矩阵**:

(1) 各非零行的第一个非零元均为1;

(2) 各非零行的第一个非零元所在列的其他元都为零.

例如,下列都是简化阶梯形矩阵:

$$A = \begin{bmatrix} 1 & 4 & 0 & -3 \\ 0 & 0 & 1 & 2 \\ 0 & 0 & 0 & 0 \\ 0 & 0 & 0 & 0 \end{bmatrix}, \quad E_n = \begin{bmatrix} 1 & 0 & 0 & \cdots & 0 \\ 0 & 1 & 0 & \cdots & 0 \\ 0 & 0 & 1 & \cdots & 0 \\ \vdots & \vdots & \vdots & & \vdots \\ 0 & 0 & 0 & \cdots & 1 \end{bmatrix}.$$

用初等行变换将矩阵 A 化为简化阶梯形矩阵的**一般程序**是:

(1) 将 A 化为阶梯形矩阵.

首先将第1行的第一个元化为非零元(最好是1),并将其所在列下方的元全化为零;再将第2行第一个非零元(可以化为1,也可不化为1)所在列下方的元全化为零;直至把矩阵化为阶梯形矩阵.

(2) 将阶梯形矩阵化为简化阶梯形矩阵.

从非零行最后一行起,将该非零行第一个非零元化为1,并将其所在列上方的元全化为零;再将倒数第2行非零行的第一个非零元化为1,并将其所在列上方的元全化为零;直至把矩阵化为简化阶梯形矩阵.

当然,上述只是一般程序,有时也可根据具体情况做适当的处理.

例3 用初等行变换将矩阵 $A = \begin{bmatrix} 1 & 3 & -7 & -8 \\ 2 & 5 & 4 & 4 \\ -3 & -7 & -2 & -3 \\ 1 & 4 & -12 & -15 \end{bmatrix}$ 化成简化阶梯形矩阵.

---

① 矩阵 A 的阶梯形矩阵不是唯一的,但其阶梯形矩阵中的非零行数是唯一确定的,从而其简化阶梯形矩阵是唯一的.

$$
\text{解}\quad A\xrightarrow[-r_1+r_4]{\substack{-2r_1+r_2\\3r_1+r_3}}\begin{bmatrix}1&3&-7&-8\\0&-1&18&20\\0&2&-23&-27\\0&1&-5&-7\end{bmatrix}\xrightarrow{-r_2}\begin{bmatrix}1&3&-7&-8\\0&1&-18&-20\\0&2&-23&-27\\0&1&-5&-7\end{bmatrix}
$$

$$
\xrightarrow[-r_2+r_4]{\substack{-3r_2+r_1\\-2r_2+r_3}}\begin{bmatrix}1&0&47&52\\0&1&-18&-20\\0&0&13&13\\0&0&13&13\end{bmatrix}\xrightarrow[\frac{1}{13}r_4]{\frac{1}{13}r_3}\begin{bmatrix}1&0&47&52\\0&1&-18&-20\\0&0&1&1\\0&0&1&1\end{bmatrix}
$$

$$
\xrightarrow[-r_3+r_4]{\substack{-47r_3+r_1\\18r_3+r_2}}\begin{bmatrix}1&0&0&5\\0&1&0&-2\\0&0&1&1\\0&0&0&0\end{bmatrix}
$$

三、矩阵的秩

矩阵的**秩**是一个重要概念,它是每一个矩阵固有的性质.

定义 7.6 阶梯形矩阵 A 的非零行的行数称为**矩阵的秩**,记做秩(A)或 R(A).

例如,矩阵$\begin{bmatrix}1&4\\0&3\end{bmatrix}$的秩是 2;矩阵$\begin{bmatrix}2&-3&-8&9\\0&-1&0&6\\0&0&0&0\end{bmatrix}$的秩也是 2.

对任意矩阵的秩,我们不加证明地给出如下定理:

定理 7.1 矩阵经过初等行变换不改变它的秩.

该结论说明,要求任意矩阵的秩,只需通过初等行变换,把矩阵化成阶梯形矩阵,这个阶梯形矩阵中非零行的行数就是原矩阵的秩.

例 4 求矩阵 $A=\begin{bmatrix}2&-2&-11&4&0\\1&-1&-3&1&1\\2&-2&-1&0&4\\4&-4&3&-2&6\end{bmatrix}$的秩.

$$
\text{解}\quad A\xrightarrow{r_1\leftrightarrow r_2}\begin{bmatrix}1&-1&-3&1&1\\2&-2&-11&4&0\\2&-2&-1&0&4\\4&-4&3&-2&6\end{bmatrix}\xrightarrow[-4r_1+r_4]{\substack{-2r_1+r_2\\-2r_1+r_3}}\begin{bmatrix}1&-1&-3&1&1\\0&0&-5&2&-2\\0&0&5&-2&2\\0&0&15&-6&2\end{bmatrix}
$$

$$\xrightarrow[3r_2+r_4]{r_2+r_3}\begin{bmatrix}1 & -1 & -3 & 1 & 1\\0 & 0 & -5 & 2 & -2\\0 & 0 & 0 & 0 & 0\\0 & 0 & 0 & 0 & -4\end{bmatrix}\xrightarrow{r_3\leftrightarrow r_4}\begin{bmatrix}1 & -1 & -3 & 1 & 1\\0 & 0 & -5 & 2 & -2\\0 & 0 & 0 & 0 & -4\\0 & 0 & 0 & 0 & 0\end{bmatrix}.$$

可知 $R(\boldsymbol{A})=3$.

注意 本例在求矩阵 $\boldsymbol{A}$ 的秩时,最后一步运算“$r_3\leftrightarrow r_4$”其实无须进行.

习 题 7.3

A 组

1. 用初等行变换将下列矩阵化为阶梯形矩阵:

(1) $\begin{bmatrix}0 & 1 & 1\\1 & 2 & 0\\2 & -3 & -5\end{bmatrix}$; (2) $\begin{bmatrix}-2 & 1 & 1\\1 & -2 & 1\\1 & 1 & -2\end{bmatrix}$; (3) $\begin{bmatrix}2 & 3 & 1 & 0\\0 & 1 & 3 & -4\\1 & 2 & 5 & 1\end{bmatrix}$.

2. 用初等行变换将下列矩阵化为简化阶梯形矩阵:

(1) $\begin{bmatrix}2 & 3\\4 & 6\end{bmatrix}$; (2) $\begin{bmatrix}2 & 3\\1 & -1\\-1 & 2\end{bmatrix}$; (3) $\begin{bmatrix}1 & 1 & -1\\0 & 2 & 2\\1 & -1 & 0\end{bmatrix}$;

(4) $\begin{bmatrix}1 & -2 & 1 & 1\\-1 & 1 & 2 & 1\\3 & -1 & 1 & 6\end{bmatrix}$; (5) $\begin{bmatrix}1 & 2 & 3 & 4\\2 & 3 & 1 & 2\\1 & 1 & 1 & -1\\1 & 0 & -2 & -6\end{bmatrix}$.

3. 用初等行变换求下列矩阵的秩:

(1) $\boldsymbol{A}=\begin{bmatrix}1 & 2 & 3\\3 & 1 & 2\\2 & 3 & 1\end{bmatrix}$; (2) $\boldsymbol{A}=\begin{bmatrix}1 & 5 & 0 & 8\\4 & 3 & 1 & -2\\-2 & -10 & 0 & -16\\5 & 8 & 1 & 6\end{bmatrix}$.

B 组

1. 用初等行变换将下列矩阵化为简化阶梯形矩阵:

(1) $\begin{bmatrix}1 & -2 & -1 & 0 & 2\\2 & -1 & 0 & 2 & 3\\-2 & 4 & 2 & 6 & -6\\3 & 3 & 3 & 3 & 4\end{bmatrix}$; (2) $\begin{bmatrix}0 & 2 & -4\\-1 & -4 & 5\\3 & 1 & 7\\0 & 5 & -10\\2 & 3 & 0\end{bmatrix}$.

2. 用初等行变换求下列矩阵的秩：

(1) $\boldsymbol{A}=\begin{bmatrix}2&1&-1&2&-3\\4&2&-1&1&2\\8&4&-3&5&-4\\2&1&0&-1&5\end{bmatrix}$；　　(2) $\boldsymbol{A}=\begin{bmatrix}-1&-5&4&1&11\\1&3&1&2&4\\3&4&2&-3&6\\2&7&1&-6&-5\end{bmatrix}$.

§7.4 逆 矩 阵

【本节学习目标】 理解逆矩阵的概念和矩阵可逆的充分必要条件；掌握用初等行变换求逆矩阵的方法；能利用逆矩阵解简单的矩阵方程.

一、逆矩阵的概念与性质

在数的运算中，对一个非零常数 a，一定存在唯一的一个数 $b=\frac{1}{a}$，使得

$$ab=ba=1.$$

我们称 b 是 a 的倒数，记做 $b=a^{-1}$. 这时，可以把 b 看做 a 对乘法运算的逆元. 类似地，可以定义矩阵 $\boldsymbol{A}$ 的逆元——逆矩阵.

定义 7.7 设 $\boldsymbol{A}$ 是 n 阶方阵. 若存在 n 阶方阵 $\boldsymbol{B}$，使得

$$\boldsymbol{AB}=\boldsymbol{BA}=\boldsymbol{E},$$

则称**矩阵 $\boldsymbol{A}$ 是可逆的**，并称 $\boldsymbol{B}$ 是 $\boldsymbol{A}$ 的**逆矩阵**，记做 $\boldsymbol{B}=\boldsymbol{A}^{-1}$.

例如，$\boldsymbol{E}$ 是可逆的. 因为 $\boldsymbol{EE}=\boldsymbol{E}$，所以单位矩阵的逆矩阵是它本身.

又如，对矩阵 $\boldsymbol{A}=\begin{bmatrix}1&1\\1&2\end{bmatrix}$，存在矩阵 $\boldsymbol{B}=\begin{bmatrix}2&-1\\-1&1\end{bmatrix}$，使得

$$\begin{bmatrix}1&1\\1&2\end{bmatrix}\begin{bmatrix}2&-1\\-1&1\end{bmatrix}=\begin{bmatrix}2&-1\\-1&1\end{bmatrix}\begin{bmatrix}1&1\\1&2\end{bmatrix}=\begin{bmatrix}1&0\\0&1\end{bmatrix},$$

所以 $\boldsymbol{A}$ 可逆，且

$$\boldsymbol{A}^{-1}=\begin{bmatrix}1&1\\1&2\end{bmatrix}^{-1}=\begin{bmatrix}2&-1\\-1&1\end{bmatrix}=\boldsymbol{B}.$$

可逆矩阵**具有以下性质**：

(1) 若矩阵 $\boldsymbol{A}$ 可逆，则 $\boldsymbol{A}$ 的逆矩阵是唯一的；

(2) 若矩阵 $\boldsymbol{A}$ 可逆，则 $\boldsymbol{A}$ 的逆矩阵也可逆，且 $(\boldsymbol{A}^{-1})^{-1}=\boldsymbol{A}$；

(3) 若矩阵 $\boldsymbol{A}$ 可逆，数 $k\neq 0$，则 $k\boldsymbol{A}$ 也可逆，且 $(k\boldsymbol{A})^{-1}=\frac{1}{k}\boldsymbol{A}^{-1}$；

(4) 若矩阵 $\boldsymbol{A}$ 可逆，则 $\boldsymbol{A}$ 的转置矩阵也可逆，且 $(\boldsymbol{A}^{\mathrm{T}})^{-1}=(\boldsymbol{A}^{-1})^{\mathrm{T}}$；

(5) 若 $\boldsymbol{A},\boldsymbol{B}$ 为同阶可逆矩阵，则矩阵 $\boldsymbol{AB}$ 可逆，且 $(\boldsymbol{AB})^{-1}=\boldsymbol{B}^{-1}\boldsymbol{A}^{-1}$.

二、用初等行变换求逆矩阵

由逆矩阵的定义知,只有方阵才可能存在逆矩阵.那么,什么样的方阵才存在逆矩阵呢?下面给出定理.

定理 7.2　n 阶方阵 $\boldsymbol{A}$ 可逆的**充分必要条件**是其秩为 n,即 $\mathrm{R}(\boldsymbol{A})=n$.

由该定理知,若 n 阶方阵 $\boldsymbol{A}$ 可逆,则用初等行变换定能将 $\boldsymbol{A}$ 化为 n 阶单位矩阵 $\boldsymbol{E}$.

用初等行变换求 n 阶方阵 $\boldsymbol{A}$ 的逆矩阵的方法是:

首先,对 n 阶方阵 $\boldsymbol{A}=(a_{ij})$,用 $\boldsymbol{A}$ 和 n 阶单位矩阵 $\boldsymbol{E}$ 作如下的 $n\times 2n$ 矩阵:

$$\left[\begin{array}{cccc:cccc} a_{11} & a_{12} & \cdots & a_{1n} & 1 & 0 & \cdots & 0 \\ a_{21} & a_{22} & \cdots & a_{2n} & 0 & 1 & \cdots & 0 \\ \vdots & \vdots & & \vdots & \vdots & \vdots & & \vdots \\ a_{n1} & a_{n2} & \cdots & a_{nn} & 0 & 0 & \cdots & 1 \end{array}\right],\quad \text{简记做}\quad [\boldsymbol{A} \vdots \boldsymbol{E}],$$

即在矩阵 $\boldsymbol{A}$ 的右侧加上与它同阶的单位矩阵 $\boldsymbol{E}$;

然后,对矩阵 $[\boldsymbol{A} \vdots \boldsymbol{E}]$ 作初等行变换,若 $\boldsymbol{A}$ 可逆,当把左侧的矩阵 $\boldsymbol{A}$ 化成 $\boldsymbol{E}$ 时,右侧单位矩阵 $\boldsymbol{E}$ 所化成的矩阵就是 $\boldsymbol{A}$ 的逆矩阵 $\boldsymbol{A}^{-1}$,即

$$[\boldsymbol{A} \vdots \boldsymbol{E}] \xrightarrow{\text{初等行变换}} [\boldsymbol{E} \vdots \boldsymbol{A}^{-1}].$$

例 1　求矩阵 $\boldsymbol{A}=\begin{bmatrix} 3 & 4 \\ 1 & 2 \end{bmatrix}$ 的逆矩阵.

解　作 2×4 矩阵 $[\boldsymbol{A} \vdots \boldsymbol{E}]$,并对其施以初等行变换:

$$[\boldsymbol{A} \vdots \boldsymbol{E}]=\left[\begin{array}{cc:cc} 3 & 4 & 1 & 0 \\ 1 & 2 & 0 & 1 \end{array}\right] \xrightarrow{r_1\leftrightarrow r_2} \left[\begin{array}{cc:cc} 1 & 2 & 0 & 1 \\ 3 & 4 & 1 & 0 \end{array}\right] \xrightarrow{-3r_1+r_2} \left[\begin{array}{cc:cc} 1 & 2 & 0 & 1 \\ 0 & -2 & 1 & -3 \end{array}\right]$$

$$\xrightarrow{r_2+r_1} \left[\begin{array}{cc:cc} 1 & 0 & 1 & -2 \\ 0 & -2 & 1 & -3 \end{array}\right] \xrightarrow{-\frac{1}{2}r_2} \left[\begin{array}{cc:cc} 1 & 0 & 1 & -2 \\ 0 & 1 & -\frac{1}{2} & \frac{3}{2} \end{array}\right].$$

故

$$\boldsymbol{A}^{-1}=\begin{bmatrix} 1 & -2 \\ -\frac{1}{2} & \frac{3}{2} \end{bmatrix}.$$

例 2　设矩阵 $\boldsymbol{A}=\begin{bmatrix} 1 & -1 & -1 \\ -3 & 2 & 1 \\ 2 & 0 & 1 \end{bmatrix}$,求 $\boldsymbol{A}^{-1}$.

解　作 3×6 矩阵 $[\boldsymbol{A} \vdots \boldsymbol{E}]$,并对其施以初等行变换:

$$[\boldsymbol{A} \vdots \boldsymbol{E}]=\left[\begin{array}{ccc:ccc} 1 & -1 & -1 & 1 & 0 & 0 \\ -3 & 2 & 1 & 0 & 1 & 0 \\ 2 & 0 & 1 & 0 & 0 & 1 \end{array}\right] \xrightarrow[-2r_1+r_3]{3r_1+r_2} \left[\begin{array}{ccc:ccc} 1 & -1 & -1 & 1 & 0 & 0 \\ 0 & -1 & -2 & 3 & 1 & 0 \\ 0 & 2 & 3 & -2 & 0 & 1 \end{array}\right]$$

$$\xrightarrow{-r_2}\left[\begin{array}{ccc:ccc}1&-1&-1&1&0&0\\0&1&2&-3&-1&0\\0&2&3&-2&0&1\end{array}\right]\xrightarrow[-2r_2+r_3]{r_2+r_1}\left[\begin{array}{ccc:ccc}1&0&1&-2&-1&0\\0&1&2&-3&-1&0\\0&0&-1&4&2&1\end{array}\right]$$

$$\xrightarrow{-r_3}\left[\begin{array}{ccc:ccc}1&0&1&-2&-1&0\\0&1&2&-3&-1&0\\0&0&1&-4&-2&-1\end{array}\right]\xrightarrow[-2r_3+r_2]{-r_3+r_1}\left[\begin{array}{ccc:ccc}1&0&0&2&1&1\\0&1&0&5&3&2\\0&0&1&-4&-2&-1\end{array}\right].$$

故
$$\boldsymbol{A}^{-1}=\begin{bmatrix}2&1&1\\5&3&2\\-4&-2&-1\end{bmatrix}.$$

用初等行变换求逆矩阵时，不需要判断矩阵 $\boldsymbol{A}$ 是否可逆，只需对 $[\boldsymbol{A} \vdots \boldsymbol{E}]$ 施行初等行变换，若 $\boldsymbol{A}$ 能化成 $\boldsymbol{E}$，就得到 $\boldsymbol{A}^{-1}$；若 $\boldsymbol{A}$ 不能化成 $\boldsymbol{E}$，即可得出 $\boldsymbol{A}$ 不可逆.

例 3 设矩阵 $\boldsymbol{A}=\begin{bmatrix}1&0&1\\2&1&0\\-3&2&-5\end{bmatrix}$，$\boldsymbol{B}=\begin{bmatrix}1&0\\-2&1\\1&0\end{bmatrix}$，解矩阵方程 $\boldsymbol{AX}=\boldsymbol{B}$.

解 1 在 $\boldsymbol{AX}=\boldsymbol{B}$ 中，若 $\boldsymbol{A}$ 是方阵且可逆，则用 $\boldsymbol{A}^{-1}$ 左乘方程 $\boldsymbol{AX}=\boldsymbol{B}$ 两端，有

$$\boldsymbol{A}^{-1}\boldsymbol{AX}=\boldsymbol{A}^{-1}\boldsymbol{B},\quad \text{即}\quad \boldsymbol{X}=\boldsymbol{A}^{-1}\boldsymbol{B}.$$

用初等行变换可以求得

$$\boldsymbol{A}^{-1}=\frac{1}{2}\begin{bmatrix}-5&2&-1\\10&-2&2\\7&-2&1\end{bmatrix},$$

于是
$$\boldsymbol{X}=\boldsymbol{A}^{-1}\boldsymbol{B}=\frac{1}{2}\begin{bmatrix}-5&2&-1\\10&-2&2\\7&-2&1\end{bmatrix}\begin{bmatrix}1&0\\-2&1\\1&0\end{bmatrix}=\begin{bmatrix}-5&1\\8&-1\\6&-1\end{bmatrix}.$$

解 2 在 $\boldsymbol{AX}=\boldsymbol{B}$ 中，若 $\boldsymbol{A}$ 是方阵且可逆，作矩阵 $[\boldsymbol{A} \vdots \boldsymbol{B}]$，可以证明

$$[\boldsymbol{A} \vdots \boldsymbol{B}]\xrightarrow{\text{初等行变换}}[\boldsymbol{E} \vdots \boldsymbol{A}^{-1}\boldsymbol{B}].$$

因

$$[\boldsymbol{A} \vdots \boldsymbol{B}]=\left[\begin{array}{ccc:cc}1&0&1&1&0\\2&1&0&-2&1\\-3&2&-5&1&0\end{array}\right]\xrightarrow{\text{初等行变换}}\left[\begin{array}{ccc:cc}1&0&0&-5&1\\0&1&0&8&-1\\0&0&1&6&-1\end{array}\right],$$

于是
$$\boldsymbol{X}=\boldsymbol{A}^{-1}\boldsymbol{B}=\begin{bmatrix}-5&1\\8&-1\\6&-1\end{bmatrix}.$$

习 题 7.4

A 组

1. 设矩阵 $A=\begin{bmatrix}5&-2\\-3&1\end{bmatrix}$,求$(A^{-1})^{T}$,$(A^{T})^{-1}$.

2. 用初等行变换求下列矩阵的逆矩阵:

(1) $A=\begin{bmatrix}2&5\\1&2\end{bmatrix}$; (2) $A=\begin{bmatrix}2&2&3\\1&-1&0\\-1&2&1\end{bmatrix}$; (3) $A=\begin{bmatrix}-2&-1&2\\4&1&-3\\1&1&-1\end{bmatrix}$.

3. 解下列矩阵方程:

(1) $\begin{bmatrix}2&5\\1&3\end{bmatrix}X=\begin{bmatrix}4&-6\\2&1\end{bmatrix}$; (2) $\begin{bmatrix}3&5\\1&2\end{bmatrix}X=\begin{bmatrix}4&-1&2\\3&0&-1\end{bmatrix}$.

B 组

1. 设 A,B 为同阶可逆矩阵,下列结论是否正确?

(1) $(kA)^{-1}=kA^{-1}\ (k\neq 0)$; (2) $(A^{2})^{-1}=(A^{-1})^{2}$;

(3) $[(A^{-1})^{-1}]^{T}=[(A^{T})^{T}]^{-1}$; (4) $(AA^{T})^{-1}=(A^{-1})^{T}A^{-1}$;

(5) $(AB)^{-1}=A^{-1}B^{-1}$; (6) $(A+B)^{-1}=A^{-1}+B^{-1}$;

(7) $[(AB)^{T}]^{-1}=(A^{-1})^{T}(B^{-1})^{T}$; (8) $(A^{-1}B^{-1})=BA$.

2. 设 A 为 n 阶方阵,满足 $A^{k}=O$ (k 是正整数),证明:$E-A$ 可逆,且

$$(E-A)^{-1}=E+A+A^{2}+\cdots+A^{k-1}.$$

3. 设矩阵 $A=\begin{bmatrix}1&2&3\\2&2&1\\3&4&3\end{bmatrix}$,$B=\begin{bmatrix}2&1\\5&3\end{bmatrix}$,$C=\begin{bmatrix}1&3\\2&0\\3&1\end{bmatrix}$,求满足 $AXB=C$ 的矩阵 X.

4. 用逆矩阵解线性方程组

$$\begin{cases}2x_1+2x_2+3x_3=1,\\x_1-x_2=2,\\-x_1+2x_2+x_3=-1.\end{cases}$$

§7.5 线性方程组的解法

【本节学习目标】 掌握非齐次线性方程组和齐次线性方程组解的判定定理;会用矩阵的初等行变换求解线性方程组.

一、线性方程组的消元解法

消元法的基本思想是:把方程组中的一部分方程变成未知量较少的方程.这是通过对

方程组进行同解变形来实现的. 先看例题.

例 1 用消元法解线性方程组

$$\begin{cases} x_1+3x_2+x_3=5, \\ 2x_1+x_2+x_3=2, \\ x_1+x_2+5x_3=-7. \end{cases}$$

解 方程组的系数矩阵 $\boldsymbol{A}$,未知量矩阵 $\boldsymbol{X}$,常数项矩阵 $\boldsymbol{B}$ 和增广矩阵 $\widetilde{\boldsymbol{A}}$ 分别是

$$\boldsymbol{A}=\begin{bmatrix} 1 & 3 & 1 \\ 2 & 1 & 1 \\ 1 & 1 & 5 \end{bmatrix},\quad \boldsymbol{X}=\begin{bmatrix} x_1 \\ x_2 \\ x_3 \end{bmatrix},\quad \boldsymbol{B}=\begin{bmatrix} 5 \\ 2 \\ -7 \end{bmatrix},\quad \widetilde{\boldsymbol{A}}=\begin{bmatrix} 1 & 3 & 1 & 5 \\ 2 & 1 & 1 & 2 \\ 1 & 1 & 5 & -7 \end{bmatrix}.$$

对方程组进行同解变形,实际上就是对方程组的系数和常数项进行变换,而这恰是对方程组的增广矩阵 $\widetilde{\boldsymbol{A}}$ 进行初等行变换. 将消元法解线性方程组与增广矩阵 $\widetilde{\boldsymbol{A}}$ 的初等行变换对照观察:

消元法解线性方程组	增广矩阵 $\widetilde{\boldsymbol{A}}$ 作初等行变换
$\begin{cases} x_1+3x_2+x_3=5, & ① \\ 2x_1+x_2+x_3=2, & ② \\ x_1+x_2+5x_3=-7 & ③ \end{cases}$	$\widetilde{\boldsymbol{A}}=\begin{bmatrix} 1 & 3 & 1 & 5 \\ 2 & 1 & 1 & 2 \\ 1 & 1 & 5 & -7 \end{bmatrix}$
$\downarrow$ $-2\times$①加于②, $-1\times$①加于③	$\downarrow$ $-2r_1+r_2$, $-r_1+r_3$
$\begin{cases} x_1+3x_2+x_3=5, & ① \\ -5x_2-x_3=-8, & ④ \\ -2x_2+4x_3=-12 & ⑤ \end{cases}$	$\begin{bmatrix} 1 & 3 & 1 & 5 \\ 0 & -5 & -1 & -8 \\ 0 & -2 & 4 & -12 \end{bmatrix}$
$\downarrow$ $-\frac{1}{2}\times$⑤, ④与⑤交换	$\downarrow$ $-\frac{1}{2}r_3$, $r_2\leftrightarrow r_3$
$\begin{cases} x_1+3x_2+x_3=5, & ① \\ x_2-2x_3=6, & ⑥ \\ -5x_2-x_3=-8 & ④ \end{cases}$	$\begin{bmatrix} 1 & 3 & 1 & 5 \\ 0 & 1 & -2 & 6 \\ 0 & -5 & -1 & -8 \end{bmatrix}$
$\downarrow$ $5\times$⑥加于④	$\downarrow$ $5r_2+r_3$

$$\begin{cases} x_1+3x_2+x_3=5, & ① \\ x_2-2x_3=6, & ⑥ \\ -11x_3=22 & ⑦ \end{cases} \qquad \begin{bmatrix} 1 & 3 & 1 & 5 \\ 0 & 1 & -2 & 6 \\ 0 & 0 & -11 & 22 \end{bmatrix}$$

(以上是消元过程,得到阶梯形方程组;以下是回代过程,得到解)　　(以上是将 $\widetilde{\mathbf{A}}$ 化成阶梯形矩阵;以下是化成简化阶梯形矩阵)

$$\Big\downarrow -\frac{1}{11}\times⑦ \qquad \Big\downarrow -\frac{1}{11}r_3$$

$$\begin{cases} x_1+3x_2+x_3=5, & ① \\ x_2-2x_3=6, & ⑥ \\ x_3=-2. & ⑧ \end{cases} \qquad \begin{bmatrix} 1 & 3 & 1 & 5 \\ 0 & 1 & -2 & 6 \\ 0 & 0 & 1 & -2 \end{bmatrix}$$

$$\Big\downarrow \begin{matrix} 2\times⑧\text{加于}⑥ \\ -1\times⑧\text{加于}① \end{matrix} \qquad \Big\downarrow \begin{matrix} 2r_3+r_2 \\ -r_3+r_1 \end{matrix}$$

$$\begin{cases} x_1+3x_2=7, & ⑨ \\ x_2=2, & ⑩ \\ x_3=-2. & ⑧ \end{cases} \qquad \begin{bmatrix} 1 & 3 & 0 & 7 \\ 0 & 1 & 0 & 2 \\ 0 & 0 & 1 & -2 \end{bmatrix}$$

$$\Big\downarrow -3\times⑩\text{加于}⑨ \qquad \Big\downarrow -3r_2+r_1$$

$$\begin{cases} x_1=1, \\ x_2=2, \\ x_3=-2. \end{cases} \qquad \begin{bmatrix} 1 & 0 & 0 & 1 \\ 0 & 1 & 0 & 2 \\ 0 & 0 & 1 & -2 \end{bmatrix}$$

(方程组的解)　　(简化阶梯形矩阵)

由以上计算可知:

消元法解线性方程组的**解题程序**是:

(1) 消元过程:通过对线性方程组进行同解变换,将其化为阶梯形方程组;

(2) 回代过程:由阶梯形方程组逐次求出各未知量的值.

对增广矩阵 $\widetilde{\mathbf{A}}$ 进行初等行变换的**程序**是:

(1) 用初等行变换将 $\widetilde{\mathbf{A}}$ 化为阶梯形矩阵;

(2) 用初等行变换将阶梯形矩阵化为简化阶梯形矩阵.

例 2 解线性方程组

$$\begin{cases} x_1+2x_2-x_3+2x_4=1, \\ 2x_1+4x_2+x_3+x_4=5, \\ -x_1-2x_2-2x_3+x_4=-4. \end{cases}$$

解 对方程组的增广矩阵 $\widetilde{\boldsymbol{A}}$ 作初等行变换(先化成阶梯形矩阵,再化成简化阶梯形矩阵):

$$\widetilde{\boldsymbol{A}}=\begin{bmatrix}1&2&-1&2&1\\2&4&1&1&5\\-1&-2&-2&1&-4\end{bmatrix}\xrightarrow[r_1+r_3]{-2r_1+r_2}\begin{bmatrix}1&2&-1&2&1\\0&0&3&-3&3\\0&0&-3&3&-3\end{bmatrix}$$

$$\xrightarrow{r_2+r_3}\begin{bmatrix}1&2&-1&2&1\\0&0&3&-3&3\\0&0&0&0&0\end{bmatrix}\xrightarrow{\frac{1}{3}r_2}\begin{bmatrix}1&2&-1&2&1\\0&0&1&-1&1\\0&0&0&0&0\end{bmatrix}$$

$$\xrightarrow{r_2+r_1}\begin{bmatrix}1&2&0&1&2\\0&0&1&-1&1\\0&0&0&0&0\end{bmatrix}.$$

这就得到同解方程组(删去最后一行零行对应的方程 $0=0$,这是多余方程)

$$\begin{cases}x_1+2x_2+\qquad x_4=2,\\ \qquad\qquad x_3-x_4=1\end{cases}\quad 或 \quad\begin{cases}x_1=2-2x_2-x_4,\\x_3=1+x_4.\end{cases}$$

任给未知量 x_2,x_4 一组值,就能确定出 x_1,x_3 的值,也就确定出方程组的一组解.称 x_2,x_4 为**自由未知量**.若取 $x_2=C_1$,$x_4=C_2$,则原方程组的解是

$$\begin{cases}x_1=2-2C_1-C_2,\\x_2=C_1,\\x_3=1+C_2,\\x_4=C_2,\end{cases}$$

其中 C_1,C_2 是任意常数.这是**无穷多组解**,这种解的表达式称为线性方程组的**一般解**.

例 3 解线性方程组

$$\begin{cases}x_1-2x_2+3x_3-\ x_4=1,\\3x_1-\ x_2+5x_3-3x_4=2,\\2x_1+\ x_2+2x_3-2x_4=3.\end{cases}$$

解 用初等行变换将增广矩阵化为阶梯形矩阵:

$$\widetilde{\boldsymbol{A}}=\begin{bmatrix}1&-2&3&-1&1\\3&-1&5&-3&2\\2&1&2&-2&3\end{bmatrix}\xrightarrow[-2r_1+r_3]{-3r_1+r_2}\begin{bmatrix}1&-2&3&-1&1\\0&5&-4&0&-1\\0&5&-4&0&1\end{bmatrix}$$

$$\xrightarrow{-r_2+r_3}\begin{bmatrix}1&-2&3&-1&1\\0&5&-4&0&-1\\0&0&0&0&2\end{bmatrix}.$$

与上述最后的矩阵对应的方程组是

$$\begin{cases} x_1 - 2x_2 + 3x_3 - x_4 = 1, \\ 5x_2 - 4x_3 = -1, \\ 0 = 2. \end{cases}$$

最后一个方程是矛盾方程,显然此方程组无解,从而原方程组无解.

由上述三例可知,线性方程组可能有唯一解,可能有无穷多组解,也可能无解.那么,**如何判断线性方程组是否有解呢?若线性方程组有解,它有多少组解?**

观察上述三个线性方程组的系数矩阵 $\boldsymbol{A}$ 的秩 $\mathrm{R}(\boldsymbol{A})$,增广矩阵 $\widetilde{\boldsymbol{A}}$ 的秩 $\mathrm{R}(\widetilde{\boldsymbol{A}})$,未知量的个数与方程组解的情况,我们会发现:

例 1 中,$\mathrm{R}(\boldsymbol{A})=\mathrm{R}(\widetilde{\boldsymbol{A}})=3$(未知量的个数),方程组有唯一解;

例 2 中,$\mathrm{R}(\boldsymbol{A})=\mathrm{R}(\widetilde{\boldsymbol{A}})=2<4$(未知量的个数),方程组有无穷多组解;

例 3 中,$\mathrm{R}(\boldsymbol{A})=2\neq\mathrm{R}(\widetilde{\boldsymbol{A}})=3$,出现矛盾方程,方程组无解.

上述三例的结论可推广到一般情况,这便是下述线性方程组解的判定定理.

二、线性方程组解的判定定理

含 n 个未知量,m 个方程的线性方程组

$$\begin{cases} a_{11}x_1 + a_{12}x_2 + \cdots + a_{1n}x_n = b_1, \\ a_{21}x_1 + a_{22}x_2 + \cdots + a_{2n}x_n = b_2, \\ \cdots\cdots\cdots\cdots\cdots\cdots \\ a_{m1}x_1 + a_{m2}x_2 + \cdots + a_{mn}x_n = b_m, \end{cases} \tag{1}$$

若常数项 $b_1,b_2,\cdots,b_m$ 不全为零,则称为**非齐次线性方程组**;否则,称为**齐次线性方程组**.非齐次线性方程组的系数矩阵、未知量矩阵、常数项矩阵和增广矩阵分别是

$$\boldsymbol{A}=\begin{bmatrix} a_{11} & a_{12} & \cdots & a_{1n} \\ a_{21} & a_{22} & \cdots & a_{2n} \\ \vdots & \vdots & & \vdots \\ a_{m1} & a_{m2} & \cdots & a_{mn} \end{bmatrix},\quad \boldsymbol{X}=\begin{bmatrix} x_1 \\ x_2 \\ \vdots \\ x_n \end{bmatrix},\quad \boldsymbol{B}=\begin{bmatrix} b_1 \\ b_2 \\ \vdots \\ b_m \end{bmatrix},$$

$$\widetilde{\boldsymbol{A}}=\begin{bmatrix} a_{11} & a_{12} & \cdots & a_{1n} & b_1 \\ a_{21} & a_{22} & \cdots & a_{2n} & b_2 \\ \vdots & \vdots & & \vdots & \vdots \\ a_{m1} & a_{m2} & \cdots & a_{mn} & b_m \end{bmatrix}.$$

定理 7.3(非齐次线性方程组解的判定定理) 非齐次线性方程组(1)**有解的充分必要条件是**其系数矩阵 $\boldsymbol{A}$ 与增广矩阵 $\widetilde{\boldsymbol{A}}$ 的**秩相等**,即 $\mathrm{R}(\boldsymbol{A})=r=\mathrm{R}(\widetilde{\boldsymbol{A}})$.

(1) 当 $r=n$(未知量的个数)时,有唯一解;

(2) 当 $r<n$ 时,有无穷多组解,这时自由未知量的个数是 $n-r$ 个.

例 4 设线性方程组

$$\begin{cases} x_1 + \qquad x_3 = 2, \\ x_1 + 2x_2 - x_3 = 0, \\ 2x_1 + x_2 - ax_3 = b. \end{cases}$$

(1) 当 a,b 分别为何值时，方程组无解？有唯一解？有无穷多组解？

(2) 有解时，求出方程组的解.

解 (1) 对方程组的增广矩阵 $\widetilde{\mathbf{A}}$ 作初等行变换：

$$\widetilde{\mathbf{A}} = \begin{bmatrix} 1 & 0 & 1 & 2 \\ 1 & 2 & -1 & 0 \\ 2 & 1 & -a & b \end{bmatrix} \xrightarrow[-2r_1+r_3]{-r_1+r_2} \begin{bmatrix} 1 & 0 & 1 & 2 \\ 0 & 2 & -2 & -2 \\ 0 & 1 & -a-2 & b-4 \end{bmatrix}$$

$$\xrightarrow{\frac{1}{2}r_2} \begin{bmatrix} 1 & 0 & 1 & 2 \\ 0 & 1 & -1 & -1 \\ 0 & 1 & -a-2 & b-4 \end{bmatrix} \xrightarrow{-r_2+r_3} \begin{bmatrix} 1 & 0 & 1 & 2 \\ 0 & 1 & -1 & -1 \\ 0 & 0 & -a-1 & b-3 \end{bmatrix} \overset{\text{记为}}{=\!=} \boldsymbol{B}.$$

由阶梯形矩阵 $\boldsymbol{B}$ 知，当 $a=-1$，且 $b\neq 3$ 时，$\mathrm{R}(\mathbf{A})=2\neq\mathrm{R}(\widetilde{\mathbf{A}})=3$，方程组无解；当 $a\neq -1$，b 取任意值时，$\mathrm{R}(\mathbf{A})=\mathrm{R}(\widetilde{\mathbf{A}})=3$，方程组有唯一解；当 $a=-1$，且 $b=3$ 时，$\mathrm{R}(\mathbf{A})=\mathrm{R}(\widetilde{\mathbf{A}})=2<3$ (未知量的个数)，方程组有无穷多组解.

(2) 当 $a\neq -1$ 时，有

$$\boldsymbol{B} \xrightarrow{-\frac{1}{a+1}r_3} \begin{bmatrix} 1 & 0 & 1 & 2 \\ 0 & 1 & -1 & -1 \\ 0 & 0 & 1 & \dfrac{3-b}{a+1} \end{bmatrix} \xrightarrow[r_3+r_2]{-r_3+r_1} \begin{bmatrix} 1 & 0 & 0 & \dfrac{2a+b-1}{a+1} \\ 0 & 1 & 0 & \dfrac{2-a-b}{a+1} \\ 0 & 0 & 1 & \dfrac{3-b}{a+1} \end{bmatrix}.$$

由此得方程组的唯一解是

$$x_1 = \frac{2a+b-1}{a+1}, \quad x_2 = \frac{2-a-b}{a+1}, \quad x_3 = \frac{3-b}{a+1}.$$

当 $a=-1$，且 $b=3$ 时，有

$$\boldsymbol{B} = \begin{bmatrix} 1 & 0 & 1 & 2 \\ 0 & 1 & -1 & -1 \\ 0 & 0 & 0 & 0 \end{bmatrix},$$

这时原方程组的同解方程组为

$$\begin{cases} x_1 = 2 - x_3, \\ x_2 = -1 + x_3. \end{cases}$$

取 $x_3=C$ (C 为任意常数)，得原方程组的一般解为

$$\begin{cases} x_1 = 2 - C, \\ x_2 = -1 + C, \\ x_3 = C. \end{cases}$$

下面我们把上述结论应用到齐次线性方程组

$$\begin{cases} a_{11}x_1 + a_{12}x_2 + \cdots + a_{1n}x_n = 0, \\ a_{21}x_1 + a_{22}x_2 + \cdots + a_{2n}x_n = 0, \\ \cdots\cdots\cdots\cdots\cdots\cdots \\ a_{m1}x_1 + a_{m2}x_2 + \cdots + a_{mn}x_n = 0, \end{cases} \tag{2}$$

其矩阵表示为

$$\boldsymbol{AX} = \boldsymbol{O}.$$

由于增广矩阵 $\widetilde{\boldsymbol{A}} = [\boldsymbol{A} \mid \boldsymbol{O}]$,故 $R(\boldsymbol{A}) = R(\widetilde{\boldsymbol{A}})$,这说明齐次线性方程组 $\boldsymbol{AX}=\boldsymbol{O}$ 必有解.其实它至少有一个**零解**(即 $x_1 = x_2 = \cdots = x_n = 0$).但我们更关心 $\boldsymbol{AX}=\boldsymbol{O}$ 在什么条件下有非零解.容易得到如下定理:

定理 7.4(齐次线性方程组解的判定定理) 齐次线性方程组(2)一定有解:

(1) 当 $R(\boldsymbol{A}) = n$ (未知量的个数)时,只有零解;

(2) 当 $R(\boldsymbol{A}) < n$ 时,有非零解.

例 5 解线性方程组

$$\begin{cases} x_1 + 2x_2 + 2x_3 + x_4 = 0, \\ 2x_1 + x_2 - 2x_3 - 2x_4 = 0, \\ x_1 - x_2 - 4x_3 - 3x_4 = 0. \end{cases}$$

解 由于增广矩阵 $\widetilde{\boldsymbol{A}}$ 最后一列为零,故只对系数矩阵 $\boldsymbol{A}$ 作初等行变换:

$$\boldsymbol{A} = \begin{bmatrix} 1 & 2 & 2 & 1 \\ 2 & 1 & -2 & -2 \\ 1 & -1 & -4 & -3 \end{bmatrix} \xrightarrow{\text{初等行变换}} \begin{bmatrix} 1 & 0 & -2 & -\frac{5}{3} \\ 0 & 1 & 2 & \frac{4}{3} \\ 0 & 0 & 0 & 0 \end{bmatrix}.$$

取 $x_3 = C_1, x_4 = C_2$,则方程组的一般解为

$$\begin{cases} x_1 = 2C_1 + \frac{5}{3}C_2, \\ x_2 = -2C_1 - \frac{4}{3}C_2, \quad (C_1, C_2 \text{ 是任意常数}). \\ x_3 = C_1, \\ x_4 = C_2 \end{cases}$$

习 题 7.5

A 组

1. 解下列非齐次线性方程组：

(1) $\begin{cases} 2x_1+x_2-x_3=1, \\ x_1-3x_2+4x_3=2, \\ 11x_1-12x_2+17x_3=3; \end{cases}$ (2) $\begin{cases} 2x_1-x_2+3x_3=1, \\ 2x_1+x_2+x_3=5, \\ 4x_1+x_2+2x_3=5; \end{cases}$

(3) $\begin{cases} x_1-x_2+x_3-x_4=1, \\ x_1-x_2-2x_3+x_4=0, \\ 2x_1-2x_2-4x_3+4x_4=-1, \\ 4x_1-4x_2-2x_3+2x_4=1; \end{cases}$ (4) $\begin{cases} x_1-2x_2+x_3+x_4=1, \\ 2x_1-4x_2+2x_3+x_4=1, \\ x_1-2x_2+x_3=0, \\ x_1-2x_2+x_3+5x_4=5. \end{cases}$

2. 当 a 为何值时，线性方程组

$$\begin{cases} x_1+x_2-x_3=1, \\ 2x_1+3x_2+ax_3=3, \\ x_1+ax_2+3x_3=2 \end{cases}$$

无解？有唯一解？有无穷多组解？当方程组有无穷多组解时，求出其一般解.

3. 解下列齐次线性方程组：

(1) $\begin{cases} x_1+x_2+2x_3=0, \\ x_1+2x_2+x_3=0, \\ 2x_1+x_2+x_3=0; \end{cases}$ (2) $\begin{cases} x_1-x_2+5x_3-x_4=0, \\ x_1+3x_2-9x_3+7x_4=0, \\ 2x_1-2x_2+10x_3-2x_4=0, \\ 3x_1-x_2+8x_3+x_4=0. \end{cases}$

B 组

1. 选取 λ 的值，使如下方程组有解：

$$\begin{cases} 2x_1-x_2+x_3+x_4=1, \\ x_1+2x_2+x_3-x_4=-1, \\ x_1+7x_2+x_3+5x_4=\lambda. \end{cases}$$

2. 已知方程组

$$\begin{cases} ax_1+x_2+x_3=1, \\ x_1+ax_2+x_3=1, \\ x_1+x_2+ax_3=-2 \end{cases}$$

有无穷多组解，求 a.

3. 当 a,b 取何值时，线性方程组

$$\begin{cases} x_1+2x_3=-1, \\ -x_1+x_2-3x_3=2, \\ 2x_1-x_2+ax_3=b \end{cases}$$

无解？有唯一解？有无穷多组解？当方程组有无穷多组解时，求出其一般解.

总习题七

1. 填空题：

(1) 设矩阵 $\boldsymbol{A}_{3\times 2}, \boldsymbol{B}_{3\times 3}, \boldsymbol{C}_{3\times 1}$，则矩阵 $\boldsymbol{A}^{\mathrm{T}}\boldsymbol{B}\boldsymbol{C}$ 的行数 $m=$________，列数 $n=$________；

(2) 设 $\boldsymbol{B}=\left(\frac{1}{2}\quad 0\quad \cdots\quad 0\quad \frac{1}{2}\right)$ 为 $1\times n$ 矩阵，$\boldsymbol{A}=\boldsymbol{E}-\boldsymbol{B}^{\mathrm{T}}\boldsymbol{B}, \boldsymbol{C}=\boldsymbol{E}+2\boldsymbol{B}^{\mathrm{T}}\boldsymbol{B}$，则 $\boldsymbol{AC}=$________；

(3) 设矩阵 $\boldsymbol{A}=\begin{bmatrix} 1 & 1 & 1 & 1 \\ 1 & 0 & 2 & 2 \\ -1 & 0 & a-3 & -2 \\ 2 & 3 & 1 & a \end{bmatrix}$，则当 $a=$________时，$\mathrm{R}(\boldsymbol{A})=2$；

(4) 齐次线性方程组 $\begin{cases} x_1+x_2+2x_3=0, \\ x_1+2x_2+x_3=0, \\ 2x_1+x_2+\lambda x_3=0, \end{cases}$ 当 $\lambda=$________时，有非零解.

2. 单项选择题：

(1) 设矩阵 $\boldsymbol{A}=(1\quad 0\quad 1)^{\mathrm{T}}, \boldsymbol{B}=\boldsymbol{A}\boldsymbol{A}^{\mathrm{T}}$，$n\ (>2)$ 为正整数，则 $\boldsymbol{B}^n=$(　　)；

(A) $2^{n-2}\boldsymbol{B}$　　(B) $2^{n-1}\boldsymbol{B}$　　(C) $2^n\boldsymbol{B}$　　(D) $2^{n+1}\boldsymbol{B}$

(2) 设 $\boldsymbol{A}$ 是 n 阶方阵，且 $\boldsymbol{AB}=\boldsymbol{AC}$，则(　　)；

(A) 当 $\mathrm{R}(\boldsymbol{A})=n$ 时，有 $\boldsymbol{B}=\boldsymbol{C}$　　(B) 当 $\mathrm{R}(\boldsymbol{A})<n$ 时，有 $\boldsymbol{B}=\boldsymbol{C}$

(C) 当 $\boldsymbol{A}\neq\boldsymbol{O}$ 时，有 $\boldsymbol{B}=\boldsymbol{C}$　　(D) 当 $\boldsymbol{A}$ 可化为简化阶梯形矩阵时，有 $\boldsymbol{B}=\boldsymbol{C}$

(3) 设 $\boldsymbol{A},\boldsymbol{B},\boldsymbol{C}$ 均为 n 阶方阵，且 $\boldsymbol{ABC}=\boldsymbol{E}$，则必定成立的是(　　)；

(A) $\boldsymbol{BAC}=\boldsymbol{E}$　　(B) $\boldsymbol{ACB}=\boldsymbol{E}$　　(C) $\boldsymbol{CAB}=\boldsymbol{E}$　　(D) $\boldsymbol{CBA}=\boldsymbol{E}$

(4) 设非齐次线性方程组 $\boldsymbol{AX}=\boldsymbol{B}$ 中，系数矩阵 $\boldsymbol{A}$ 是 $m\times n$ 矩阵，且 $\mathrm{R}(\boldsymbol{A})=r$，则(　　).

(A) 当 $r=n$ 时，方程组 $\boldsymbol{AX}=\boldsymbol{B}$ 有唯一解　　(B) 当 $r=m$ 时，方程组 $\boldsymbol{AX}=\boldsymbol{B}$ 有解

(C) 当 $m=n$ 时，方程组 $\boldsymbol{AX}=\boldsymbol{B}$ 有唯一解　　(D) 当 $r<n$ 时，方程组 $\boldsymbol{AX}=\boldsymbol{B}$ 有无穷多组解

3. 若矩阵 $\boldsymbol{A}=\begin{bmatrix} 1 & 0 \\ 1 & 1 \end{bmatrix}$，求与矩阵 $\boldsymbol{A}$ 可交换的矩阵 $\boldsymbol{B}$.

4. 设矩阵

$$\boldsymbol{A}=\begin{bmatrix} 1 & 2 & 1 & 2 \\ 2 & 1 & 2 & 1 \\ 1 & 2 & 3 & 4 \end{bmatrix},\quad \boldsymbol{B}=\begin{bmatrix} 4 & 8 & 2 & 1 \\ -2 & 1 & -2 & 1 \\ 0 & -1 & 0 & -1 \end{bmatrix}.$$

若矩阵 $\boldsymbol{X}$ 满足 $(2\boldsymbol{A}-\boldsymbol{X})+2(\boldsymbol{B}-\boldsymbol{X})=\boldsymbol{O}$，求 $\boldsymbol{X}$.

5. 计算下列矩阵的乘积：

(1) $\begin{bmatrix} 1 & 0 & 3 \\ 2 & 1 & -1 \end{bmatrix}\begin{bmatrix} -1 & 1 & 4 \\ 3 & -2 & 1 \\ 0 & 0 & 2 \end{bmatrix}\begin{bmatrix} 2 \\ 1 \\ 0 \end{bmatrix}$；　(2) $(x_1\quad x_2\quad x_3)\begin{bmatrix} a_{11} & a_{12} & a_{13} \\ a_{12} & a_{22} & a_{23} \\ a_{13} & a_{23} & a_{33} \end{bmatrix}\begin{bmatrix} x_1 \\ x_2 \\ x_3 \end{bmatrix}$.

6. 设矩阵 $\boldsymbol{A}=\begin{bmatrix} -1 & 0 & 0 \\ 1 & -1 & 0 \\ 1 & 1 & -1 \end{bmatrix}$,求 $(\boldsymbol{A}+2\boldsymbol{E})^{-1}(\boldsymbol{A}^2-4\boldsymbol{E})$.

7. 设矩阵 $\boldsymbol{A}=\begin{bmatrix} 0 & 1 & 0 \\ -1 & 1 & 1 \\ -1 & 0 & -1 \end{bmatrix}$,$\boldsymbol{B}=\begin{bmatrix} 1 & -1 \\ 2 & 0 \\ 5 & -3 \end{bmatrix}$,求矩阵 $\boldsymbol{X}$,使得 $\boldsymbol{AX}+\boldsymbol{B}=\boldsymbol{X}$.

8. λ 取何值时,线性方程组

$$\begin{cases} \lambda x_1 + x_2 + x_3 = 1, \\ x_1 + \lambda x_2 + x_3 = \lambda, \\ x_1 + x_2 + \lambda x_3 = \lambda^2 \end{cases}$$

无解?有唯一解?有无穷多组解?

第八章 向量代数

> 向量在物理学的诸多领域中应用广泛. 本章先建立空间直角坐标系，然后介绍向量代数知识.

§8.1 空间直角坐标系

【本节学习目标】 理解空间直角坐标系的意义；掌握两点之间的距离公式.

在平面上建立了直角坐标系后，平面上的点与二元有序数组一一对应. 同样，为了把空间的点与三元有序数组对应起来，我们把平面直角坐标系推广为空间直角坐标系.

一、空间直角坐标系

以空间一定点 O 为共同原点，作三条互相垂直的数轴 Ox,Oy,Oz，按右手规则确定它们的正向：右手的拇指、食指、中指伸开，使其互相垂直，则拇指、食指、中指分别指向 Ox 轴，Oy 轴，Oz 轴的正向. 这就**建立了空间直角坐标系** $Oxyz$（图 8-1）.

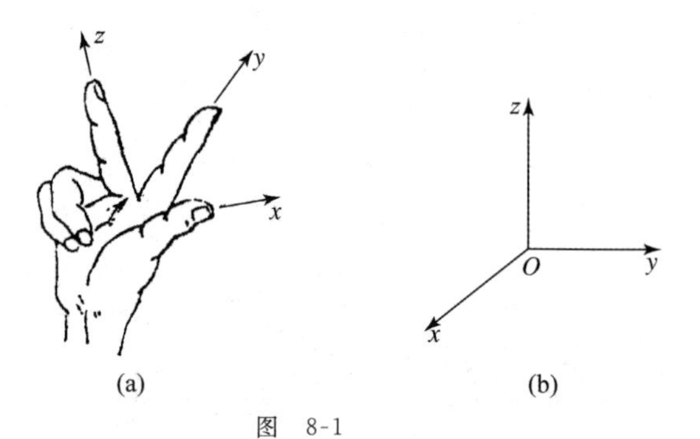

图 8-1

点 O 称为**坐标原点**，Ox 轴，Oy 轴，Oz 轴分别简称为 x 轴，y 轴，z 轴，又分别称为**横轴**、**纵轴**、**竖轴**，统称为**坐标轴**. 每两条坐标轴确定一个平面，称为**坐标平面**：由 x 轴与 y 轴确定的平面称为 xy 平面，由 y 轴与 z 轴确定的平面称为 yz 平面，由 z 轴与 x 轴确定的平面称为 zx 平面. 三个坐标平面将空间分成八个部分，每一部分称为一个**卦限**，各卦限的位置如图 8-2 所示.

建立了空间直角坐标系 $Oxyz$ 后，空间中的任意一点 M 与有序数组 (x,y,z) 就有一一对应关系. 事实上，过点 M 作三个平面分别垂直于 x 轴，y 轴，z 轴，设它们与各轴的交点依次为 P,Q,R，这三个点在 x 轴，y 轴，z 轴上的坐标依次为 x,y,z，于是空间一点 M 就唯一地确定了三元有序数组 (x,y,z)；反之，任给一个三元有序数组 (x,y,z)，可在 x 轴上取坐标为 x 的点 P，在 y 轴上取坐标为 y 的点 Q，在 z 轴上取坐标为 z 的点 R，然后过点 P,Q,R 分别作 x 轴，y 轴，z 轴的垂直平面，这三个平面唯一的交点 M 便是三元有序数组 (x,y,z) 所确定的空间中的一点(图 8-3).

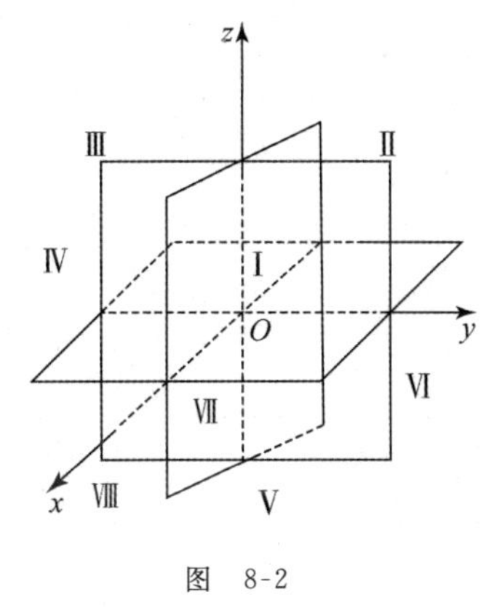

图 8-2

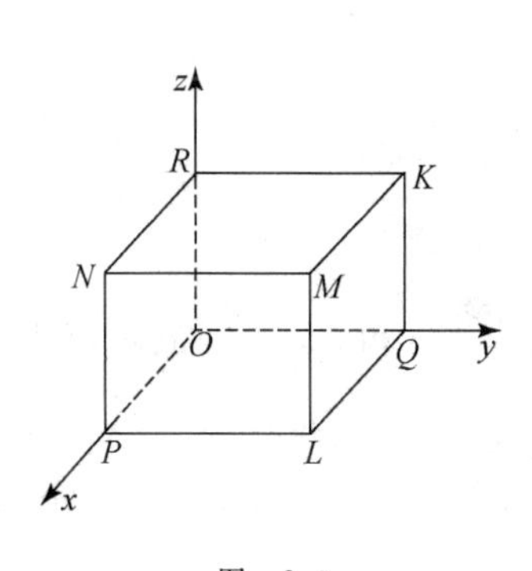

图 8-3

这个三元有序数组 (x,y,z) 称为点 M 的**坐标**，记做 $M(x,y,z)$；x,y,z 分别称为点 M 的**横坐标**、**纵坐标**和**竖坐标**. 坐标原点、坐标轴上的点和坐标平面上的点是一些特殊点，这些点的坐标见表 8-1.

表 8-1

特殊点	原点	x 轴上的点	y 轴上的点	z 轴上的点	xy 平面上的点	yz 平面上的点	zx 平面上的点
坐标	$(0,0,0)$ 或 $x=y=z=0$	$(x,0,0)$ 或 $y=z=0$	$(0,y,0)$ 或 $x=z=0$	$(0,0,z)$ 或 $x=y=0$	$(x,y,0)$ 或 $z=0$	$(0,y,z)$ 或 $x=0$	$(x,0,z)$ 或 $y=0$

另外，八个卦限里点的坐标符号如表 8-2 所示.

表 8-2

卦限	第Ⅰ卦限	第Ⅱ卦限	第Ⅲ卦限	第Ⅳ卦限	第Ⅴ卦限	第Ⅵ卦限	第Ⅶ卦限	第Ⅷ卦限
坐标符号	$(+,+,+)$	$(-,+,+)$	$(-,-,+)$	$(+,-,+)$	$(+,+,-)$	$(-,+,-)$	$(-,-,-)$	$(+,-,-)$

二、两点之间的距离

设 $M_1(x_1,y_1,z_1)$ 和 $M_2(x_2,y_2,z_2)$ 为空间任意两点. 如图 8-4 所示,因 $\triangle M_1M_2N$ 为直角三角形,又

$$|M_1N|=|M_1'M_2'|=\sqrt{(x_2-x_1)^2+(y_2-y_1)^2},\quad |NM_2|=|z_2-z_1|,$$

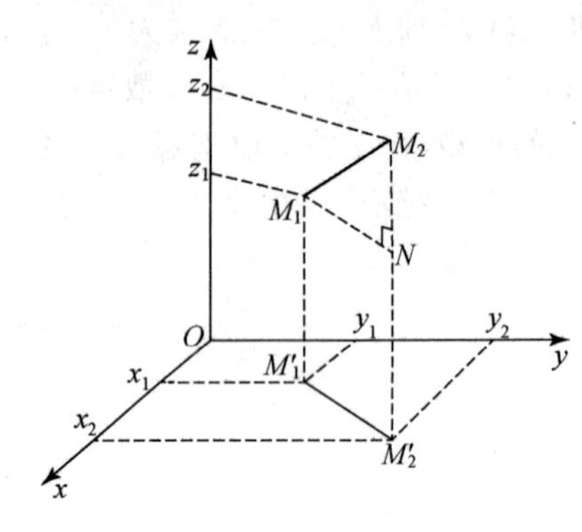

图 8-4

故可推得点 M_1 和 M_2 之间的距离为

$$|M_1M_2|=\sqrt{(x_2-x_1)^2+(y_2-y_1)^2+(z_2-z_1)^2}. \tag{1}$$

特别地,点 $M(x,y,z)$ 到原点的距离为

$$|OM|=\sqrt{x^2+y^2+z^2}.$$

例 已知空间中三个点的坐标: $A(1,2,3)$, $B(-3,0,1)$, $C(-1,-1,-2)$,求 $\triangle ABC$ 的各边边长.

解 由(1)式得 $\triangle ABC$ 各边边长分别为

$$|AB|=\sqrt{(-3-1)^2+(0-2)^2+(1-3)^2}=\sqrt{24},$$
$$|BC|=\sqrt{(-1+3)^2+(-1-0)^2+(-2-1)^2}=\sqrt{14},$$
$$|AC|=\sqrt{(-1-1)^2+(-1-2)^2+(-2-3)^2}=\sqrt{38}.$$

习 题 8.1

A 组

1. 写出点 $M(3,-1,4)$ 关于各坐标平面、坐标轴的对称点坐标.
2. 分别求点 $M(1,-3,4)$ 到原点, y 轴和 xy 平面的距离.
3. 过点 $M(2,1,3)$ 作三个分别平行于三个坐标平面的平面,它们与坐标平面围成一个长方体.

(1) 写出长方体各顶点的坐标; (2) 求长方体的对角线长(参见图 8-3).

B 组

1. 已知点 $A(3,a,7)$,$B(2,-1,5)$,且$|AB|=3$,求 a 的值.
2. 在 yz 平面上求一点,使它到 $A(3,1,2)$,$B(4,-2,-2)$,$C(0,5,1)$ 三点的距离相等.

§8.2 向量的概念与向量的线性运算

【本节学习目标】 理解向量的概念及其几何表示与坐标表示;知道向量的模、方向余弦;掌握向量的线性运算.

一、向量及其表示

我们常常遇到的量有两类:一类是只有大小没有方向的量,如长度、面积、体积、温度等,这类量称为**数量(或标量)**;另一类是不但有大小而且有方向的量,如力、速度、位移等,这类量称为**向量(或矢量)**.

我们用有方向的线段(称为**有向线段**)来表示向量.有向线段的长度表示向量的大小,有向线段的方向表示向量的方向.如以 A 为起点,B 为终点的向量,记做 $\overrightarrow{AB}$ (图 8-5),其大小是线段 AB 的长度,方向是由起点 A 指向终点 B.为方便,也常常用黑体字母 $\boldsymbol{a},\boldsymbol{b},\boldsymbol{c},\cdots$表示向量.向量的大小称为向量的**模**或**长度**,向量 $\overrightarrow{AB}$ 的模记做$|\overrightarrow{AB}|$,向量 $\boldsymbol{a}$ 的模记做$|\boldsymbol{a}|$.模等于 1 的向量称为**单位向量**.与向量 $\boldsymbol{a}$ 同方向的单位向量记做 $\boldsymbol{a}^0$.模等于 0 的向量称为**零向量**,记做 $\mathbf{0}$.零向量没有确定的方向,即它的方向可看做任意的.

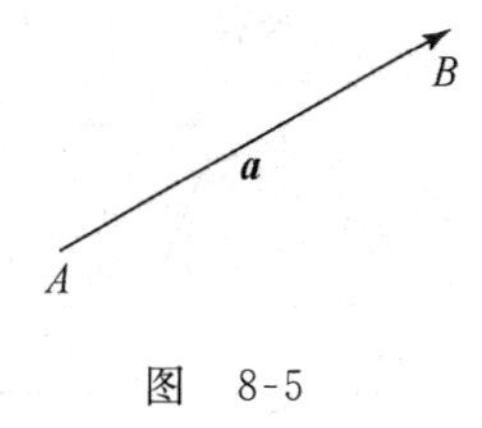

图 8-5

如果向量 $\boldsymbol{a}$ 与 $\boldsymbol{b}$ 大小相等,方向相同,就称 $\boldsymbol{a}$ 与 $\boldsymbol{b}$ **相等**,记做 $\boldsymbol{a}=\boldsymbol{b}$.这里我们不管这两个向量的起点是否相同.这就是说,一个向量在保持模和方向不变的情况下可以在空间自由移动,故又称之为**自由向量**.为了保持方向不变,向量在空间只能作平行移动(称为**平移**).本书所讨论的向量均为自由向量.

二、向量的线性运算

1. 向量的加法、减法

在物理学中,作用在同一质点上两个力的合力可由平行四边形法则或三角形法则求得.据此,我们规定两个向量 $\boldsymbol{a}$ 与 $\boldsymbol{b}$ 的**加法**如下:

以两个向量 $\boldsymbol{a},\boldsymbol{b}$ 为邻边所作的平行四边形的对角线 $\boldsymbol{c}$ 所表示的向量称为向量 $\boldsymbol{a}$ 与 $\boldsymbol{b}$ 之和(图 8-6),记做 $\boldsymbol{c}=\boldsymbol{a}+\boldsymbol{b}$.

确定两向量之和的这个法则称为**平行四边形法则**.

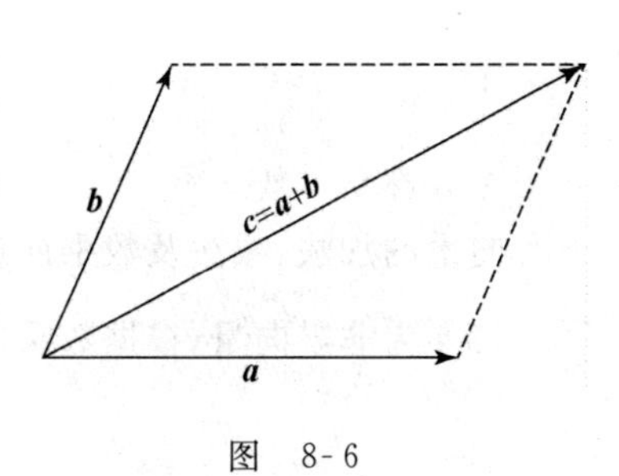

图 8-6

由于平行四边形的对边平行且相等，所以若以向量 $\boldsymbol{a}$ 的终点作为向量 $\boldsymbol{b}$ 的起点，则由 $\boldsymbol{a}$ 的起点到 $\boldsymbol{b}$ 的终点的向量就是向量 $\boldsymbol{c}$（图 8-7）. 这样就得到向量加法的**三角形法则**. 这个法则还可以推广到有限个向量之和.

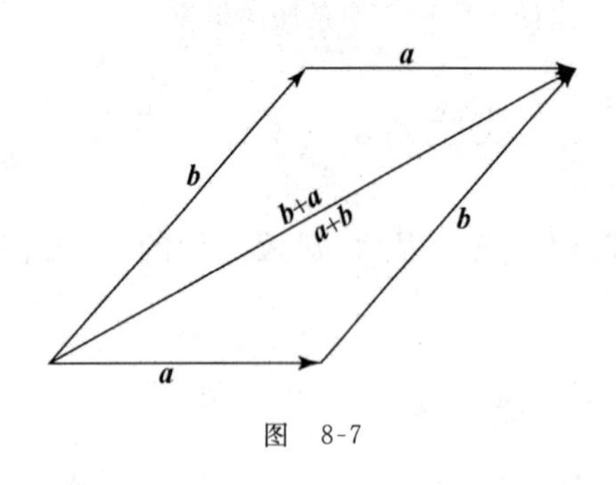

图　8-7

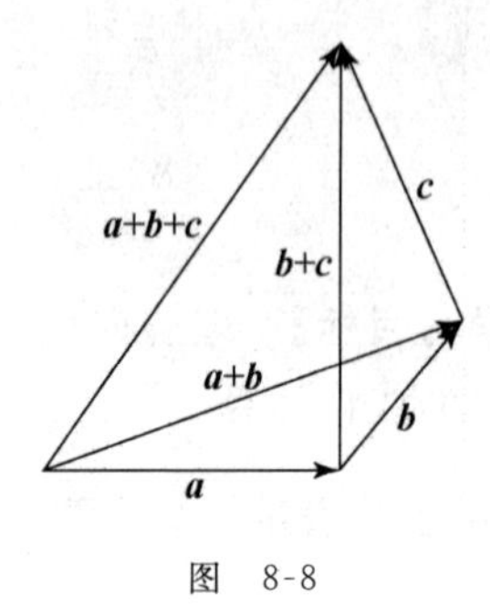

图　8-8

由图 8-7 和图 8-8 可分别看出，向量的加法满足如下**运算规律**：

交换律　$\boldsymbol{a}+\boldsymbol{b}=\boldsymbol{b}+\boldsymbol{a}$；

结合律　$(\boldsymbol{a}+\boldsymbol{b})+\boldsymbol{c}=\boldsymbol{a}+(\boldsymbol{b}+\boldsymbol{c})$.

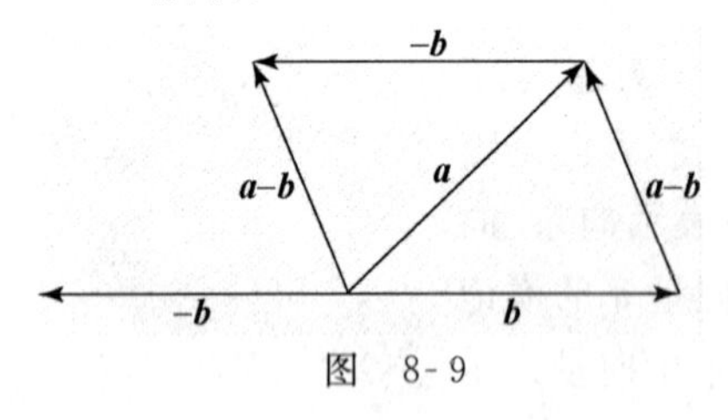

图　8-9

与 $\boldsymbol{a}$ 的模相等而方向相反的向量称为 $\boldsymbol{a}$ 的**负向量**，记做 $-\boldsymbol{a}$. 由此规定两个向量 $\boldsymbol{a}$ 与 $\boldsymbol{b}$ 的**减法**为

$$\boldsymbol{a}-\boldsymbol{b}=\boldsymbol{a}+(-\boldsymbol{b}).$$

由三角形法则不难得到，若将 $\boldsymbol{a},\boldsymbol{b}$ 的起点放到一起，则由 $\boldsymbol{b}$ 的终点到 $\boldsymbol{a}$ 的终点所作的向量就是 $\boldsymbol{a}-\boldsymbol{b}$（图 8-9）.

显然，有

$$\boldsymbol{a}-\boldsymbol{a}=\boldsymbol{a}+(-\boldsymbol{a})=\boldsymbol{0}.$$

2. 数乘向量

实数 λ 与向量 $\boldsymbol{a}$ 的乘积，记做 $\lambda\boldsymbol{a}$，规定为这样一个向量：它的模 $|\lambda\boldsymbol{a}|=|\lambda||\boldsymbol{a}|$，且当 $\lambda>0$ 时，$\lambda\boldsymbol{a}$ 与 $\boldsymbol{a}$ 方向一致；当 $\lambda<0$ 时，$\lambda\boldsymbol{a}$ 与 $\boldsymbol{a}$ 方向相反；当 $\lambda=0$ 时，$\lambda\boldsymbol{a}$ 是零向量. 这一运算称为**数乘向量**.

数乘向量满足**结合律**与**分配律**，即

$$\mu(\lambda\boldsymbol{a})=\lambda(\mu\boldsymbol{a})=(\lambda\mu)\boldsymbol{a},$$

$$(\lambda+\mu)\boldsymbol{a}=\lambda\boldsymbol{a}+\mu\boldsymbol{a},$$

$$\lambda(\boldsymbol{a}+\boldsymbol{b})=\lambda\boldsymbol{a}+\lambda\boldsymbol{b},$$

其中 λ,μ 都是实数.

向量的加法、减法及数乘向量统称为**向量的线性运算**.

设 $\boldsymbol{a}$ 为非零向量，根据数乘向量的定义，向量 $\dfrac{\boldsymbol{a}}{|\boldsymbol{a}|}$ 的模等于 1，且与 $\boldsymbol{a}$ 同方向，所以有

$$\boldsymbol{a}^0=\frac{\boldsymbol{a}}{|\boldsymbol{a}|},$$

从而任一非零向量 $\boldsymbol{a}$ 都可以表示为

$$\boldsymbol{a}=|\boldsymbol{a}|\boldsymbol{a}^0.$$

三、向量的坐标表示法

1. 向量的坐标表示

在空间直角坐标系中，与 x 轴，y 轴，z 轴正向同方向的单位向量分别记做 $\boldsymbol{i},\boldsymbol{j},\boldsymbol{k}$，并称它们为这一坐标系的**基本单位向量**. 设向量 $\boldsymbol{a}$ 的起点是坐标原点 O，终点为 $M(x,y,z)$，点 M 在 xy 平面上的投影为 M'，在 x 轴，y 轴，z 轴上的投影分别为 P,Q,R(图 8-10)，则点 P 的坐标为 $(x,0,0)$，故知 $\overrightarrow{OP}=x\boldsymbol{i}$. 同理 $\overrightarrow{OQ}=y\boldsymbol{j}$，$\overrightarrow{OR}=z\boldsymbol{k}$. 由向量加法的三角形法则有

$$\overrightarrow{OM}=\overrightarrow{OP}+\overrightarrow{PM'}+\overrightarrow{M'M}.$$

而 $\overrightarrow{PM'}=\overrightarrow{OQ}$，$\overrightarrow{M'M}=\overrightarrow{OR}$，所以

$$\boldsymbol{a}=\overrightarrow{OM}=\overrightarrow{OP}+\overrightarrow{OQ}+\overrightarrow{OR}=x\boldsymbol{i}+y\boldsymbol{j}+z\boldsymbol{k}. \tag{1}$$

我们称(1)式为向量 $\boldsymbol{a}$ 的**坐标表示式**，称 x,y,z 为向量 $\boldsymbol{a}$ 的**坐标**，记做

$$\boldsymbol{a}=\{x,y,z\},$$

其中 x,y,z 正是向量 $\overrightarrow{OM}$ 终点 M 的坐标.

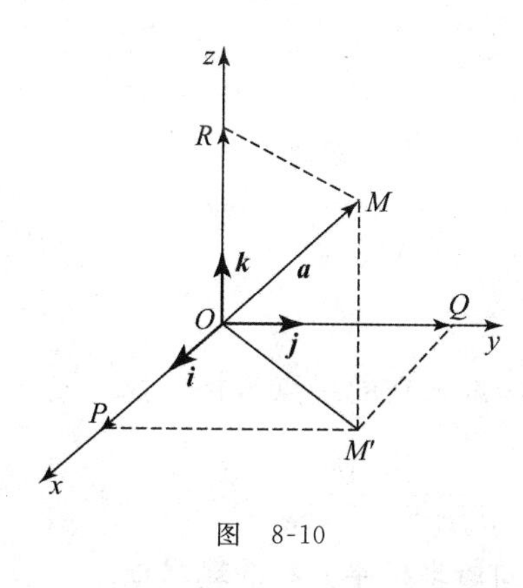

图 8-10

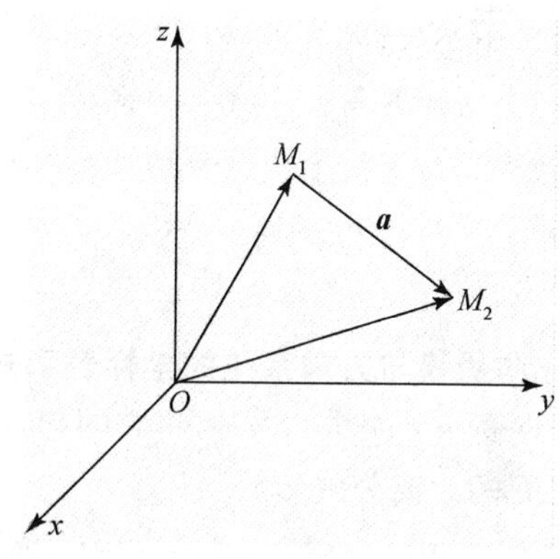

图 8-11

当向量的起点不是坐标原点时，向量仍可以用坐标表示. 设 $\boldsymbol{a}$ 的起点是 $M_1(x_1,y_1,z_1)$，终点是 $M_2(x_2,y_2,z_2)$. 下面推导向量 $\boldsymbol{a}=\overrightarrow{M_1M_2}$ 的坐标表示式. 由图 8-11，根据向量的减法，有

$$\begin{aligned}\boldsymbol{a}&=\overrightarrow{M_1M_2}=\overrightarrow{OM_2}-\overrightarrow{OM_1}\\&=(x_2\boldsymbol{i}+y_2\boldsymbol{j}+z_2\boldsymbol{k})-(x_1\boldsymbol{i}+y_1\boldsymbol{j}+z_1\boldsymbol{k})\\&=(x_2-x_1)\boldsymbol{i}+(y_2-y_1)\boldsymbol{j}+(z_2-z_1)\boldsymbol{k}.\end{aligned}$$

这就是向量 $\boldsymbol{a}$ 的坐标表示式. 由此知向量 $\boldsymbol{a}$ 的坐标依次为

$$a_x=x_2-x_1,\quad a_y=y_2-y_1,\quad a_z=z_2-z_1,$$

故 $$\boldsymbol{a}=\{a_x,a_y,a_z\}=\{x_2-x_1,y_2-y_1,z_2-z_1\}.$$

这里 $a_x\boldsymbol{i},a_y\boldsymbol{j},a_z\boldsymbol{k}$ 分别称为向量 $\boldsymbol{a}$ 在 x 轴,y 轴,z 轴上的**分向量**.

2. 向量线性运算的坐标表示

利用向量的坐标可把向量的线性运算表示如下:

设 $\boldsymbol{a}=\{a_x,a_y,a_z\}$, $\boldsymbol{b}=\{b_x,b_y,b_z\}$, 即

$$\boldsymbol{a}=a_x\boldsymbol{i}+a_y\boldsymbol{j}+a_z\boldsymbol{k},\quad \boldsymbol{b}=b_x\boldsymbol{i}+b_y\boldsymbol{j}+b_z\boldsymbol{k},$$

则

$$\begin{aligned}\boldsymbol{a}\pm\boldsymbol{b}&=(a_x\boldsymbol{i}+a_y\boldsymbol{j}+a_z\boldsymbol{k})\pm(b_x\boldsymbol{i}+b_y\boldsymbol{j}+b_z\boldsymbol{k})\\&=(a_x\pm b_x)\boldsymbol{i}+(a_y\pm b_y)\boldsymbol{j}+(a_z\pm b_z)\boldsymbol{k},\\\lambda\boldsymbol{a}&=\lambda(a_x\boldsymbol{i}+a_y\boldsymbol{j}+a_z\boldsymbol{k})=(\lambda a_x)\boldsymbol{i}+(\lambda a_y)\boldsymbol{j}+(\lambda a_z)\boldsymbol{k},\end{aligned}$$

其中 λ 为实数.上述两式也可表示为

$$\boldsymbol{a}\pm\boldsymbol{b}=\{a_x\pm b_x,a_y\pm b_y,a_z\pm b_z\},\tag{2}$$

$$\lambda\boldsymbol{a}=\{\lambda a_x,\lambda a_y,\lambda a_z\}.\tag{3}$$

由此可见,对向量进行线性运算,只需对向量的坐标进行相应的代数运算.

例 1 设向量 $\boldsymbol{a}=\{3,5,-2\}$, $\boldsymbol{b}=\{-1,-4,1\}$,求 $\boldsymbol{a}+\boldsymbol{b}$, $\boldsymbol{a}-\boldsymbol{b}$, $2\boldsymbol{a}-5\boldsymbol{b}$.

解 由公式(2)和(3)有

$$\begin{aligned}\boldsymbol{a}+\boldsymbol{b}&=\{3+(-1),5+(-4),-2+1\}=\{2,1,-1\},\\\boldsymbol{a}-\boldsymbol{b}&=\{3-(-1),5-(-4),-2-1\}=\{4,9,-3\},\\2\boldsymbol{a}-5\boldsymbol{b}&=\{2\times3,2\times5,2\times(-2)\}-\{5\times(-1),5\times(-4),5\times1\}\\&=\{6,10,-4\}-\{-5,-20,5\}=\{11,30,-9\}.\end{aligned}$$

3. 向量模与方向余弦的坐标表示式

设向量 $\boldsymbol{a}=\{a_x,a_y,a_z\}$,将它的起点移到坐标原点 O,则它的终点坐标为 (a_x,a_y,a_z). 由两点之间的距离公式知

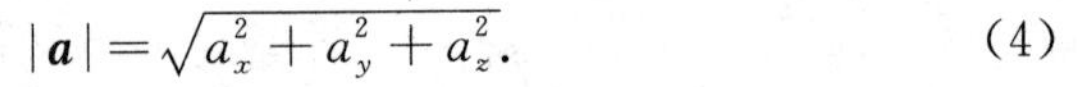

$$|\boldsymbol{a}|=\sqrt{a_x^2+a_y^2+a_z^2}.\tag{4}$$

这就是说,向量的**模等于向量坐标平方和的算术根**.

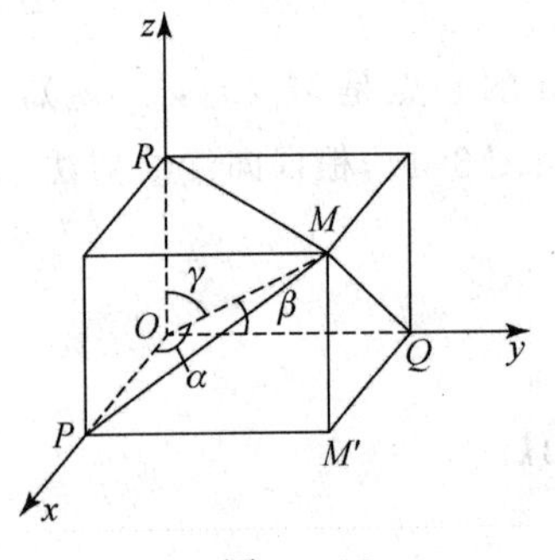

图 8-12

向量 $\boldsymbol{a}$ 的方向可以用 $\boldsymbol{a}$ 与坐标轴正向的夹角 α,β,γ 来确定. α,β,γ 称为向量 $\boldsymbol{a}$ 的**方向角**,它们满足:

$$0\leqslant\alpha\leqslant\pi,\quad 0\leqslant\beta\leqslant\pi,\quad 0\leqslant\gamma\leqslant\pi.$$

方向角的余弦 $\cos\alpha,\cos\beta,\cos\gamma$ 称为向量 $\boldsymbol{a}$ 的**方向余弦**.

如图 8-12 所示,$\triangle OPM$ 是直角三角形,所以

$$\cos\alpha=\frac{|\overrightarrow{OP}|}{|\overrightarrow{OM}|}=\frac{a_x}{|\boldsymbol{a}|}=\frac{a_x}{\sqrt{a_x^2+a_y^2+a_z^2}}.$$

类似地,有

$$\cos\beta = \frac{a_y}{|\boldsymbol{a}|} = \frac{a_y}{\sqrt{a_x^2 + a_y^2 + a_z^2}},$$

$$\cos\gamma = \frac{a_z}{|\boldsymbol{a}|} = \frac{a_z}{\sqrt{a_x^2 + a_y^2 + a_z^2}}.$$

上述三式是方向余弦的坐标表示式. 由此可知,**非零向量方向余弦的平方和等于** 1,即

$$\cos^2\alpha + \cos^2\beta + \cos^2\gamma = 1.$$

这也表明,任意向量的三个方向角 α,β,γ 不是独立的.

由向量 $\boldsymbol{a}$ 的方向余弦组成的向量为

$$\{\cos\alpha,\cos\beta,\cos\gamma\} = \left\{\frac{a_x}{|\boldsymbol{a}|},\frac{a_y}{|\boldsymbol{a}|},\frac{a_z}{|\boldsymbol{a}|}\right\} = \frac{1}{|\boldsymbol{a}|}\{a_x,a_y,a_z\} = \frac{\boldsymbol{a}}{|\boldsymbol{a}|} = \boldsymbol{a}^0.$$

这说明,与向量 $\boldsymbol{a}$ 同方向的**单位向量 $\boldsymbol{a}^0$ 的坐标就是 $\boldsymbol{a}$ 的方向余弦**. 因此,求向量 $\boldsymbol{a}$ 的方向余弦,只需将 $\boldsymbol{a}$ 单位化,其单位向量的坐标就是 $\boldsymbol{a}$ 的方向余弦.

例 2 已知空间两点 $M_1(2,-1,3)$ 和 $M_2(3,4,0)$,求向量 $\overrightarrow{M_1M_2}$ 的模、方向余弦以及与向量 $\overrightarrow{M_1M_2}$ 方向一致的单位向量.

解 因

$$\overrightarrow{M_1M_2} = \{3-2,4-(-1),0-3\} = \{1,5,-3\},$$

故向量 $\overrightarrow{M_1M_2}$ 的模和方向余弦分别为

$$|\overrightarrow{M_1M_2}| = \sqrt{1^2+5^2+(-3)^2} = \sqrt{35},$$

$$\cos\alpha = \frac{1}{\sqrt{35}},\quad \cos\beta = \frac{5}{\sqrt{35}},\quad \cos\gamma = \frac{-3}{\sqrt{35}}.$$

与向量 $\overrightarrow{M_1M_2}$ 方向一致的单位向量是 $\left\{\frac{1}{\sqrt{35}},\frac{5}{\sqrt{35}},\frac{-3}{\sqrt{35}}\right\}$.

习 题 8.2

A 组

1. 已知平行四边形 $ABCD$ 的对角线向量 $\overrightarrow{AC}=\boldsymbol{a}$,$\overrightarrow{BD}=\boldsymbol{b}$,试用 $\boldsymbol{a},\boldsymbol{b}$ 表示向量 $\overrightarrow{AB}$, $\overrightarrow{BC}$, $\overrightarrow{CD}$, $\overrightarrow{DA}$.

2. 设向量 $\boldsymbol{\alpha}=3\boldsymbol{i}-4\boldsymbol{j}+\boldsymbol{k}$, $\boldsymbol{\beta}=\boldsymbol{i}+2\boldsymbol{j}-5\boldsymbol{k}$,求 $\boldsymbol{\alpha}+\boldsymbol{\beta}$, $\boldsymbol{\alpha}-\boldsymbol{\beta}$, $3\boldsymbol{\alpha}-\boldsymbol{\beta}$ 的坐标表示式.

3. 已知点 $M_1(5,-2,-1)$ 和 $M_2(-1,0,2)$,求向量 $\overrightarrow{M_1M_2}$ 的模、方向余弦以及与向量 $\overrightarrow{M_1M_2}$ 同方向的单位向量.

4. 设向量 $\boldsymbol{a}$ 与 x 轴及 y 轴的夹角相等,与 z 轴的夹角是前者的两倍,求 $\boldsymbol{a}$ 的方向余弦.

5. 设一个向量的终点是 $B(2,-1,7)$,此向量在 x 轴,y 轴和 z 轴上的投影依次为 4,−4 和 7,求这个向量的始点 A.

B 组

1. 已知点 $M_1(0,-2,5)$ 和 $M_2(2,2,0)$,求向量 $\overrightarrow{M_1M_2}$ 的模、方向余弦以及与向量 $\overrightarrow{M_1M_2}$ 同方向的单位向量.

2. 已知点 $A(2,3,4)$，$B(x,-2,4)$，$|\overrightarrow{AB}|=5$，求 x 的值.

3. 设向量 $\overrightarrow{OP}$ 与 z 轴正向的夹角为 $30°$，而与 x 轴及 y 轴正向的夹角相等，且 $|\overrightarrow{OP}|=4$，求点 P 的坐标.

4. 设点 M 的竖坐标 z 大于 0，$|\overrightarrow{OM}|=6$，向量 $\overrightarrow{OM}$ 与 x 轴正向的夹角 $\alpha=120°$，与 y 轴正向的夹角 $\beta=60°$，求向量 $\overrightarrow{OM}$ 与 z 轴正向的夹角 γ 及 $\overrightarrow{OM}$ 的坐标.

§8.3 向量的数量积与向量积

【本节学习目标】 了解向量的数量积和向量积的定义，掌握其坐标表示；会计算两个向量的夹角；会判断两个向量相互垂直或平行.

一、向量的数量积

1. 数量积的定义及其性质

由物理学知道，物体在常力 $\boldsymbol{F}$ 的作用下，由点 M 沿直线移动到点 M_1，得到位移 $\boldsymbol{s}=\overrightarrow{MM_1}$ (图 8-13)，则力 $\boldsymbol{F}$ 所做的功为

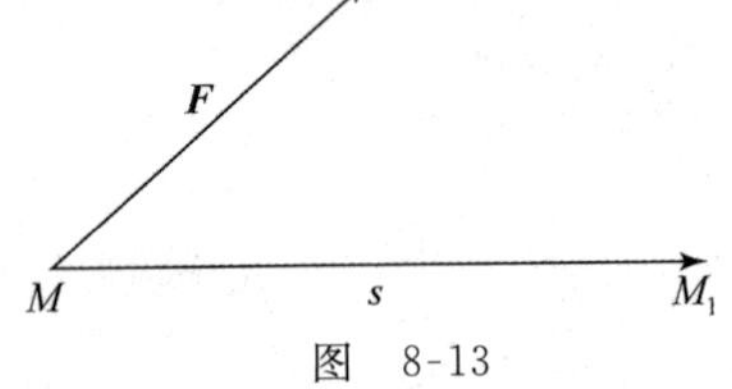

图 8-13

$$W=|\boldsymbol{F}|\cdot|\boldsymbol{s}|\cos(\widehat{\boldsymbol{F},\boldsymbol{s}}),$$

其中$(\widehat{\boldsymbol{F},\boldsymbol{s}})$表示向量 $\boldsymbol{F}$ 与 $\boldsymbol{s}$ 之间的夹角. 向量之间的这种运算关系在其他实际问题中也会遇到，于是将其抽象为两个向量的数量积.

定义 8.1 向量 $\boldsymbol{a}$ 和 $\boldsymbol{b}$ 的模与它们之间夹角余弦的乘积称为向量 $\boldsymbol{a}$ 与 $\boldsymbol{b}$ 的**数量积**(也称为**点积或内积**)，记做 $\boldsymbol{a}\cdot\boldsymbol{b}$，即

$$\boldsymbol{a}\cdot\boldsymbol{b}=|\boldsymbol{a}|\cdot|\boldsymbol{b}|\cos(\widehat{\boldsymbol{a},\boldsymbol{b}}),\tag{1}$$

其中$(\widehat{\boldsymbol{a},\boldsymbol{b}})$表示向量 $\boldsymbol{a}$ 与 $\boldsymbol{b}$ 之间的夹角.

按这个定义，上面所讲的功 W 是力 $\boldsymbol{F}$ 与位移 $\boldsymbol{s}$ 的数量积，即

$$W=\boldsymbol{F}\cdot\boldsymbol{s}.$$

定义 8.2 $|\boldsymbol{a}|\cos(\widehat{\boldsymbol{a},\boldsymbol{b}})$称为向量 $\boldsymbol{a}$ 在向量 $\boldsymbol{b}$ 上的**投影**，记做 $\mathrm{Prj}_{\boldsymbol{b}}\,\boldsymbol{a}$(图 8-14)，即

$$\mathrm{Prj}_{\boldsymbol{b}}\,\boldsymbol{a}=|\boldsymbol{a}|\cos(\widehat{\boldsymbol{a},\boldsymbol{b}});$$

$|\boldsymbol{b}|\cos(\widehat{\boldsymbol{a},\boldsymbol{b}})$称为向量 $\boldsymbol{b}$ 在向量 $\boldsymbol{a}$ 上的投影，记做 $\mathrm{Prj}_{\boldsymbol{a}}\,\boldsymbol{b}$，即

$$\mathrm{Prj}_{\boldsymbol{a}}\,\boldsymbol{b}=|\boldsymbol{b}|\cos(\widehat{\boldsymbol{a},\boldsymbol{b}}).$$

这样，两个向量的数量积也可表示为

$$\boldsymbol{a}\cdot\boldsymbol{b}=|\boldsymbol{b}|\mathrm{Prj}_{\boldsymbol{b}}\,\boldsymbol{a}=|\boldsymbol{a}|\mathrm{Prj}_{\boldsymbol{a}}\,\boldsymbol{b},$$

即两个向量的数量积等于其中一个向量的模与另一个向量在此向量上投影的乘积.

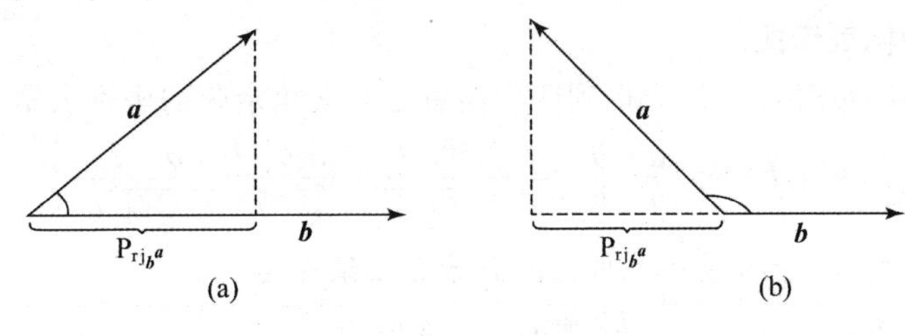

图 8-14

若向量 $\boldsymbol{a}$ 与 $\boldsymbol{b}$ 的夹角为 $\frac{\pi}{2}$,即 $(\widehat{\boldsymbol{a},\boldsymbol{b}})=\frac{\pi}{2}$,则称向量 $\boldsymbol{a}$ 与 $\boldsymbol{b}$ **垂直**,记做 $\boldsymbol{a}\perp\boldsymbol{b}$. 规定零向量与任意向量都垂直.

由数量积的定义可以推得以下结论:

(1) $\boldsymbol{a}\cdot\boldsymbol{a}=|\boldsymbol{a}|^2$. 特别地,有

$$\boldsymbol{i}\cdot\boldsymbol{i}=\boldsymbol{j}\cdot\boldsymbol{j}=\boldsymbol{k}\cdot\boldsymbol{k}=1.$$

(2) 向量 $\boldsymbol{a},\boldsymbol{b}$ 互相垂直的**充分必要条件**是 $\boldsymbol{a}\cdot\boldsymbol{b}=0$.

这是因为,若 $\boldsymbol{a}\perp\boldsymbol{b}$,则 $(\widehat{\boldsymbol{a},\boldsymbol{b}})=\frac{\pi}{2}$,$\cos(\widehat{\boldsymbol{a},\boldsymbol{b}})=0$,故 $\boldsymbol{a}\cdot\boldsymbol{b}=0$. 反之,若 $\boldsymbol{a}\cdot\boldsymbol{b}=0$,当 $\boldsymbol{a},\boldsymbol{b}$ 均为非零向量时,则有 $\cos(\widehat{\boldsymbol{a},\boldsymbol{b}})=0$,从而 $\boldsymbol{a}\perp\boldsymbol{b}$;当 $\boldsymbol{a}=\boldsymbol{0}$ 或 $\boldsymbol{b}=\boldsymbol{0}$ 时,因零向量与任意向量都垂直,结论仍成立.

由此可知

$$\boldsymbol{i}\cdot\boldsymbol{j}=\boldsymbol{j}\cdot\boldsymbol{k}=\boldsymbol{k}\cdot\boldsymbol{i}=0.$$

此外,从定义 8.1 不难推出,数量积满足以下**运算规律**:

(1) **交换律** $\boldsymbol{a}\cdot\boldsymbol{b}=\boldsymbol{b}\cdot\boldsymbol{a}$;

(2) **分配律** $\boldsymbol{a}\cdot(\boldsymbol{b}+\boldsymbol{c})=\boldsymbol{a}\cdot\boldsymbol{b}+\boldsymbol{a}\cdot\boldsymbol{c}$;

(3) **与数 λ 相乘的结合律** $\lambda(\boldsymbol{a}\cdot\boldsymbol{b})=(\lambda\boldsymbol{a})\cdot\boldsymbol{b}=\boldsymbol{a}\cdot(\lambda\boldsymbol{b})$.

2. 数量积及向量夹角余弦的坐标表示式

由数量积的运算规律可以推出数量积的坐标表示式. 设

$$\boldsymbol{a}=a_x\boldsymbol{i}+a_y\boldsymbol{j}+a_z\boldsymbol{k},\quad \boldsymbol{b}=b_x\boldsymbol{i}+b_y\boldsymbol{j}+b_z\boldsymbol{k},$$

则

$$\begin{aligned}\boldsymbol{a}\cdot\boldsymbol{b}&=(a_x\boldsymbol{i}+a_y\boldsymbol{j}+a_z\boldsymbol{k})\cdot(b_x\boldsymbol{i}+b_y\boldsymbol{j}+b_z\boldsymbol{k})\\&=a_x\boldsymbol{i}\cdot(b_x\boldsymbol{i}+b_y\boldsymbol{j}+b_z\boldsymbol{k})+a_y\boldsymbol{j}\cdot(b_x\boldsymbol{i}+b_y\boldsymbol{j}+b_z\boldsymbol{k})\\&\quad+a_z\boldsymbol{k}\cdot(b_x\boldsymbol{i}+b_y\boldsymbol{j}+b_z\boldsymbol{k})\\&=a_xb_x\boldsymbol{i}\cdot\boldsymbol{i}+a_xb_y\boldsymbol{i}\cdot\boldsymbol{j}+a_xb_z\boldsymbol{i}\cdot\boldsymbol{k}+a_yb_x\boldsymbol{j}\cdot\boldsymbol{i}+a_yb_y\boldsymbol{j}\cdot\boldsymbol{j}+a_yb_z\boldsymbol{j}\cdot\boldsymbol{k}\\&\quad+a_zb_x\boldsymbol{k}\cdot\boldsymbol{i}+a_zb_y\boldsymbol{k}\cdot\boldsymbol{j}+a_zb_z\boldsymbol{k}\cdot\boldsymbol{k}\end{aligned}$$

$$= a_x b_x + a_y b_y + a_z b_z. \tag{2}$$

这就是**数量积的坐标表示式**.

当 $\boldsymbol{a},\boldsymbol{b}$ 为非零向量时,由(1)式得到两个向量之间夹角余弦的坐标表示式

$$\cos(\widehat{\boldsymbol{a},\boldsymbol{b}}) = \frac{\boldsymbol{a}\cdot\boldsymbol{b}}{|\boldsymbol{a}||\boldsymbol{b}|} = \frac{a_x b_x + a_y b_y + a_z b_z}{\sqrt{a_x^2+a_y^2+a_z^2}\sqrt{b_x^2+b_y^2+b_z^2}}.$$

从这个公式可以得到,两个向量 $\boldsymbol{a},\boldsymbol{b}$ 垂直的**充分必要条件**是

$$a_x b_x + a_y b_y + a_z b_z = 0.$$

例 1 设向量 $\boldsymbol{a}=\{1,0,-1\}$, $\boldsymbol{b}=\{-1,-1,0\}$,求:

(1) $\boldsymbol{a}\cdot\boldsymbol{b}$; (2) $|\boldsymbol{a}|,|\boldsymbol{b}|,(\widehat{\boldsymbol{a},\boldsymbol{b}})$; (3) $\text{Prj}_{\boldsymbol{b}}\,\boldsymbol{a}$.

解 (1) 由数量积的坐标表示式(2)有

$$\boldsymbol{a}\cdot\boldsymbol{b}=1\times(-1)+0\times(-1)+(-1)\times 0=-1.$$

(2) $|\boldsymbol{a}| = \sqrt{1^2+0^2+(-1)^2} = \sqrt{2}$, $|\boldsymbol{b}| = \sqrt{(-1)^2+(-1)^2+0^2} = \sqrt{2}$.

由 $\cos(\widehat{\boldsymbol{a},\boldsymbol{b}}) = \dfrac{\boldsymbol{a}\cdot\boldsymbol{b}}{|\boldsymbol{a}||\boldsymbol{b}|} = \dfrac{-1}{\sqrt{2}\times\sqrt{2}} = -\dfrac{1}{2}$ 得

$$(\widehat{\boldsymbol{a},\boldsymbol{b}}) = 120°.$$

(3) $\text{Prj}_{\boldsymbol{b}}\,\boldsymbol{a}=|\boldsymbol{a}|\cos(\widehat{\boldsymbol{a},\boldsymbol{b}})=3\times\left(-\dfrac{1}{2}\right)=-\dfrac{3}{2}$.

例 2 设力 $\boldsymbol{F}=2\boldsymbol{i}-3\boldsymbol{j}+4\boldsymbol{k}$ 作用在质点上,质点由点 $M(1,2,-1)$ 沿直线移动到点 $M_1(3,1,2)$,求:

(1) 力 $\boldsymbol{F}$ 所做的功(力的单位:N;位移的单位:m); (2) 力 $\boldsymbol{F}$ 与位移 $\overrightarrow{MM_1}$ 的夹角.

解 (1) 由题设,$\overrightarrow{MM_1}=(3-1)\boldsymbol{i}+(1-2)\boldsymbol{j}+(2+1)\boldsymbol{k}=2\boldsymbol{i}-\boldsymbol{j}+3\boldsymbol{k}$,$\boldsymbol{F}=2\boldsymbol{i}-3\boldsymbol{j}+4\boldsymbol{k}$,所以力 $\boldsymbol{F}$ 所做的功为

$$W = \boldsymbol{F}\cdot\overrightarrow{MM_1} = 2\times 2+(-3)\times(-1)+4\times 3 = 19\,(\text{单位:J}).$$

(2) 因为

$$\cos(\widehat{\boldsymbol{F},\overrightarrow{MM_1}}) = \frac{\boldsymbol{F}\cdot\overrightarrow{MM_1}}{|\boldsymbol{F}||\overrightarrow{MM_1}|} = \frac{19}{\sqrt{2^2+(-3)^2+4^2}\sqrt{2^2+(-1)^2+3^2}} \approx 0.9429,$$

所以力 $\boldsymbol{F}$ 与位移 $\overrightarrow{MM_1}$ 的夹角为 $(\widehat{\boldsymbol{F},\overrightarrow{MM_1}})\approx 19°27'$.

二、向量的向量积

1. 向量积的定义及其性质

从力学中的力矩概念谈起. 设有一根短棒,其一端 O 固定,另一端 A 受到力 $\boldsymbol{F}$ 作用,OA 便绕点 O 转动(图 8-15). 这时,力 $\boldsymbol{F}$ 对点 O 的力矩是一个向量,记做 $\boldsymbol{M}$. 它的模等于以向量

$\overrightarrow{OA}$ 及 $\boldsymbol{F}$ 为两边的平行四边形的面积，即

$$|\boldsymbol{M}|=|\overrightarrow{OA}||\boldsymbol{F}|\sin(\widehat{\overrightarrow{OA},\boldsymbol{F}}),$$

其方向垂直于 $\overrightarrow{OA}$ 与 $\boldsymbol{F}$ 所在的平面，且方向按右手法则确定：当右手的食指和中指分别指向 $\overrightarrow{OA}$ 和 $\boldsymbol{F}$ 的方向时，拇指所指的方向就为 $\boldsymbol{M}$ 的方向.

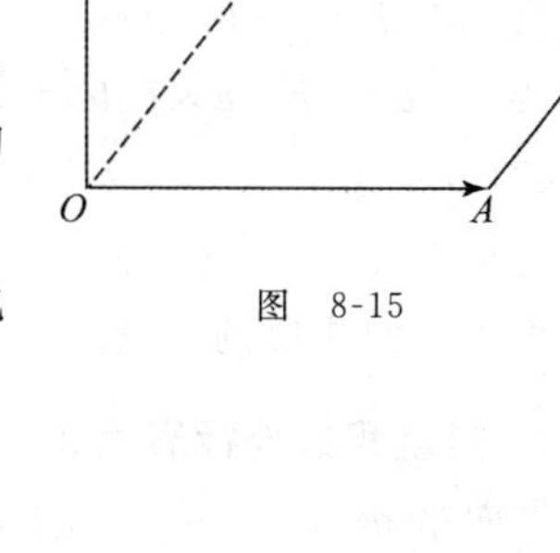

图 8-15

像力矩这样由两个向量确定一个新向量的情况，在其他物理现象中也常常遇到，由此抽象出两个向量的向量积概念.

定义 8.3 设有向量 $\boldsymbol{a},\boldsymbol{b}$. 若向量 $\boldsymbol{c}$ 满足

(1) $|\boldsymbol{c}|=|\boldsymbol{a}||\boldsymbol{b}|\sin(\widehat{\boldsymbol{a},\boldsymbol{b}})$；

(2) $\boldsymbol{c}$ 垂直于 $\boldsymbol{a},\boldsymbol{b}$ 所决定的平面，它的方向由右手法则确定，如图 8-16 所示，即当右手的食指和中指分别指向 $\boldsymbol{a}$ 和 $\boldsymbol{b}$ 的方向时，拇指所指的方向即为 $\boldsymbol{c}$ 的方向，

则称向量 $\boldsymbol{c}$ 是向量 $\boldsymbol{a}$ 与 $\boldsymbol{b}$ 的**向量积**(也称为**叉积**或**外积**)，记做

$$\boldsymbol{c}=\boldsymbol{a}\times\boldsymbol{b}.$$

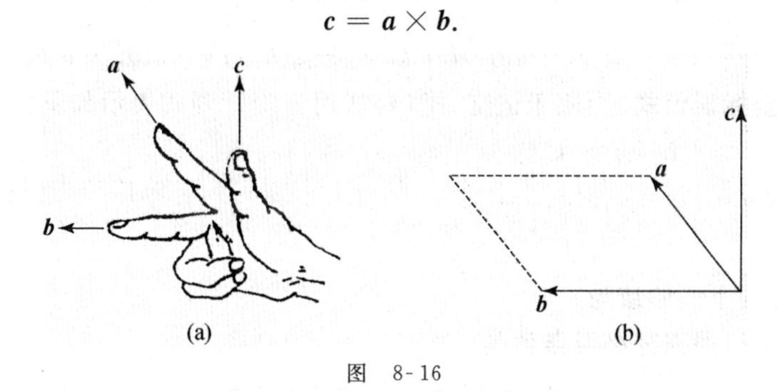

图 8-16

由定义 8.3 知，上述力矩 $\boldsymbol{M}$ 为向量 $\overrightarrow{OA}$ 与 $\boldsymbol{F}$ 的向量积，即

$$\boldsymbol{M}=\overrightarrow{OA}\times\boldsymbol{F}.$$

对于两个非零向量，若它们的方向相同或相反，则称这两个向量**平行**(也称为**共线**)，向量 $\boldsymbol{a}$ 与 $\boldsymbol{b}$ 平行记做 $\boldsymbol{a}/\!/\boldsymbol{b}$. 规定零向量与任意向量平行.

由向量积的定义可以得到以下**结论**：

(1) 向量 $\boldsymbol{a}$ 与 $\boldsymbol{b}$ 平行的**充分必要条件**是 $\boldsymbol{a}\times\boldsymbol{b}=\boldsymbol{0}$.

事实上，若 $\boldsymbol{a}/\!/\boldsymbol{b}$，则 $(\widehat{\boldsymbol{a},\boldsymbol{b}})=0$ 或 π. 由此有 $\sin(\widehat{\boldsymbol{a},\boldsymbol{b}})=0$，故

$$|\boldsymbol{a}\times\boldsymbol{b}|=|\boldsymbol{a}||\boldsymbol{b}|\sin(\widehat{\boldsymbol{a},\boldsymbol{b}})=0,\quad 从而\quad \boldsymbol{a}\times\boldsymbol{b}=\boldsymbol{0}.$$

反之，若 $\boldsymbol{a}\times\boldsymbol{b}=\boldsymbol{0}$，当 $\boldsymbol{a},\boldsymbol{b}$ 均为非零向量时，必有 $\sin(\widehat{\boldsymbol{a},\boldsymbol{b}})=0$，故 $\boldsymbol{a}/\!/\boldsymbol{b}$；当 $\boldsymbol{a}=\boldsymbol{0}$ 或 $\boldsymbol{b}=\boldsymbol{0}$ 时，因零向量与任意向量都平行，结论仍成立.

(2) $\boldsymbol{i}\times\boldsymbol{i}=\boldsymbol{j}\times\boldsymbol{j}=\boldsymbol{k}\times\boldsymbol{k}=\boldsymbol{0}$, $\boldsymbol{i}\times\boldsymbol{j}=\boldsymbol{k}$, $\boldsymbol{j}\times\boldsymbol{k}=\boldsymbol{i}$, $\boldsymbol{k}\times\boldsymbol{i}=\boldsymbol{j}$. (3)

向量积满足以下**运算规律**:

(1) $\boldsymbol{a}\times\boldsymbol{b}=-(\boldsymbol{b}\times\boldsymbol{a})$;

(2) $(\lambda\boldsymbol{a})\times\boldsymbol{b}=\boldsymbol{a}\times(\lambda\boldsymbol{b})=\lambda(\boldsymbol{a}\times\boldsymbol{b})$ (λ 为实数);

(3) $\boldsymbol{a}\times(\boldsymbol{b}+\boldsymbol{c})=\boldsymbol{a}\times\boldsymbol{b}+\boldsymbol{a}\times\boldsymbol{c}$.

这里需注意,由运算规律(1)知,向量积不服从交换律,即 $\boldsymbol{a}\times\boldsymbol{b}$ 与 $\boldsymbol{b}\times\boldsymbol{a}$ 不相等,它们是模相等而方向相反的向量.

2. 向量积的坐标表示式

设向量 $\boldsymbol{a}=a_x\boldsymbol{i}+a_y\boldsymbol{j}+a_z\boldsymbol{k}$, $\boldsymbol{b}=b_x\boldsymbol{i}+b_y\boldsymbol{j}+b_z\boldsymbol{k}$,则由向量积的运算规律得

$$\begin{aligned}\boldsymbol{a}\times\boldsymbol{b}&=(a_x\boldsymbol{i}+a_y\boldsymbol{j}+a_z\boldsymbol{k})\times(b_x\boldsymbol{i}+b_y\boldsymbol{j}+b_z\boldsymbol{k})\\&=a_xb_x\boldsymbol{i}\times\boldsymbol{i}+a_xb_y\boldsymbol{i}\times\boldsymbol{j}+a_xb_z\boldsymbol{i}\times\boldsymbol{k}\\&\quad+a_yb_x\boldsymbol{j}\times\boldsymbol{i}+a_yb_y\boldsymbol{j}\times\boldsymbol{j}+a_yb_z\boldsymbol{j}\times\boldsymbol{k}\\&\quad+a_zb_x\boldsymbol{k}\times\boldsymbol{i}+a_zb_y\boldsymbol{k}\times\boldsymbol{j}+a_zb_z\boldsymbol{k}\times\boldsymbol{k}.\\&\xlongequal{\text{由(3)式}}(a_yb_z-a_zb_y)\boldsymbol{i}+(a_zb_x-a_xb_z)\boldsymbol{j}+(a_xb_y-a_yb_x)\boldsymbol{k}.\end{aligned}\tag{4}$$

这就是**向量积的坐标表示式**.为便于记忆,把(4)式用三阶行列式表示如下:

$$\boldsymbol{a}\times\boldsymbol{b}=\begin{vmatrix}\boldsymbol{i}&\boldsymbol{j}&\boldsymbol{k}\\a_x&a_y&a_z\\b_x&b_y&b_z\end{vmatrix}=\begin{vmatrix}a_y&a_z\\b_y&b_z\end{vmatrix}\boldsymbol{i}-\begin{vmatrix}a_x&a_z\\b_x&b_z\end{vmatrix}\boldsymbol{j}+\begin{vmatrix}a_x&a_y\\b_x&b_y\end{vmatrix}\boldsymbol{k}.\tag{5}$$

从(4)式可得到下面的**结论**:

向量 $\boldsymbol{a}$ 与 $\boldsymbol{b}$ 平行的**充分必要条件**是

$$a_yb_z-a_zb_y=0,\quad a_zb_x-a_xb_z=0,\quad a_xb_y-a_yb_x=0.\tag{6}$$

当 b_x,b_y,b_z 都不等于零时,(6)式可写成

$$\frac{a_x}{b_x}=\frac{a_y}{b_y}=\frac{a_z}{b_z}.\tag{7}$$

若 b_x,b_y,b_z 中有的为零,我们仍用(7)作为(6)式的简便写法,但约定,相应的分子为零.例如,$\frac{a_x}{2}=\frac{a_y}{-3}=\frac{a_z}{0}$ 应理解为

$$3a_x+2a_y=0,\quad a_z=0.$$

例 3 已知向量 $\boldsymbol{a}=\{3,2,-5\}$, $\boldsymbol{b}=\{-2,-1,4\}$,求 $\boldsymbol{a}\times\boldsymbol{b}$.

解 由(5)式得

$$\boldsymbol{a}\times\boldsymbol{b}=\begin{vmatrix}\boldsymbol{i}&\boldsymbol{j}&\boldsymbol{k}\\3&2&-5\\-2&-1&4\end{vmatrix}=3\boldsymbol{i}-2\boldsymbol{j}+\boldsymbol{k}.$$

例 4 已知向量 $\boldsymbol{a}=\{2,2,1\}$，$\boldsymbol{b}=\{4,5,3\}$，求与 $\boldsymbol{a},\boldsymbol{b}$ 都垂直的单位向量.

解 由向量积定义知，$\boldsymbol{a}\times\boldsymbol{b}$ 是与向量 $\boldsymbol{a},\boldsymbol{b}$ 都垂直的向量，再由 $\boldsymbol{a}\times\boldsymbol{b}$ 乘以它的模的倒数，即得所求的单位向量. 因为

$$\boldsymbol{a}\times\boldsymbol{b}=\begin{vmatrix}\boldsymbol{i} & \boldsymbol{j} & \boldsymbol{k}\\ 2 & 2 & 1\\ 4 & 5 & 3\end{vmatrix}=\boldsymbol{i}-2\boldsymbol{j}+2\boldsymbol{k}\xlongequal{\text{记为}}\boldsymbol{c},$$

$$|\boldsymbol{c}|=\sqrt{1^2+(-2)^2+2^2}=3,$$

故与 $\boldsymbol{a},\boldsymbol{b}$ 都垂直的单位向量是

$$\boldsymbol{c}^0=\pm\frac{1}{3}(\boldsymbol{i}-2\boldsymbol{j}+2\boldsymbol{k})=\pm\frac{1}{3}\{1,-2,2\}.$$

习　题　8.3

A　组

1. 设向量 $\boldsymbol{a}=\{2,-\sqrt{5},3\}$，$\boldsymbol{b}=\{3,2,-1\}$，求 $\boldsymbol{a}\cdot\boldsymbol{b}$，$|\boldsymbol{a}|$，$|\boldsymbol{b}|$，$\mathrm{Prj}_{\boldsymbol{a}}\boldsymbol{b}$，$\mathrm{Prj}_{\boldsymbol{b}}\boldsymbol{a}$.
2. 求向量 $\boldsymbol{a}=\boldsymbol{i}+\boldsymbol{j}-4\boldsymbol{k}$ 与 $\boldsymbol{b}=\boldsymbol{i}-2\boldsymbol{j}+2\boldsymbol{k}$ 之间的夹角.
3. 证明：向量 $\boldsymbol{a}=3\boldsymbol{i}-2\boldsymbol{j}+\boldsymbol{k}$ 与 $\boldsymbol{b}=2\boldsymbol{i}-3\boldsymbol{j}$ 相互垂直.
4. 在 xy 平面上求一向量 $\boldsymbol{b}$，使其模等于 5，且与已知向量 $\boldsymbol{a}=\{-4,3,7\}$ 垂直.
5. 设向量 $\boldsymbol{a}=2\boldsymbol{i}+\boldsymbol{j}-\boldsymbol{k}$，$\boldsymbol{b}=\boldsymbol{i}-\boldsymbol{j}+2\boldsymbol{k}$，求 $\boldsymbol{a}\times\boldsymbol{b}$ 以及以 $\boldsymbol{a},\boldsymbol{b}$ 为边的平行四边形的面积.
6. 已知空间三角形的三个顶点是 $A(1,1,1)$，$B(2,3,4)$，$C(4,3,2)$，求：

(1) $\angle B$；　　(2) $\triangle ABC$ 的面积.

7. 求垂直于向量 $\boldsymbol{a}=\{2,2,1\}$ 和 $\boldsymbol{b}=\{4,5,3\}$ 的单位向量.
8. 已知 $|\boldsymbol{a}|=10$，向量 $\boldsymbol{b}=3\boldsymbol{i}-\boldsymbol{j}+\sqrt{15}\boldsymbol{k}$，又 $\boldsymbol{a}/\!/\boldsymbol{b}$，求向量 $\boldsymbol{a}$.

B　组

1. 已知 $|\boldsymbol{a}|=4$，$|\boldsymbol{b}|=5$，$(\widehat{\boldsymbol{a},\boldsymbol{b}})=\frac{\pi}{4}$，求 $\boldsymbol{a}\cdot\boldsymbol{b}$，$|\boldsymbol{a}\times\boldsymbol{b}|$，$(\boldsymbol{a}+\boldsymbol{b})\cdot(5\boldsymbol{a}-2\boldsymbol{b})$.
2. 求与向量 $\boldsymbol{a}=2\boldsymbol{i}-\boldsymbol{j}+2\boldsymbol{k}$ 平行且 $\boldsymbol{a}\cdot\boldsymbol{b}=-9$ 的向量 $\boldsymbol{b}$.
3. 已知向量 $\boldsymbol{a}=\{2,-3,1\}$，$\boldsymbol{b}=\{1,-1,3\}$，$\boldsymbol{c}=\{1,-2,0\}$，求：

(1) $(\boldsymbol{a}\cdot\boldsymbol{b})\boldsymbol{c}$；　　(2) $(\boldsymbol{a}+\boldsymbol{b})\times(\boldsymbol{b}+\boldsymbol{c})$；　　(3) $(\boldsymbol{a}\times\boldsymbol{b})\times\boldsymbol{c}$.

4. 已知三点 $P_1(1,-1,3)$，$P_2(-2,0,-5)$，$P_3(4,-2,1)$，问：这三点是否在一条直线上？
5. 求作用于点 $B(3,1,-1)$ 的力 $\boldsymbol{F}=2\boldsymbol{i}-\boldsymbol{j}+3\boldsymbol{k}$ 相对于点 $A(1,-2,3)$ 的力矩 $\boldsymbol{M}$.

总 习 题 八

1. 填空题：

(1) 点 $M(4,-3,5)$ 到原点的距离是________，到 x 轴的距离是________，到 zx 平面的距离是________；

(2) 设向量 $\boldsymbol{a}$ 的方向余弦 $\cos\alpha=\frac{2}{7}$，$\cos\beta=\frac{3}{7}$，又知 $\boldsymbol{a}$ 与 z 轴的正向夹角为钝角，则 $\cos\gamma=$________；

(3) 若向量 $\boldsymbol{a}=m\boldsymbol{i}+5\boldsymbol{j}-\boldsymbol{k}$ 与 $\boldsymbol{b}=3\boldsymbol{i}+\boldsymbol{j}+n\boldsymbol{k}$ 相互平行,则 $m=$________,$n=$________;

(4) 设向量 $\boldsymbol{a}=\boldsymbol{i}+\boldsymbol{j}$,$\boldsymbol{b}=\boldsymbol{k}$,则同时垂直于 $\boldsymbol{a}$,$\boldsymbol{b}$ 的单位向量是________.

2. 单项选择题:

(1) 设 $\boldsymbol{a}$,$\boldsymbol{b}$ 都是非零向量,且已知 $\boldsymbol{a}\perp\boldsymbol{b}$,则必有( );

(A) $|\boldsymbol{a}+\boldsymbol{b}|=|\boldsymbol{a}|+|\boldsymbol{b}|$　　(B) $|\boldsymbol{a}+\boldsymbol{b}|\leqslant|\boldsymbol{a}-\boldsymbol{b}|$

(C) $|\boldsymbol{a}+\boldsymbol{b}|=|\boldsymbol{a}-\boldsymbol{b}|$　　(D) $|\boldsymbol{a}+\boldsymbol{b}|\geqslant|\boldsymbol{a}-\boldsymbol{b}|$

(2) 以下说法中,正确的是( ).

(A) $\boldsymbol{i}+\boldsymbol{j}+\boldsymbol{k}$ 是单位向量

(B) $-\boldsymbol{i}$ 不是单位向量

(C) 两个互相垂直的单位向量的数量积是单位向量

(D) 两个互相垂直的单位向量的向量积是单位向量

3. 设向量 $\boldsymbol{a}=-\boldsymbol{i}+2\boldsymbol{j}-2\boldsymbol{k}$,$\boldsymbol{b}=\boldsymbol{i}-3\boldsymbol{j}+4\boldsymbol{k}$,求 $\boldsymbol{a}\cdot\boldsymbol{b}$, $\boldsymbol{a}\times\boldsymbol{b}$, $(\boldsymbol{a}+\boldsymbol{b})\times(\boldsymbol{a}-\boldsymbol{b})$, $\cos(\widehat{\boldsymbol{a},\boldsymbol{b}})$.

4. 设 $\boldsymbol{a}$,$\boldsymbol{b}$ 为两向量,且已知 $|\boldsymbol{a}|=5$,$|\boldsymbol{b}|=2$,$|2\boldsymbol{a}-3\boldsymbol{b}|=\sqrt{76}$,求向量 $\boldsymbol{a}$ 与 $\boldsymbol{b}$ 之间的夹角 $(\widehat{\boldsymbol{a},\boldsymbol{b}})$.

5. 设向量 $\boldsymbol{a}=\{1,0,-1\}$,$\boldsymbol{b}=\{1,1,1\}$,求满足 $\boldsymbol{a}\times\boldsymbol{c}=\boldsymbol{b}$ 且使 $|\boldsymbol{c}|$ 最小的向量 $\boldsymbol{c}$.

附 录

初等数学中的常用公式

一、代 数

1. 乘法和因式分解

(1) $(a\pm b)^2=a^2\pm 2ab+b^2$；

(2) $(a\pm b)^3=a^3\pm 3a^2b+3ab^2\pm b^3$；

(3) $a^2-b^2=(a+b)(a-b)$；

(4) $a^3\pm b^3=(a\pm b)(a^2\mp ab+b^2)$；

(5) $(a+b)^n=a^n+na^{n-1}b+\dfrac{n(n-1)}{2!}a^{n-2}b^2+\dfrac{n(n-1)(n-2)}{3!}a^{n-3}b^3$

$$+\cdots+\frac{n(n-1)(n-2)\cdots(n-k+1)}{k!}a^{n-k}b^k+\cdots+nab^{n-1}+b^n;$$

(6) $a^n-b^n=(a-b)(a^{n-1}+a^{n-2}b+\cdots+ab^{n-2}+b^{n-1})$.

2. 指数($a>0,a\neq 1;m,n$ 是任意实数)

(1) $a^0=1$；

(2) $a^{-m}=\dfrac{1}{a^m}$；

(3) $a^m\cdot a^n=a^{m+n}$；

(4) $\dfrac{a^m}{a^n}=a^{m-n}$；

(5) $(a^m)^n=a^{mn}$；

(6) $a^{\frac{m}{n}}=\sqrt[n]{a^m}=(\sqrt[n]{a})^m$.

3. 对数 ($a>0,a\neq 1$)

(1) $\log_a 1=0$；

(2) $\log_a a=1$；

(3) 恒等式 $a^{\log_a x}=x$；

(4) 换底公式 $\log_a x=\dfrac{\log_b x}{\log_b a}$ ($b>0,b\neq 1$)；

(5) $\log_a(xy)=\log_a x+\log_a y$；

(6) $\log_a\dfrac{x}{y}=\log_a x-\log_a y$；

(7) $\log_a x^\alpha=\alpha\log_a x$.

4. 阶乘(n 是正整数)

(1) $n!=1\cdot 2\cdot 3\cdot\cdots\cdot(n-1)\cdot n$；

(2) $(2n-1)!!=1\cdot 3\cdot 5\cdot\cdots\cdot(2n-1)$， $(2n)!!=2\cdot 4\cdot 6\cdot\cdots\cdot(2n)$.

5. 级数和

(1) $a+aq+aq^2+\cdots+aq^{n-1}=\dfrac{a(1-q^n)}{1-q}$ ($q\neq 1$)；

(2) $1+2+3+\cdots+n=\dfrac{1}{2}n(n+1)$；

(3) $1^2+2^2+3^2+\cdots+n^2=\dfrac{1}{6}n(n+1)(2n+1)$；

(4) $1^3+2^3+3^3+\cdots+n^3=\left[\dfrac{1}{2}n(n+1)\right]^2$；

(5) $1+3+5+\cdots+(2n-1)=n^2$.

二、几　　何

1. 平面图形的基本公式

(1) 梯形面积 $S=\frac{1}{2}(a+b)h$ (其中 a,b 为二底,h 为高);

(2) 圆面积 $S=\pi R^2$,圆周长 $l=2\pi R$ (其中 R 为圆的半径);

(3) 圆扇形面积 $S=\frac{1}{2}R^2\theta$,圆扇形弧长 $l=R\theta$ (其中 R 为圆的半径,θ 为圆心角(单位:弧度)).

2. 立体图形的基本公式

(1) 圆柱体体积 $V=\pi R^2 H$,圆柱体侧面积 $S=2\pi RH$ (其中 R 为底的半径,H 为高);

(2) 正圆锥体体积 $V=\frac{1}{3}\pi R^2 H$,侧面积 $S=\pi Rl$ (其中 R 为底的半径,H 为高,l 为斜高,即 $l=\sqrt{R^2+H^2}$);

(3) 球体积 $V=\frac{4}{3}\pi R^3$(其中 R 为球的半径);

(4) 球面面积 $S=4\pi R^2$(其中 R 为球的半径).

三、三　　角

1. 度与弧度

(1) 1 度 $=\frac{\pi}{180}$弧度;　　(2) 1 弧度 $=\frac{180}{\pi}$度.

2. 基本公式

(1) $\sin^2\alpha+\cos^2\alpha=1$;　(2) $1+\tan^2\alpha=\sec^2\alpha$;　(3) $1+\cot^2\alpha=\csc^2\alpha$;　(4) $\frac{\sin\alpha}{\cos\alpha}=\tan\alpha$;

(5) $\frac{\cos\alpha}{\sin\alpha}=\cot\alpha$;　(6) $\cot\alpha=\frac{1}{\tan\alpha}$;　(7) $\csc\alpha=\frac{1}{\sin\alpha}$;　(8) $\sec\alpha=\frac{1}{\cos\alpha}$.

3. 和差公式

(1) $\sin(\alpha\pm\beta)=\sin\alpha\cos\beta\pm\cos\alpha\sin\beta$;　(2) $\cos(\alpha\pm\beta)=\cos\alpha\cos\beta\mp\sin\alpha\sin\beta$;

(3) $\tan(\alpha\pm\beta)=\frac{\tan\alpha\pm\tan\beta}{1\mp\tan\alpha\tan\beta}$;　(4) $\cot(\alpha\pm\beta)=\frac{\cot\alpha\cot\beta\mp 1}{\cot\beta\pm\cot\alpha}$.

4. 倍角和半角公式

(1) $\sin 2\alpha=2\sin\alpha\cos\alpha$;　(2) $\cos 2\alpha=\cos^2\alpha-\sin^2\alpha=1-2\sin^2\alpha=2\cos^2\alpha-1$;

(3) $\tan 2\alpha=\frac{2\tan\alpha}{1-\tan^2\alpha}$;　(4) $\cot 2\alpha=\frac{\cot^2\alpha-1}{2\cot\alpha}$;

(5) $\sin^2\alpha=\frac{1-\cos 2\alpha}{2}$;　(6) $\cos^2\alpha=\frac{1+\cos 2\alpha}{2}$;

(7) $\tan\frac{\alpha}{2}=\pm\sqrt{\frac{1-\cos\alpha}{1+\cos\alpha}}=\frac{1-\cos\alpha}{\sin\alpha}=\frac{\sin\alpha}{1+\cos\alpha}$;

(8) $\cot\frac{\alpha}{2}=\pm\sqrt{\frac{1+\cos\alpha}{1-\cos\alpha}}=\frac{\sin\alpha}{1-\cos\alpha}=\frac{1+\cos\alpha}{\sin\alpha}$.

5. 特殊角的三角函数值

α	$\sin\alpha$	$\cos\alpha$	$\tan\alpha$	$\cot\alpha$	$\sec\alpha$	$\csc\alpha$
0	0	1	0	∞	1	∞
$\frac{\pi}{6}$	$\frac{1}{2}$	$\frac{\sqrt{3}}{2}$	$\frac{\sqrt{3}}{3}$	$\sqrt{3}$	$\frac{2}{3}\sqrt{3}$	2
$\frac{\pi}{4}$	$\frac{\sqrt{2}}{2}$	$\frac{\sqrt{2}}{2}$	1	1	$\sqrt{2}$	$\sqrt{2}$
$\frac{\pi}{3}$	$\frac{\sqrt{3}}{2}$	$\frac{1}{2}$	$\sqrt{3}$	$\frac{\sqrt{3}}{3}$	2	$\frac{2}{3}\sqrt{3}$
$\frac{\pi}{2}$	1	0	∞	0	∞	1
π	0	-1	0	∞	-1	∞
$\frac{3}{2}\pi$	-1	0	∞	0	∞	-1
2π	0	1	0	∞	1	∞

四、平面解析几何

1. 距离、斜率、分点坐标

已知两点 $P_1(x_1,y_1)$ 与 $P_2(x_2,y_2)$，则

(1) 两点之间的距离 $d=\sqrt{(x_2-x_1)^2+(y_2-y_1)^2}$；

(2) 线段 P_1P_2 的斜率 $k=\frac{y_2-y_1}{x_2-x_1}$；

(3) 设 $\frac{P_1P}{PP_2}=\lambda$，则分点 $P(x,y)$ 的坐标 $x=\frac{x_1+\lambda x_2}{1+\lambda}$，$y=\frac{y_1+\lambda y_2}{1+\lambda}$.

2. 直线方程

(1) 点斜式：$y-y_0=k(x-x_0)$；　　(2) 斜截式：$y=kx+b$；

(3) 两点式：$\frac{y-y_1}{y_2-y_1}=\frac{x-x_1}{x_2-x_1}$；　　(4) 截距式：$\frac{x}{a}+\frac{y}{b}=1$；

(5) 一般式：$Ax+By+C=0$ (其中 A,B 不同时为零)；

(6) 参数式：$\begin{cases}x=x_0+t\cos\alpha,\\ y=y_0+t\sin\alpha\end{cases}$ 或 $\begin{cases}x=x_0+lt,\\ y=y_0+mt\end{cases}$ (其中常数 α 为直线与 x 轴正方向的夹角).

3. 点到直线的距离

点 $P_0(x_0,y_0)$ 到直线 $Ax+By+C=0$ 的距离 $d=\frac{|Ax_0+By_0+C|}{\sqrt{A^2+B^2}}$.

4. 两直线的交角

设两直线的斜率分别为 k_1 与 k_2，交角为 θ，则 $\tan\theta=\frac{k_1-k_2}{1+k_1k_2}$.

5. 圆的方程

(1) 标准式：$(x-a)^2+(y-b)^2=R^2$；

(2) 参数式：$\begin{cases} x=a+R\cos t, \\ y=b+R\sin t \end{cases}$(其中圆心为 $G(a,b)$,半径 $r=R$, $M(x,y)$是圆上任一点,参数 t 为动径 GM 与 x 轴正方向的夹角).

6. 抛物线

(1) $y^2=2px$，焦点为$\left(\frac{p}{2},0\right)$，准线为 $x=-\frac{p}{2}$；

(2) $x^2=2py$，焦点为$\left(0,\frac{p}{2}\right)$，准线为 $y=-\frac{p}{2}$.

7. 椭圆

$\frac{x^2}{a^2}+\frac{y^2}{b^2}=1\ (a>b)$，焦点在 x 轴上.

8. 双曲线

$\frac{x^2}{a^2}-\frac{y^2}{b^2}=1$，焦点在 x 轴上.

9. 等轴双曲线

$xy=k$ (其中 k 为常数).

10. 直角坐标与极坐标之间的关系

$$\begin{cases} x=\rho\cos\theta, \\ y=\rho\sin\theta \end{cases} \Longleftrightarrow \begin{cases} \rho=\sqrt{x^2+y^2}, \\ \theta=\arctan\frac{y}{x} \end{cases}$$ (见右图).

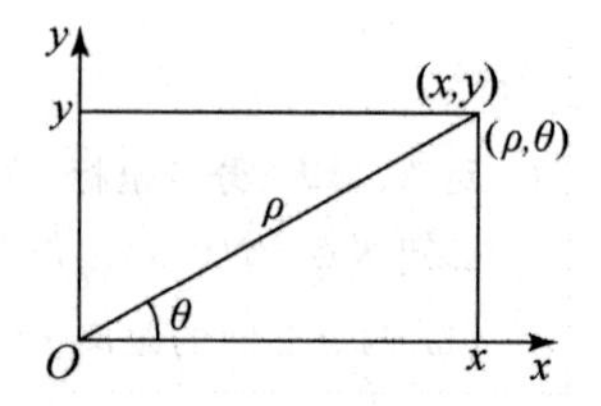

习题参考答案与解法提示

习 题 1.1

A 组

1. 0，$\frac{1}{3}$，$-\frac{1}{3}$，$\frac{1-2^x}{1+2^x}$，$\frac{2^x-2}{2^x+2}$.　　2. $y=\begin{cases}-1, & x<0,\\ 1, & x>0,\end{cases}$ $(-\infty,0)\cup(0,+\infty)$.

3. $1/2$，$\sqrt{2}/2$，$\sqrt{2}/2$，0，0.

4. (1) $y=\frac{1}{5}(x+1)$； (2) $y=e^{x-1}-2$； (3) $y=\frac{1-x}{1+x}$.

5. e^{e^x}，x，x，$\ln\ln x$.

6. (1) $y=\sin u$，$u=1/x$； (2) $y=\sqrt{u}$，$u=\ln x$； (3) $y=e^u$，$u=\sqrt{x}$； (4) $y=\cos u$，$u=x^2$；
(5) $y=e^u$，$u=\tan v$，$v=1/x$； (6) $y=\ln u$，$u=\ln v$，$v=\cos x$； (7) $y=\arctan u$，$u=\sqrt{x}$；
(8) $y=\ln u$，$u=\arcsin v$，$v=e^x$.

7. (1) $y=\sqrt{u}$，$u=1+x^2$； (2) $y=u^3$，$u=\sin v$，$v=2x-1$； (3) $y=e^u\sin v$，$u=ax$，$v=bx$.

B 组

1. $T=2\pi\sqrt{\frac{l_0(1+\alpha t)}{g}}$.

2. $s=\begin{cases}60t^2, & 0\leqslant t\leqslant 10,\\ 1200t-6000, & 10<t\leqslant 130,\\ -60t^2+16800t-1020000, & 130<t\leqslant 140,\end{cases}$ 其中 s 的单位是 m，t 的单位是 min.

习 题 1.2

A 组

1. (1) 发散； (2) 收敛于 1； (3) 收敛于$\frac{1}{3}$.

2. (1) $y_n=\frac{1}{3^{n-1}}$，收敛于 0； (2) $y_n=\frac{1+(-1)^n}{n}$，收敛于 0.

3. (1) $+\infty$，$+\infty$，$+\infty$，0，0，0；　(2) -1，1，不存在，-1，1，不存在；
(3) 0，0，0，$-\infty$，$+\infty$，不存在； (4) 0，0，0，$+\infty$，$+\infty$，$+\infty$.

4. 1，1，1.　　5. (1) $x\to\infty$； (2) $x\to k\pi, k\in\mathbf{Z}$； (3) $x\to 0$.

6. (1) $x\to 1$；　(2) $x\to -2^+$，$x\to+\infty$； (3) $x\to+\infty$.

B 组

1. (1) 不收敛； (2) 有极限，极限是 A.　　2. (1) 0； (2) 2； (3) $-\infty$； (4) 不存在.

习 题 1.3

A 组

1. (1) 6； (2) 4； (3) ∞； (4) 2； (5) 2/3； (6) 1/6.

2. (1) ∞； (2) 2； (3) 0； (4) $1/\sqrt{2}$； (5) ∞； (6) 0.

3. (1) $\omega+\alpha$. (2) 2/3. (3) 1/2. **提示** $(1-\cos x)(1+\cos x)=\sin^2 x$.

4. (1) e； (2) e^{rt}.

B 组

1. (1) 0； (2) 4/7； (3) ∞； (4) 1/3.

2. (1) $2x$. (2) $\dfrac{1}{2\sqrt{x}}$. (3) $\sqrt[3]{3}$. (4) 1. **提示** 令 $t=\pi-x$.

(5) 1. **提示** 令 $t=\arcsin x$. (6) e^{-xt}.

3. $\lim\limits_{R_2\to+\infty} R=R_1$. 说明：当 R_2 断开时，总电阻就是 R_1.

4. (1) $\lim\limits_{t\to+\infty} N=100000$ 人； (2) 不可能有 10 万人感染，5 万人感染有可能.

习 题 1.4

A 组

1. (1) 连续； (2) 连续； (3) 不连续. **2.** (1) 5； (2) 3； (3) e^2.

3. (1) $x=0$； (2) $x=-1, x=1$； (3) $x=0$.

B 组

1. (1) $(-2,+\infty)$, ln3； (2) $(-\infty,+\infty)$, $\sqrt{2}$. **2.** (1) $[0,\pi]$； (2) 连续.

3. (1) 没有； (2) 仅有最小值 0； (3) 仅有最大值 1； (4) 最小值为 0，最大值为 1.

4. **提示** 令 $f(x)=x^5-3x-1$，在区间[1,2]上用零点定理.

总 习 题 一

1. (1) $\dfrac{1+\sqrt{1+x^2}}{x}$. (2) 1. **提示** $\dfrac{1}{n(n+1)}=\dfrac{1}{n}-\dfrac{1}{n+1}$. (3) $3x^2$. (4) 0.

2. (1) (B)； (2) (D)； (3) (C)； (4) (B)； (5) (D)； (6) (A).

3. (1) $\dfrac{1}{2}$. **提示** $1+2+\cdots+n=\dfrac{n(n+1)}{2}$. (2) $-\dfrac{1}{2}$. **提示** $\dfrac{2}{x^2-1}-\dfrac{1}{x-1}=\dfrac{2-(x+1)}{x^2-1}$.

4. $a=1, b=-1$. **提示** 将 $\dfrac{x^2+1}{x+1}-ax-b$ 化成分式. **5.** $1, \dfrac{1}{2}, \dfrac{2}{3}, \infty$.

习 题 2.1

A 组

1. (1) $4x^3$； (2) $\dfrac{1}{5\sqrt[5]{x^4}}$； (3) $-\dfrac{2}{x^3}$； (4) $-\dfrac{1}{3x\sqrt[3]{x}}$.

2. (1) $y-9=-6(x+3)$, $y-9=\dfrac{1}{6}(x+3)$； (2) $y-2=\dfrac{1}{4}(x-4)$, $y-2=-4(x-4)$.

B 组

1. (1) $\frac{1}{2\sqrt{2}}$, $\frac{1}{2\sqrt{x}}$； (2) $-\frac{1}{4}$, $-\frac{1}{x^2}$. **2.** $\left.\frac{d\theta}{dt}\right|_{t=t_0}$.

习 题 2.2

A 组

1. (1) $\frac{1}{m}+\frac{m}{x^2}+\frac{1}{\sqrt{x}}+\frac{1}{x\sqrt{x}}$； (2) $4^x\ln 4+\frac{1}{x\ln 3}$； (3) 0； (4) $\frac{\sin x}{2\sqrt{x}}+\sqrt{x}\cos x$；

(5) $\arctan x+\frac{x}{1+x^2}$； (6) $\sqrt{2}x^{\sqrt{2}-1}+e^x(\cos x-\sin x)$；

(7) $3x^2e^x\sin x+x^3e^x\sin x+x^3e^x\cos x$； (8) $\frac{b^2-a^2}{(ax+b)^2}$； (9) $\frac{1-2\ln x-x}{x^3}$.

2. (1) $3e$； (2) $\frac{1-\ln 2}{2}$； (3) 0.

3. (1) $\frac{2\ln x}{x}$； (2) $\frac{1}{x\ln x}$； (3) $\frac{1-x}{\sqrt{2x-x^2}}$； (4) e^{x+e^x}； (5) $-\frac{1}{x\sqrt{x^2-1}}$； (6) $\sin 2x+2x\cos x^2$；

(7) $-e^{-2x}(2\cos 3x+3\sin 3x)$； (8) $-\frac{1}{1+x^2}$； (9) $\frac{1}{\sqrt{x^2-a^2}}$； (10) $\frac{x+1}{\sqrt{x^2+2x+2}}e^{\sqrt{x^2+2x+2}}$；

(11) $\frac{2\sqrt{x}+1}{6\sqrt{x}(x+\sqrt{x})^{\frac{2}{3}}}$； (12) $-\frac{1}{x^2}\cot\frac{1}{x}$.

4. (1) $24x-6$； (2) $\frac{e^{\sqrt{x}}}{4x}-\frac{e^{\sqrt{x}}}{4x\sqrt{x}}$； (3) $e^{-x^2}(4x^2-2)$； (4) $\frac{1}{x}$； (5) $e^x(x^2+4x+2)$； (6) $\frac{2x-10}{(x+1)^4}$.

5. (1) a^ne^{ax}； (2) $a^x(\ln a)^n$； (3) $(n+1)!(x-a)$； (4) $2^n\cos\left(2x+\frac{n\pi}{2}\right)$.

6. $\sqrt[3]{4}x-y+\sqrt[3]{4}=0, y-3=0, x-3=0$.

7. 0, 4, 8. **8.** $-\frac{\sqrt{3}}{2}\pi^2\,m/s^2$.

B 组

1. $-\frac{1}{x^2}e^{\tan\frac{1}{x}}\left(\sec^2\frac{1}{x}\cdot\sin\frac{1}{x}+\cos\frac{1}{x}\right)$, π^2.

2. (1) $(e^x+ex^{e-1})f'(e^x+x^e)$； (2) $e^{f(x)}[e^xf'(e^x)+f(e^x)f'(x)]$.

3. 提示 (1) 设 $f(-x)=f(x)$，两端求导；(2)，(3)类似.

习 题 2.3

A 组

1. (1) $\frac{1-x-y}{x-y}$； (2) $\frac{xy-y}{x-xy}$； (3) $\frac{\cos(x+y)}{e^y-\cos(x+y)}$； (4) $\frac{\sin y}{1-x\cos y}$.

2. $\left.\frac{dy}{dx}\right|_{x=0}=-2$. **提示** 当 $x=0$ 时，$y=1$；$\frac{dy}{dx}=-\frac{y^2+y^4}{1+2xy+2xy^3}$.

3. (1) $4t$; (2) $\frac{e^{2t}}{1-t}$; (3) $-\frac{b}{a}\tan t$.

B 组

1. $\frac{dy}{dx}=\frac{y^2-y\sin x}{1-xy}$, $\left.\frac{dy}{dx}\right|_{x=0}=e^2$. **2.** (1) $x-y+4=0$; (2) $(1+e)x-2y+2=0$.

3. (1) $x+2y-4=0$; (2) $x=0$.

习 题 2.4

A 组

1. (1) $\frac{2+\sqrt{1-x}}{2(x-1)}dx$; (2) $2(e^{2x}-e^{-2x})dx$; (3) $\frac{(1-x^2)\cos x+2x\sin x}{(1-x^2)^2}dx$.

2. (1) $ax+C$; (2) $b\cdot\frac{x^2}{2}+C$; (3) $\sqrt{x}+C$; (4) $\ln|x|+C$; (5) $\arctan x+C$; (6) $\arcsin x+C$;

(7) $-\frac{1}{2}\cos 2x+C$; (8) $\frac{1}{a}\sin ax+C$; (9) $-\frac{1}{3}e^{-3x}+C$; (10) $\sec x+C$.

B 组

1. (1) 0.95. **提示** 用公式 $f(x)\approx f(0)+f'(0)x$,即 $e^x\approx 1+x$,取 $x=-0.05$.

(2) -0.03. **提示** 用公式 $f(x)\approx f(0)+f'(0)x$,即 $\ln(1+x)\approx x$,取 $x=-0.03$.

(3) 0.495. **提示** 令 $f(x)=\cos x$,取 $x_0=60°=\frac{\pi}{3}$,$\Delta x=20'=\frac{\pi}{540}$.

2. $\Delta A=4.04\pi\ m^2$; $dA=4\pi\ m^2$. **提示** 面积 $A=\pi r^2$,$r=10\ m$,$\Delta r=0.2\ m$.

3. $\Delta u\approx du=0.125\ V$. **提示** $du=\frac{d\sqrt{RP}}{dP}\Delta P=\frac{1}{2}\sqrt{\frac{R}{P}}\Delta P$,$R=25$,$P=400$,$\Delta P=1$.

总 习 题 二

1. (1) $-f'(0)$; (2) $2x-y=0$; (3) $\frac{\sqrt{2}}{4}\left(\frac{\pi}{2}+1\right)$; (4) $-\frac{y}{x+e^y}$; (5) $(3t+2)(1+t)$; (6) dx.

2. (1) (C); (2) (A); (3) (C); (4) (B); (5) (C); (6) (B).

3. $\frac{1}{4}\sec^2\frac{x}{2}\sqrt{\cot\frac{x}{2}}$, $\frac{1}{2}$. **4.** $4x^3f(x^2)f'(x^2)+2x[f(x^2)]^2$.

5. $\frac{x-y}{x+y}$. **6.** $\frac{x_0x}{a^2}+\frac{y_0y}{b^2}=1$. **7.** $(2-x)(1+x^2)e^{x^2}\sin x\left(\frac{1}{x-2}+\frac{2x}{1+x^2}+2x+\cot x\right)$.

8. $\sqrt{3}-2$. **9.** $\frac{2\ln 3\cdot 3^{\ln\tan x}}{\sin 2x}dx$. **10.** $\frac{\sqrt{1-y^2}}{1+2y\sqrt{1-y^2}}dx$.

习 题 3.1

A 组

1. (1) 对; (2) 否; (3) 对; (4) 对.

2. (1) 否; (2) 对; (3) 对; (4) 对. **3.** (1) 5; (2) 4.

B　组

2. (1) 0；(2) $-\pi a^2$.

习　题　3.2

A　组

1. (1) e^x+C；(2) $\frac{1}{\ln a}a^x+C$；(3) $-\cos x+C$；(4) $\arctan x+C$；(5) $\arcsin x+C$；

(6) $\tan x+C$；(7) $\sec x+C$.

2. (1) 2^x+x^2+C, $\frac{2^x}{\ln 2}+\frac{1}{3}x^3+C$；(2) $\ln x$, $x+C$；(3) $\sin x+C$, $\cos x+C$；(4) $x+C$.

3. $y=\sqrt{x}+1$.

B　组

1. (1) $-\frac{1}{x}+x^{3/2}+2\sqrt{x}+C$；(2) $\ln|x|+2x+C$.　**2.** e^x+C.

习　题　3.3

A　组

1. (1) $x-2\arctan x+C$.　(2) $-\frac{1}{x}-\arctan x+C$.　(3) $\arcsin x+C$.　(4) $\frac{4^x}{\ln 4}+\frac{2\cdot 6^x}{\ln 6}+\frac{9^x}{\ln 9}+C$.

(5) $\frac{1}{2}(x+\sin x)+C$.　(6) $-\cot x-x+C$.　(7) $\tan x-\sec x+C$.

(8) $\tan x-\cot x+C$.　**提示**　$\sin^2 x+\cos^2 x=1$.

(9) $\sin x+\cos x+C$.　**提示**　$\cos 2x=\cos^2 x-\sin^2 x$.

2. (1) $\frac{b^{n+1}-a^{n+1}}{n+1}$；(2) 1；(3) 4.

B　组

1. $\frac{11}{6}$.　**2.** $\frac{\pi}{4-\pi}$.　**提示**　设 $a=\int_0^1 f(x)\mathrm{d}x$，将已知等式两端从 0 到 1 求积分.

3. $f(x)=\frac{15}{8}x^2+\frac{3}{8}$.　**提示**　设 $f(x)=ax^2+bx+c(a\neq 0)$，由已知条件可求出 a,b,c.

习　题　3.4

A　组

1. 全错.　(1) $\frac{1}{2}e^{2x}+C$；(2) $\frac{1}{2}\ln^2 x+C$；(3) $-\cot x-\frac{1}{\sin x}+C$；(4) $\sin x-\frac{1}{2}(\sin x)^2+C$.

2. (1) $\frac{1}{33}(3x+1)^{11}+C$.　(2) $\frac{1}{18}\frac{1}{(1-2x)^9}+C$.　(3) $\frac{1}{2}\ln|x^2+6x-8|+C$.　(4) $-\sqrt{1-x^2}+C$.

(5) $2\sin\sqrt{x}+C$.　(6) $\frac{1}{2}x+\frac{1}{4}\sin 2x+C$.　(7) $\frac{1}{3}\arcsin\frac{3}{2}x+C$.　(8) $\frac{1}{6}\arctan\frac{3}{2}x+C$.

(9) $\frac{1}{12}\ln\left|\frac{2+3x}{2-3x}\right|+C$.　(10) $-\cos e^x+C$.　(11) $\frac{1}{2}e^{(x-1)^2}+C$.　(12) $\frac{1}{2}\tan^2 x+C$.

(13) $-\frac{1}{x+4}+C$. **提示** $x^2+8x+16=(x+4)^2$.

(14) $\frac{1}{\sqrt{3}}\arctan\frac{x+1}{\sqrt{3}}+C$. **提示** $x^2+2x+4=(x+1)^2+(\sqrt{3})^2$.

(15) $\frac{1}{4}\ln\left|\frac{x+1}{x+5}\right|+C$. **提示** 原式 $=\frac{1}{4}\int\frac{(x+5)-(x+1)}{(x+5)(x+1)}\mathrm{d}x$.

3. (1) $\frac{1}{2}\ln 2$； (2) $\frac{1}{2}(\mathrm{e}-1)^2$； (3) $\frac{3}{2}$； (4) $\frac{1}{3}$； (5) $\frac{\pi}{12}-\frac{1}{8}$； (6) 1.

4. (1) $\frac{3\sqrt{3}-2}{5}$； (2) $7+\ln 4$； (3) $\frac{\pi}{8}$； (4) $\frac{\sqrt{3}}{12}$； (5) $\frac{\sqrt{2}}{4}-\frac{1}{2\sqrt{3}}$； (6) $\ln\frac{2+\sqrt{3}}{1+\sqrt{2}}$.

B 组

1. (1) $\frac{1}{a}f(ax+b)+C$； (2) $\frac{1}{2a}f(ax^2+b)+C$； (3) $\frac{1}{\mu+1}[f(x)]^{\mu+1}+C$； (4) $\ln|f(x)|+C$；

(5) $\arcsin f(x)+C$； (6) $\arctan f(x)+C$； (7) $\sqrt{f(x)}+C$； (8) $\frac{1}{\ln a}a^{f(x)}+C$.

2. (1) $\arcsin(\ln x)+C$. (2) $\sin x-\frac{1}{3}\sin^3 x+C$. **提示** $\cos^3 x=(1-\sin^2 x)\cos x$.

(3) $2\arctan\sqrt{x}+C$. **提示** 原式 $=2\int\frac{1}{1+(\sqrt{x})^2}\cdot\frac{1}{2\sqrt{x}}\mathrm{d}x$.

3. (1) $\frac{\pi^3}{324}$. **提示** $\frac{\arctan x}{\sqrt{1-x^2}}$ 是奇函数, $\frac{(\arcsin x)^2}{\sqrt{1-x^2}}$ 是偶函数.

(2) $\frac{2}{5}$. **提示** $\sin^3 x\cos x$ 是奇函数, $\sin^4 x\cos x$ 是偶函数.

习 题 3.5

A 组

1. (1) $-\mathrm{e}^{-x}(x+1)+C$； (2) $-x\cos x+\sin x+C$； (3) $x^2\sin x+2x\cos x-2\sin x+C$；

(4) $x\arctan x-\frac{1}{2}\ln(1+x^2)+C$； (5) $\frac{2}{3}x^{\frac{3}{2}}\ln x-\frac{4}{9}x^{\frac{3}{2}}+C$； (6) $x\ln(1+x^2)-2x+2\arctan x+C$.

2. (1) $\frac{1}{4}(\mathrm{e}^2+1)$； (2) $\frac{\pi}{4}$； (3) $\frac{\pi}{4}-\frac{1}{2}\ln 2$； (4) $8\ln 2-4$； (5) $\frac{\pi}{12}+\frac{\sqrt{3}}{2}-1$； (6) $2-\frac{2}{\mathrm{e}}$.

B 组

1. (1) $xf'(x)-f(x)+C$； (2) $\frac{1-2\ln x}{x}+C$； (3) $\cos x$； (4) $\ln x$.

2. (1) $\frac{1}{2}x^2\mathrm{e}^{x^2}-\frac{1}{2}\mathrm{e}^{x^2}+C$. **提示** 原式 $=\frac{1}{2}\int x^2\mathrm{e}^{x^2}\mathrm{d}x^2$.

(2) $\ln x\cdot\ln\ln x-\ln x+C$. **提示** 原式 $=\int\ln\ln x\mathrm{d}\ln x$.

(3) $2\sqrt{x}\sin\sqrt{x}+2\cos\sqrt{x}+C$. **提示** 设 $x=t^2$.

(4) $\frac{1}{1+n^2}\mathrm{e}^x(n\sin nx+\cos nx)+C$.

3. (1) $\frac{1}{2}(1+\mathrm{e}^{\frac{\pi}{2}})$； (2) $2\mathrm{e}-4$； (3) $\frac{1}{2}(\mathrm{e}\sin 1-\mathrm{e}\cos 1+1)$； (4) $\frac{(-1)^n 2\pi}{n^2}$.

总习题三

1. (1) 2；　(2) 0；　(3) $\frac{\pi a}{4}$；　(4) $\frac{1}{x^2}$；　(5) $\sin x$.

2. (1) (C)；(2) (D)；(3) (D)；(4) (C)；(5) (D).

3. (1) $-\frac{1}{1+\tan x}+C$；(2) $\arctan(\ln x)+C$；(3) $-\frac{1}{3}\sqrt{2-3x^2}+C$；(4) $-\cot x\cdot\ln\tan x-\cot x+C$；

(5) $\frac{x^2}{2}\ln(x-1)-\frac{x^2}{4}-\frac{x}{2}-\frac{1}{2}\ln(x-1)+C$；(6) $3e^{\sqrt[3]{x}}(x^{\frac{2}{3}}-2\sqrt[3]{x}+2)+C$.

4. (1) $\frac{22}{3}$.　(2) $\frac{\pi}{8}$.　**提示**　$x\sqrt{1-x^2}$ 为奇函数，$x^2\sqrt{1-x^2}$ 为偶函数.

(3) $2\left(1-\frac{\pi}{4}\right)$.　**提示**　设 $x=\ln(1+t^2)$.

习　题　4.1

A　组

1. (1) 在$(-\infty,0)$，$(2,+\infty)$内单调增加，在$(0,2)$内单调减少；

(2) 在$(-1,0)$内单调增加，在$(0,1)$内单调减少；

(3) 在$(-\infty,-1)$内单调减少，在$(1,+\infty)$内单调增加.

B　组

1. 在$(0,e)$内单调增加，在$(e,+\infty)$内单调减少.　**2.** 单调减少.

习　题　4.2

A　组

1. (1) 极大值为 $f(1)=10$，极小值为 $f(5)=-22$；(2) 极小值为 $f\left(\frac{3}{2}\right)=-\frac{11}{16}$；

(3) 极小值为 $f(0)=0$，极大值为 $f(\pm1)=1/e$.

2. (1) 在$(-\infty,0)$，$(2,+\infty)$内单调增加，在$(0,2)$内单调减少，极大值为 $f(0)=1/3$，极小值为 $f(2)=-1$；

(2) 在$(-\infty,0)$，$(0,1)$内单调减少，在$(1,+\infty)$内单调增加，极小值为 $f(1)=2-4\ln2$.

B　组

1. $a=\frac{1}{4}$，$b=-\frac{3}{4}$，$c=-6$.　**2.** $a=2$，极大值为 $f\left(\frac{\pi}{3}\right)=\sqrt{3}$.

习　题　4.3

A　组

1. 2 cm，144 cm^3.　**2.** 底半径 $r=\sqrt[3]{\frac{250}{\pi}}\approx4.3$ cm，高 $h=2r\approx8.6$ cm.

3. (1) 长 15 m，宽 10 m；(2) 长 18 m，宽 12 m.　**4.** D 点在距 A 点 15 km 处.　**5.** $x=R/\sqrt{2}$.

6. $h:b=\sqrt{2}$ 时强度最大.　**提示**　强度 $s=kbh^2$($k>0$ 是比例系数)，将 $h^2=d^2-b^2$ 代入前式.

7. 24 人,23.04×10^3 t.

B 组

1. 能吊上去. **提示** 吊车能把油罐吊起的最大高度约为 6 m,加上车身高度约为 7.5 m.吊起的高度 $h=BC=BE-DE-CD$,其中 $BE=AE\sin\varphi$,$DE=FD\tan\varphi$,$AE=15$ m,$FD=3$ m,$CD=2$ m.

2. $\frac{h}{r}=\frac{8}{\pi}$. **提示** 表面积$=(2r)^2+(2r)^2+2\pi rh$,又 $h=\frac{V}{\pi r^2}$.

习题 4.4

A 组

1. (1) 在$\left(-\infty,\frac{1}{3}\right)$内上凹,在$\left(\frac{1}{3},+\infty\right)$内下凹,拐点为$\left(\frac{1}{3},\frac{2}{27}\right)$;

(2) 在$(-\infty,1)$内下凹,在$(1,+\infty)$内上凹,拐点为$(1,\mathrm{e}^{-2})$;

(3) 在$(-\infty,-1)$,$(1,+\infty)$内下凹,在$(-1,1)$内上凹,拐点为$(-1,\ln 2)$,$(1,\ln 2)$;

(4) 在$(-\infty,+\infty)$内上凹,无拐点; (5) 在$(-\infty,+\infty)$内上凹,无拐点;

(6) 在$(0,+\infty)$内下凹,无拐点.

2. (A).

B 组

1. $a=0,b=-1,c=3$. **提示** $y\Big|_{x=0}=3$;$y'\Big|_{x=-1}=0$,$y''\Big|_{x=0}=0$.

2. 在$(-\infty,0)$,$(1,+\infty)$内单调增加,在$(0,1)$内单调减少;极大值为 $y\Big|_{x=0}=0$,极小值为 $y\Big|_{x=1}=-1$;在$\left(-\infty,\frac{1}{2}\right)$内下凹,在$\left(\frac{1}{2},+\infty\right)$内上凹,拐点为$\left(\frac{1}{2},-\frac{1}{2}\right)$.

习题 4.5

A 组

1. (1) $\mathrm{e}-1$; (2) 1; (3) $20\frac{5}{6}$; (4) $2\frac{29}{48}$; (5) $\frac{1}{2}$; (6) $\frac{1}{12}$; (7) $2\frac{2}{3}$; (8) $4\frac{1}{2}$; (9) $\frac{2}{3}$.

2. (1) $6\frac{1}{5}\pi$. (2) $\frac{\pi^2}{2}$. (3) $\frac{3}{10}\pi$. **提示** $V_x=\pi\int_0^1(x-x^4)\mathrm{d}x$.

3. (1) $\frac{32\sqrt{2}}{5}\pi$, 2π. **提示** $V_x=2\pi\int_0^{\sqrt{2}}(4-x^4)\mathrm{d}x$;$V_y=\pi\int_0^2 y\mathrm{d}y$.

(2) $\frac{1}{5}\pi$, $\frac{1}{2}\pi$. **提示** $V_y=\pi\cdot 1^2-\pi\int_0^1 y\mathrm{d}y$.

B 组

1. 4. **2.** $3\pi a^2$. **提示** $A=\int_0^{2\pi}a(1-\cos t)[a(t-\sin t)]'\mathrm{d}t$.

3. $\frac{5}{8}\pi a^2$. **提示** $A=4\int_{\pi/2}^0 a\sin t(a\cos t)'\mathrm{d}t-4\int_{\pi/2}^0 a\sin^3 t(a\cos^3 t)'\mathrm{d}t$.

4. $\frac{8}{3}\pi$. **提示** $V_x=\pi\int_1^3\left[(4-x)^2-\left(\frac{x}{3}\right)^2\right]\mathrm{d}x$.

习　题　4.6

A　组

1. $65\dfrac{2}{3}$ m.　　**2.** π.　　**3.** 3 J.　**提示**　$W=\int_0^{0.1}600x\mathrm{d}x$.

4. $\dfrac{27}{7}kc^{2/3}a^{7/3}$($k>0$为比例系数).　**提示**　速度 $v=\dfrac{\mathrm{d}x}{\mathrm{d}t}=3ct^2$, $F=kv^2=9kc^2t^4=9kc^2\left(\dfrac{x}{c}\right)^{4/3}$, $W=\int_0^a F\mathrm{d}x$.

5. $2.56\times9.8\times10^6$ N.　**提示**　$F=2\gamma\int_0^{16}x\cdot10\mathrm{d}x$.

6. 20.4℃.　**提示**　$\overline{T}=\dfrac{1}{12}\int_0^{12}T(t)\mathrm{d}t$.　　**7.** $\dfrac{6}{\pi}$.　**提示**　$\overline{u}=\dfrac{2}{\pi}\int_0^{\pi/2}3\sin2t\mathrm{d}t$.

B　组

1. $\dfrac{1}{4}\pi\rho gR^4$(单位：J),其中水的密度 $\rho=1$ t/m^3,重力加速度 $g=9.8$ m/s^2.

提示　$W=\int_0^R\rho g\pi x(R^2-x^2)\mathrm{d}x$.　　**2.** $kq\left(\dfrac{1}{a}-\dfrac{1}{b}\right)$.　**提示**　$w=\int_a^b\dfrac{kq}{r^2}\mathrm{d}r$.

3. $\dfrac{2}{3}R^3\times10^4$ N.　**提示**　$F=2\rho g\int_0^R x\sqrt{R^2-x^2}\mathrm{d}x$.

习　题　4.7

A　组

1. (1) 二阶；(2) 二阶；(3) 一阶；(4) 二阶.　　**2.** $y=\mathrm{e}^x$.

3. (1) $y=\dfrac{1}{2}(1+x)$；　(2) $Cx^2=\mathrm{e}^{x^2+y^2}$；　(3) $\mathrm{e}^x-\mathrm{e}^{-y}=C$；　(4) $y=x$.　　**4.** $y=\dfrac{CN\mathrm{e}^{aNx}}{1+C\mathrm{e}^{aNx}}$.

5. (1) $y=C\mathrm{e}^{-2x}+\mathrm{e}^{-x}$；(2) $y=C\mathrm{e}^{-x^2}+2$；(3) $y=C\cos x+\sin x$；(4) $y=\dfrac{1}{2}(\mathrm{e}^x+\sin x-\cos x)$.

B　组

2. $y=\dfrac{1}{2}\sqrt{1-x^2}(\arcsin x)^2-(1-x^2)+C$.

3. $y=2\mathrm{e}^{3x}$.　**提示**　设曲线方程为 $y=f(x)$,则 $\dfrac{\mathrm{d}y}{\mathrm{d}x}=3y$,且 $y\Big|_{x=0}=2$.

4. $x=A(1-\mathrm{e}^{-kt})$.　**提示**　设 $x=x(t)$,则 $\dfrac{\mathrm{d}x}{\mathrm{d}t}=k(A-x)$ $(k>0)$,且 $x\Big|_{t=0}=0$.

5. $R=R_0\mathrm{e}^{-0.000433t}$.　**提示**　设 $R=R(t)$,则 $\dfrac{\mathrm{d}R}{\mathrm{d}t}=-kR$ $(k>0)$,且 $R\Big|_{t=0}=R_0$.

总 习 题 四

1. (1) $(0,+\infty)$.　(2) $a=-\dfrac{2}{3}$, $b=-\dfrac{1}{6}$.　(3) 2个.　(4) $\dfrac{1}{6}$, $\dfrac{2}{15}\pi$.　**提示**　$V_x=\pi\int_0^1(x^2-x^4)\mathrm{d}x$.

(5) $y=x+C$, $y=x$；(6) $y=C\mathrm{e}^x$, $y=\dfrac{1}{\mathrm{e}}\mathrm{e}^x$；(7) $y=1+C\mathrm{e}^{-x}$, $y=1-\mathrm{e}^{-x}$.

2. (1) (A); (2) (A); (3) (B); (4) (B); (5) (D); (6) (A).

3.

x	$(-\infty,-\sqrt{3})$	$-\sqrt{3}$	$(-\sqrt{3},-1)$	-1	$(-1,0)$	0	$(0,1)$	1	$(1,\sqrt{3})$	$\sqrt{3}$	$(\sqrt{3},+\infty)$
y'	$+$	0	$-$		$-$	0	$-$		$-$	0	$+$
y''	$-$	$-$	$-$		$+$	0	$-$		$+$	$+$	$+$
y	↗∪	极大值 $\frac{3}{2}\sqrt{3}$	↘∩	间断	↘∪	拐点 $(0,0)$	↘∩	间断	↘∪	极小值 $-\frac{3}{2}\sqrt{3}$	↗∪

没有水平渐近线;垂直渐近线是 $x=-1$ 和 $x=1$.

4. (1) $\frac{7}{6}$. (2) $\frac{38}{15}\pi,\frac{5}{6}\pi$. **提示** $V_x=\pi\int_0^1[(2-x^2)^2-x^2]\mathrm{d}x, V_y=\pi\int_0^1 y^2\mathrm{d}y+\pi\int_1^2(2-y)\mathrm{d}y$.

5. (1) $y^2=C(x-1)^2+1$. (2) $y=x^2\mathrm{e}^{-x^2}$. **提示** 通解为 $y=C\mathrm{e}^{-x^2}+x^2\mathrm{e}^{-x^2}$.

习 题 5.1

A 组

1. (1) $u_n=\frac{1}{2n-1}$; (2) $u_n=(-1)^{n-1}\frac{n+1}{n}$.

2. $\frac{4}{5},-\left(\frac{4}{5}\right)^2,(-1)^{n-1}\left(\frac{4}{5}\right)^n;\frac{4}{5},\frac{4}{5}-\left(\frac{4}{5}\right)^2,\frac{4}{5}-\left(\frac{4}{5}\right)^2+\left(\frac{4}{5}\right)^3-\cdots+(-1)^{n-1}\left(\frac{4}{5}\right)^n$.

3. (1) 收敛,$\frac{1}{5}$. **提示** $\frac{1}{(5n-4)(5n+1)}=\frac{1}{5}\left(\frac{1}{5n-4}-\frac{1}{5n+1}\right)$.

(2) 发散. **提示** $\ln\frac{n+1}{n}=\ln(n+1)-\ln n$.

4. (1) 收敛; (2) 发散; (3) 收敛; (4) 收敛.

5. (1) 收敛; (2) 发散.

B 组

1. $2-\frac{1}{2}-\frac{1}{3\cdot 2}-\cdots-\frac{1}{n(n-1)}-\cdots$.

2. (1) 发散; (2) 发散. **提示** (1) $\lim\limits_{n\to\infty}\cos\frac{\pi}{n}=1$; (2) $\lim\limits_{n\to\infty}\sqrt[n]{2}=1$.

习 题 5.2

A 组

1. (1) 发散; (2) 发散; (3) 收敛; (4) 收敛.

2. (1) 发散; (2) 收敛; (3) 收敛. **3.** (1) 收敛; (2) 发散.

4. (1) 绝对收敛; (2) 条件收敛; (3) 发散.

B 组

1. (1) 收敛; (2) 收敛.

2. (1) 条件收敛; (2) $p>1$ 时绝对收敛,$0<p\leqslant 1$ 时条件收敛.

习　题　5.3

A　组

1. $R=1$, $(-1,1)$, $(-1,1]$.

2. (1) $R=0$, $\{0\}$; (2) $R=+\infty$, $(-\infty,+\infty)$; (3) $R=\frac{1}{4}$, $\left(-\frac{1}{4},\frac{1}{4}\right)$.

B　组

1. $R=\frac{1}{2}$, $\left[-\frac{1}{2},\frac{1}{2}\right]$.

2. (1) $\frac{2x}{(1-x^2)^2}$, $(-1,1)$. **提示** $1+x^2+x^4+\cdots+x^{2n}+\cdots=\frac{1}{1-x^2}$, $(x^{2n})'=2nx^{2n-1}$.

(2) $-\ln(1-x)$, $[-1,1)$.

习　题　5.4

A　组

1. (1) $\sum\limits_{n=0}^{\infty}\frac{(\ln a)^n}{n!}x^n$, $(-\infty,+\infty)$. **提示** $a^x=e^{x\ln a}$;

(2) $\sum\limits_{n=0}^{\infty}\frac{(-1)^n}{2^{2n+1}(2n+1)!}x^{2n+1}$, $(-\infty,+\infty)$;

(3) $\sum\limits_{n=0}^{\infty}\frac{1}{a^{n+1}}x^n$, $(-a,a)$. **提示** $\frac{1}{a-x}=\frac{1}{a}\cdot\frac{1}{1-\frac{x}{a}}$.

2. $\sum\limits_{n=0}^{\infty}\frac{x^{2n+1}}{(2n+1)!}$, $(-\infty,+\infty)$. **3.** $e-1$.

B　组

1. $\sum\limits_{n=1}^{\infty}(-1)^{n-1}\frac{(2x)^{2n}}{2(2n)!}$, $(-\infty,+\infty)$. **提示** $\sin^2 x=\frac{1}{2}(1-\cos 2x)$.

2. $2\sum\limits_{n=0}^{\infty}\frac{x^{2n+1}}{2n+1}$, $(-1,1)$; 0.6931. **提示** $\ln\frac{1+x}{1-x}=\ln(1+x)-\ln(1-x)$.

习　题　5.5

A　组

1. (1) $f(x)=-\frac{\pi}{4}-\frac{2}{\pi}\left(\cos x+\frac{1}{3^2}\cos 3x+\frac{1}{5^2}\cos 5x+\cdots\right)+\left(3\sin x-\frac{1}{2}\sin 2x+\frac{3}{3}\sin^3 x-\frac{1}{4}\sin 4x+\cdots\right)$

$(-\infty<x<+\infty, x\neq k\pi, k=0,\pm1,\pm2,\cdots)$;

(2) $f(x)=\sum\limits_{k=1}^{\infty}\frac{1}{2k-1}\sin(2k-1)x$ $(-\infty<x<+\infty, x\neq k\pi, k=0,\pm1,\pm2,\cdots)$.

2. (1) $|x|=\frac{\pi}{2}-\frac{4}{\pi}\sum\limits_{k=1}^{\infty}\frac{1}{(2k-1)^2}\cos(2k-1)x$ $(-\pi\leqslant x\leqslant\pi)$;

(2) $x^2=\frac{\pi^2}{3}+4\sum\limits_{n=1}^{\infty}(-1)^n\frac{\cos nx}{n^2}$ $(-\pi\leqslant x\leqslant\pi)$.

3. $\dfrac{\pi-x}{2}=\sum\limits_{n=1}^{\infty}\dfrac{1}{n}\sin nx\ (0<x\leqslant\pi)$.

4. $\dfrac{\pi}{2}-x=\dfrac{4}{\pi}\sum\limits_{k=1}^{\infty}\dfrac{1}{(2k-1)^2}\cos(2k-1)x\ (0\leqslant x\leqslant\pi)$.

5. $f(x)=\dfrac{E}{2}+\dfrac{2E}{\pi}\left(\sin\dfrac{\pi x}{2}+\dfrac{1}{3}\sin\dfrac{3\pi x}{2}+\dfrac{1}{5}\sin\dfrac{5\pi x}{2}+\cdots\right)\ (-\infty<x<+\infty,x\neq0,\pm2,\pm4,\cdots)$.

B 组

1. (1) $f(x)=\dfrac{\pi}{2}+\dfrac{4}{\pi}\sum\limits_{k=1}^{\infty}\dfrac{1}{(2k-1)^2}\cos(2k-1)x\ (-\infty<x<+\infty)$;

(2) $f(x)=2\sum\limits_{n=1}^{\infty}\dfrac{(-1)^{n+1}}{n}\sin nx\ (-\infty<x<+\infty,x\neq(2k+1)\pi,k=0,\pm1,\pm2,\cdots)$.

2. (1) $f(x)=-\dfrac{1}{2}+\dfrac{6}{\pi}\sum\limits_{n=0}^{\infty}\dfrac{1}{2n+1}\sin(2n+1)x\ (-\pi<x<0,0<x<\pi)$,

$f(-\pi)=f(0)=f(\pi)=-\dfrac{1}{2}$;

(2) $f(x)=\dfrac{1}{2\pi}(1+\pi-e^{-\pi})+\dfrac{1}{\pi}\sum\limits_{n=0}^{\infty}\dfrac{1}{1+n^2}[1-(-1)^n e^{-\pi}]\cos nx$

$+\dfrac{1}{\pi}\sum\limits_{n=0}^{\infty}\left\{\dfrac{n}{1+n^2}[-1+(-1)^n e^{-\pi}]+\dfrac{1}{n}[1-(-1)^n]\right\}\sin nx$.

提示 利用 $\int e^x\sin nx\,dx=\dfrac{e^x(\sin nx-n\cos nx)}{1+n^2}+C$, $\int e^x\cos nx\,dx=\dfrac{e^x(n\sin nx+\cos nx)}{1+n^2}+C$.

3. (1) $\dfrac{x}{2}=\dfrac{1}{2}-\dfrac{4}{\pi^2}\sum\limits_{k=1}^{\infty}\dfrac{1}{(2k-1)^2}\cos\dfrac{(2k-1)\pi}{2}x\ (0\leqslant x\leqslant2)$;

(2) $\dfrac{x}{2}=\dfrac{2}{\pi}\sum\limits_{n=1}^{\infty}(-1)^{n+1}\dfrac{1}{n}\sin\dfrac{n\pi}{2}x\ (0\leqslant x<2)$.

总习题五

1. (1) 1; (2) $0<x<1$; (3) $+\infty$; (4) $1-\cos x$; (5) 0, 0, 0.

2. (1) (B); (2) (C); (3) (B); (4) (C).

3. (1) 发散; (2) 发散; (3) 收敛; (4) 收敛.

4. (1) 条件收敛. **提示** $\lim\limits_{n\to\infty}\dfrac{n}{\ln(n+1)}=+\infty$. (2) 绝对收敛. **提示** $\dfrac{1}{n}\sin\dfrac{1}{n}<\dfrac{1}{n}\cdot\dfrac{1}{n}$.

5. (1) $[-3,3]$; (2) $[-2,0)$. **提示** 令 $t=x+1$,原级数化成级数 $\sum\limits_{n=1}^{\infty}\dfrac{t^n}{n}$.

6. $\sum\limits_{n=1}^{\infty}\dfrac{(-1)^{n-1}2^n-1}{n}x^n$, $\left(-\dfrac{1}{2},\dfrac{1}{2}\right]$. **提示** $f(x)=\ln(1+2x)+\ln(1-x)$.

7. $\dfrac{\pi(b-a)}{4}+\sum\limits_{k=1}^{\infty}\left[\dfrac{2(a-b)}{(2k-1)^2\pi}\cos(2k-1)x+\dfrac{(-1)^{k+1}}{k}(a+b)\sin kx\right]$.

习 题 6.1

A 组

1. (1) -7； (2) 1； (3) -1； (4) -143； (5) 0； (6) $-abc$.

2. (1) 10； (2) 0； (3) $a(y-x)(z-x)(z-y)$.

3. (1) $ad-cb$； (2) $3(x-2)(x+1)+1$； (3) -10.

B 组

1. 均对.

习 题 6.2

A 组

1. (1) -44； (2) 286； (3) -11. **2.** (1) 48； (2) -31； (3) -21.

B 组

1. (1) $x_1=x_2=0$，$x_3=-6$； (2) $x_1=x_2=0$，$x_3=-2$，$x_4=2$.

2. **提示** 用拉普拉斯展开式.

习 题 6.3

A 组

1. $x_1=-\dfrac{5}{2}$，$x_2=\dfrac{3}{2}$. **2.** $x_1=1$，$x_2=2$，$x_3=-1$.

3. $x_1=3$，$x_2=-4$，$x_3=-1$，$x_4=1$. **4.** $x=-a$，$y=b$，$z=c$.

B 组

1. $x=\dfrac{(d-b)(c-d)}{(a-b)(c-a)}$，$y=\dfrac{(a-d)(d-c)}{(a-b)(b-c)}$，$z=\dfrac{(b-d)(d-a)}{(b-c)(c-a)}$.

2. $x=\dfrac{b^2+c^2-a^2}{2bc}$，$y=\dfrac{a^2+c^2-b^2}{2ac}$，$z=\dfrac{a^2+b^2-c^2}{2ab}$.

总习题六

1. (1) $a^3+b^3+c^3-3abc$； (2) 0； (3) $abcd$； (4) 2，3.

提示 (2) $D=-D^{\mathrm{T}}$； (3) 按第3列展开； (4) 当 $x=2$ 或 $x=3$ 时,行列式有两列相同.

2. (1) 0； (2) $(a-1)(a-3)^2(a-5)$； (3) -39.

3. $\lambda\neq 2$,且 $\lambda\neq -3$. **4.** $x_1=-8$，$x_2=3$，$x_3=6$，$x_4=0$.

习 题 7.1

A 组

1. (1) 不一定； (2) 一定.

2. 零矩阵：(1)； 单位矩阵：(3)； 行矩阵：(1)； 列矩阵：(5)； 方阵：(3),(6).

3. $\begin{bmatrix}2&3&4&5\\3&4&5&6\\4&5&6&7\end{bmatrix}$.　　**4.** $a=2,\ b=1,\ c=-4,\ d=3$.　　**5.** $a=3,\ b=1,\ c=-1,\ d=5$.

B　组

1. $\begin{bmatrix}0&11&3\\11&3&10\end{bmatrix}$.　　**2.** $\begin{bmatrix}9&15&-3\\12&18&24\end{bmatrix}$.　　**3.** $\begin{bmatrix}3&4\\5&6\\-1&8\end{bmatrix}$.

习　题　7.2

A　组

1. (1) ① 4,3,4,3； ② 3,任意正整数,4,n； ③ 任意正整数,4,m,3； ④ 4,4,3； ⑤ 3,4,3；
⑥ 3,5,4,2； ⑦ 4,任意正整数,3,n； ⑧ 4,3.

(2) $\boldsymbol{A}^{\mathrm{T}}$.　(3) $\begin{bmatrix}3&-5&2\\1&6&4\end{bmatrix}$.　(4) $\begin{bmatrix}6&4\\-1&3\\5&-2\end{bmatrix}$.

2. $\begin{bmatrix}3&1&0\\4&3&1\end{bmatrix}$, $\begin{bmatrix}5&-3&-7\\9&-2&-17\end{bmatrix}$.　　**3.** $\begin{bmatrix}2&2&\frac{10}{3}&\frac{10}{3}\\\frac{4}{3}&0&\frac{4}{3}&0\\2&2&\frac{2}{3}&\frac{2}{3}\end{bmatrix}$.

4. (1) $\begin{bmatrix}3&4\\1&2\end{bmatrix}$； (2) $\begin{bmatrix}2&1\\16&11\\28&19\end{bmatrix}$； (3) $\begin{bmatrix}10&1\\7&3\end{bmatrix}$； (4) 29； (5) $\begin{bmatrix}a_1+2a_2+3a_3\\b_1+2b_2+3b_3\\c_1+2c_2+3c_3\end{bmatrix}$；

(6) $(a_1+b_1+c_1\quad a_2+b_2+c_2\quad a_3+b_3+c_3)$.

5. (1) $\begin{bmatrix}0&0\\0&0\end{bmatrix}$, $\begin{bmatrix}10&5\\-20&-10\end{bmatrix}$, $\begin{bmatrix}0&0\\0&0\end{bmatrix}$.

(2) $\boldsymbol{AB}\neq\boldsymbol{BA}$；$\boldsymbol{A}\neq\boldsymbol{O},\boldsymbol{B}\neq\boldsymbol{O}$,可能有 $\boldsymbol{AB}=\boldsymbol{O}$ 或 $\boldsymbol{A}^2=\boldsymbol{O}$；$\boldsymbol{AB}=\boldsymbol{A}^2$,但可有 $\boldsymbol{A}\neq\boldsymbol{B}$.

6. (1) $\begin{bmatrix}-3&1\\-2&-2\end{bmatrix}$； (2) $\begin{bmatrix}1&0&0\\0&-8&0\\0&0&27\end{bmatrix}$； (3) $\begin{bmatrix}\lambda^n&n\lambda^{n-1}\\0&\lambda^n\end{bmatrix}$.

7. $\begin{bmatrix}0&5\\-3&-1\end{bmatrix}$, $\begin{bmatrix}0&5\\-3&-1\end{bmatrix}$.

8. $0.3\begin{bmatrix}90&87&88\\85&89&88\\92&91&86\\80&83&81\end{bmatrix}+0.7\begin{bmatrix}85&88&90\\93&89&91\\89&78&82\\78&81&85\end{bmatrix}=\begin{bmatrix}86.5&87.7&89.4\\90.6&89&90.1\\89.9&81.9&83.2\\78.6&81.6&83.8\end{bmatrix}$.

B 组

1. $O_{2\times 2}$.　2. 当 n 为偶数时，是 E_2；当 n 为奇数时，是 A.　4. 提示　从右向左推导.

习　题　7.3

A 组

1. (1) $\begin{bmatrix}1&2&0\\0&1&1\\0&0&2\end{bmatrix}$；(2) $\begin{bmatrix}1&1&-2\\0&3&-3\\0&0&0\end{bmatrix}$；(3) $\begin{bmatrix}1&2&5&1\\0&1&3&-4\\0&0&-6&-6\end{bmatrix}$.

2. (1) $\begin{bmatrix}1&\frac{3}{2}\\0&0\end{bmatrix}$；(2) $\begin{bmatrix}1&0\\0&1\\0&0\end{bmatrix}$；(3) $\begin{bmatrix}1&0&0\\0&1&0\\0&0&1\end{bmatrix}$；(4) $\begin{bmatrix}1&0&0&2\\0&1&0&1\\0&0&1&1\end{bmatrix}$；(5) $\begin{bmatrix}1&0&0&0\\0&1&0&0\\0&0&1&0\\0&0&0&1\end{bmatrix}$.

3. (1) $R(A)=3$；(2) $R(A)=2$.

B 组

1. (1) $\begin{bmatrix}1&0&\frac{1}{3}&0&\frac{16}{9}\\0&1&\frac{2}{3}&0&-\frac{1}{9}\\0&0&0&1&-\frac{1}{3}\\0&0&0&0&0\end{bmatrix}$；(2) $\begin{bmatrix}1&0&3\\0&1&-2\\0&0&0\\0&0&0\\0&0&0\end{bmatrix}$.

2. (1) $R(A)=2$；(2) $R(A)=4$.

习　题　7.4

A 组

1. $\begin{bmatrix}-1&-3\\-2&-5\end{bmatrix}$.　2. (1) $\begin{bmatrix}-2&5\\1&-2\end{bmatrix}$；(2) $\begin{bmatrix}1&-4&-3\\1&-5&-3\\-1&6&4\end{bmatrix}$；(3) $\begin{bmatrix}2&1&1\\1&0&2\\3&1&2\end{bmatrix}$.

3. (1) $\begin{bmatrix}2&-23\\0&8\end{bmatrix}$；(2) $\begin{bmatrix}-7&-2&9\\5&1&-5\end{bmatrix}$.

B 组

1. (1),(3),(5),(6)错；(2),(4),(7),(8)对.　2. 提示　计算 $(E-A)(E+A+A^2+\cdots+A^{k-1})$.

3. $\begin{bmatrix}-2&1\\10&-4\\-10&4\end{bmatrix}$.　提示　$X=A^{-1}CB^{-1}$.　4. $x_1=-4$，$x_2=-6$，$x_3=7$.

习　题　7.5

A 组

1. (1) 无解；(2) $x_1=-\frac{3}{2}$，$x_2=5$，$x_3=3$；

(3) $x_1=\frac{1}{2}+C$, $x_2=C$, $x_3=0$, $x_4=-\frac{1}{2}$ (C为任意常数);

(4) $x_1=2C_1-C_2$, $x_2=C_1$, $x_3=C_2$, $x_4=1$ (C_1,C_2 为任意常数).

2. 当 $a=-3$ 时,无解;当 $a\neq 2, a\neq -3$ 时,有唯一解;当 $a=2$ 时,有无穷多组解.一般解是

$$x_1=5C,\quad x_2=1-4C,\quad x_3=C\quad (C\text{为任意常数}).$$

3. (1) $x_1=x_2=x_3=0$; (2) $x_1=-\frac{3}{2}C_1-C_2$, $x_2=\frac{7}{2}C_1-2C_2$, $x_3=C_1$, $x_4=C_2$ (C_1,C_2 为任意常数).

B 组

1. $\lambda=5$. **2.** $a=-2$. **提示** $\tilde{\boldsymbol{A}}$ 可化为 $\begin{bmatrix}1 & 1 & a & -2\\ 0 & a-1 & 1-a & 3\\ 0 & 0 & (a+2)(1-a) & 2(a+2)\end{bmatrix}$.

3. 当 $a=5, b\neq -3$ 时,无解;当 $a\neq 5$ 时,有唯一解;当 $a=5, b=-3$ 时,有无穷多组解.一般解是

$$x_1=-1-2C,\quad x_2=1+C,\quad x_3=C\quad (C\text{为任意常数}).$$

总习题七

1. (1) 2, 1; (2) $\boldsymbol{E}$; (3) 1; (4) 5. **2.** (1) (B); (2) (A); (3) (C); (4) (B).

3. $\begin{bmatrix}a & 0\\ b & a\end{bmatrix}$. **4.** $\begin{bmatrix}\frac{10}{3} & \frac{10}{3} & 2 & 2\\ 0 & \frac{4}{3} & 0 & \frac{4}{3}\\ \frac{2}{3} & \frac{2}{3} & 2 & 2\end{bmatrix}$.

5. (1) $\begin{bmatrix}-1\\ 2\end{bmatrix}$; (2) $a_{11}x_1^2+a_{22}x_2^2+a_{33}x_3^2+2a_{12}x_1x_2+2a_{13}x_1x_3+2a_{23}x_2x_3$.

6. $\begin{bmatrix}-3 & 0 & 0\\ 1 & -3 & 0\\ 1 & 1 & -3\end{bmatrix}$. **7.** $\begin{bmatrix}3 & -1\\ 2 & 0\\ 1 & -1\end{bmatrix}$.

8. 当 $\lambda=-2$ 时,无解;当 $\lambda\neq 1$,且 $\lambda\neq -2$ 时,有唯一解;当 $\lambda=1$ 时,有无穷多组解.

习　题　8.1

A 组

1. 关于 xy 平面, yz 平面, zx 平面: $(3,-1,-4)$, $(-3,-1,4)$, $(3,1,4)$;

关于 x 轴, y 轴, z 轴: $(3,1,-4)$, $(-3,-1,-4)$, $(-3,1,4)$.

2. $\sqrt{26}$, $\sqrt{17}$, 4.

3. (1) $O(0,0,0)$, $P(2,0,0)$, $Q(0,1,0)$, $R(0,0,3)$, $L(2,1,0)$, $N(2,0,3)$, $K(0,1,3)$; (2) $\sqrt{14}$.

B 组

1. $a=1$ 或 $a=-3$. **2.** $(0,1,-2)$.

习 题 8.2

A 组

1. $\overrightarrow{AB}=\frac{1}{2}(\boldsymbol{a}-\boldsymbol{b})$, $\overrightarrow{BC}=\frac{1}{2}(\boldsymbol{a}+\boldsymbol{b})$, $\overrightarrow{CD}=\frac{1}{2}(\boldsymbol{b}-\boldsymbol{a})$, $\overrightarrow{DA}=-\frac{1}{2}(\boldsymbol{a}+\boldsymbol{b})$.

2. $\{4,-2,-4\}$, $\{2,-6,6\}$, $\{8,-14,8\}$.

3. 7; $-\frac{6}{7}$, $\frac{2}{7}$, $\frac{3}{7}$; $\left\{-\frac{6}{7},\frac{2}{7},\frac{3}{7}\right\}$.

4. $0,0,-1$ 或 $\pm\frac{\sqrt{2}}{2},\pm\frac{\sqrt{2}}{2},0$.

5. $A(-2,3,0)$.

B 组

1. $3\sqrt{5}$; $\frac{2}{3\sqrt{5}}$, $\frac{4}{3\sqrt{5}}$, $-\frac{5}{3\sqrt{5}}$; $\frac{1}{3\sqrt{5}}\{2,4,-5\}$.

2. $x=2$.

3. $(\pm\sqrt{2},\pm\sqrt{2},2\sqrt{3})$.

4. $45°$, $\{-3,3,3\sqrt{2}\}$.

习 题 8.3

A 组

1. $3-2\sqrt{5}$, $3\sqrt{2}$, $\sqrt{14}$, $\frac{3-2\sqrt{5}}{3\sqrt{2}}$, $\frac{3-2\sqrt{5}}{\sqrt{14}}$.

2. $\frac{3\pi}{4}$.

4. $\{3,4,0\}$或$\{-3,-4,0\}$.

5. $\{1,-5,-3\}$, $\sqrt{35}$.

6. (1) $\arccos\frac{-1}{7}$; (2) $\sqrt{24}$.

7. $\pm\frac{1}{3}\{1,-2,2\}$.

8. $\pm\{6,-2,2\sqrt{15}\}$.

B 组

1. $10\sqrt{2}$, $10\sqrt{2}$, $30(1+\sqrt{2})$.

2. $\{-2,1,-2\}$.

3. (1) $\{8,-16,0\}$; (2) $\{0,-1,-1\}$; (3) $\{2,1,21\}$.

4. 否.

5. $5\boldsymbol{i}-14\boldsymbol{j}-8\boldsymbol{k}$.

总习题八

1. (1) $5\sqrt{2}$, $\sqrt{34}$, 3; (2) $-\frac{6}{7}$; (3) 15, $-\frac{1}{5}$; (4) $\pm\frac{1}{\sqrt{2}}(\boldsymbol{i}-\boldsymbol{j})$.

2. (1) (C); (2) (D).

3. -15, $2\boldsymbol{i}+2\boldsymbol{j}+\boldsymbol{k}$, $-4\boldsymbol{i}-4\boldsymbol{j}-2\boldsymbol{k}$, $-\frac{5\sqrt{26}}{26}$.

4. $\frac{\pi}{3}$. **提示** $|2\boldsymbol{a}-3\boldsymbol{b}|^2=(2\boldsymbol{a}-3\boldsymbol{b})\cdot(2\boldsymbol{a}-3\boldsymbol{b})$.

5. $\left\{-\frac{1}{2},1,-\frac{1}{2}\right\}$.

名词术语索引

参考文献

[1] 刘书田,冯翠莲,侯明华.高等数学.第2版.北京：北京大学出版社,2004.
[2] 冯翠莲,李文辉,陆小华.新编经济数学基础.北京：北京大学出版社,2005.
[3] 文丽,吴良大.高等数学(物理类).修订版.北京：北京大学出版社,2004.
[4] 张秋光,汤悦林.高等数学基础.北京：科学出版社,2005.
[5] 曹铁川.工科微积分.大连：大连理工大学出版社,2005.
[6] 胡显佑,赵佳因.线性代数.第2版.北京：北京大学出版社,2004.
[7] 姜启源.数学模型.第3版.北京：高等教育出版社,2003.